高等学校海洋类专业科教融合系列教材

海洋遥感原理、方法及应用

主　编：禹定峰

副主编：唐家奎　周　燕　王远东

電子工業出版社

Publishing House of Electronics Industry

北京•BEIJING

内 容 简 介

本书从海洋遥感对海洋环境监测的应用需求出发，阐述了海洋遥感的基本理论、方法和应用技术。主要内容包括海洋遥感的基本原理、海洋遥感平台和传感器、海洋水色遥感、海洋表面温度遥感、海洋微波遥感、海洋遥感定标与真实性检验、海洋遥感的应用。

本书是海洋技术专业本科生的专业课堂教材，可供海洋科学、地理科学、测绘科学等相关领域的科技人员及高等院校相关专业的师生阅读、参考，也可作为地球科学和相近学科的教材。本书提供电子课件，可登录华信教育资源网（www.hxedu.com.cn）免费下载。

图书在版编目（CIP）数据

海洋遥感原理、方法及应用 / 禹定峰主编. —北京：电子工业出版社，2023.1

ISBN 978-7-121-44942-0

Ⅰ. ①海… Ⅱ. ①禹… Ⅲ. ①海洋遥感－高等学校－教材 Ⅳ. ①P715.7

中国国家版本馆 CIP 数据核字（2023）第 018442 号

责任编辑：杜 军　　特约编辑：田学清
印　　刷：北京天宇星印刷厂
装　　订：北京天宇星印刷厂
出版发行：电子工业出版社
　　　　　北京市海淀区万寿路 173 信箱　　邮编：100036
开　　本：787×1092　1/16　印张：14.25　字数：383 千字
版　　次：2023 年 1 月第 1 版
印　　次：2024 年 4 月第 3 次印刷
定　　价：48.00 元

凡所购买电子工业出版社图书有缺损问题，请向购买书店调换。若书店售缺，请与本社发行部联系，联系及邮购电话：（010）88254888，88258888。

质量投诉请发邮件至 zlts@phei.com.cn，盗版侵权举报请发邮件至 dbqq@phei.com.cn。

本书咨询联系方式：dujun@phei.com.cn。

编　委　会

主　编： 禹定峰

副主编： 唐家奎　周燕　王远东

编　委：（以姓氏拼音为序）

安德玉　卞晓东　陈晓洁　盖颖颖　高　皜　姜丽媛　刘晓燕

唐家奎　田进明　王五华　王艳娇　徐雪峰　杨　雷　张安安

赵春燕　周　燕

前　言

海洋覆盖了地球表面积的71%，容纳了全球97%的水量。1992年联合国《21世纪议程》提出：“海洋是全球生命支持系统的一个基本组成部分，也是一种有助于实现可持续发展的宝贵财富”。随着海洋学的迅速发展，大范围海洋资源普查、海洋制图，以及海洋污染监测等对区域海洋学研究乃至全球气候变化研究的需求越来越凸显出来。海洋遥感以海洋及海岸带作为监测、研究对象，通过运用电磁波和大气、海洋之间相互作用的原理来观测和研究海洋，成为海洋环境监测的重要手段。

本书从海洋遥感的应用需求出发，力求帮助读者构建完善的理论与技术体系方面的概念，并在理论技术与综合应用方面达到一种平衡。海洋遥感的基本原理部分以理解海洋遥感辐射传输基础、海洋遥感探测平台为目标，通过介绍电磁波与大气、海水的相互作用，加深对海洋遥感探测技术的理解；海洋水色遥感、海洋表面温度遥感、海洋微波遥感部分，是按照海洋遥感探测的研究对象来顺序安排的，以便更好地与应用需求相结合；海洋遥感定标与真实性检验和海洋遥感的应用部分，侧重于海洋遥感技术的实际应用，在理解其本质理论的基础上，加深对海洋遥感的直观认识。

本书是在国家自然科学基金项目“黄海海水透明度时空演化规律及其影响机理研究”（42106172）的支持和齐鲁工业大学教材建设基金的资助下完成的，是多位编者共同劳动的结晶。本书由齐鲁工业大学（山东省科学院）禹定峰统编。其中，第1～3章由中国科学院大学唐家奎、王五华、王艳娇、徐雪峰、张安安编写；第4～5章由赣南师范大学王远东、田进明、陈晓洁编写；第6～8章由齐鲁工业大学（山东省科学院）禹定峰、周燕、杨雷、安德玉、姜丽媛、盖颖颖、高皜、刘晓燕、卞晓东、赵春燕编写。我们相信，随着海洋遥感探测技术和卫星技术的可持续发展，海洋遥感将在维护我国海洋权益、保护海洋环境、开发海洋资源、减轻海洋灾害和实施海域使用管理等方面发挥更大的作用。

本书内容综合了编者对海洋遥感技术的理解与实践经验，但水平有限，书中难免存在不足，敬请广大读者批评指正。

编者
2022年11月于青岛

目　录

第1章

绪论

§1.1 海洋遥感简介

问题是最好的老师，有了这个老师，我们就会学到很多知识，人类就是在不断对世界发问，并寻求答案的过程中进步的，最终诞生出诸多学科。因此，阅读本书，编者建议读者逐渐学会提问，并最终找到答案。

那么，我们先抛出本书最重要的问题：什么是海洋遥感？我们为什么要学习它？

在很多场合中，我们都会听到这样的说法，21世纪是属于海洋的世纪，这也许是读者打开本书最重要的理由。

人类自新石器时代晚期的航海探索活动开始，到1405—1433年（明朝初期）我国郑和率领船队七下西洋，到1492年意大利航海家哥伦布在西班牙王室的支持下横渡大西洋并发现了美洲新大陆，再到1519—1522年葡萄牙航海探险家麦哲伦率领的探险船队完成环球航行，直到今天人类进入全球通航的新时代，人类从未停止对海洋世界的好奇与探索，海洋不仅是人类走向世界的重要通道，也逐渐成为人类生产、生活的重要场地。

保护和开发海洋已经成为世界各主要国家的共识和行动指南。1992年联合国环境与发展大会通过的《21世纪议程》指出："海洋是全球生命支持系统的一个基本组成部分，也是一种有助于实现可持续发展的宝贵财富"。1994年11月生效的《联合国海洋法公约》，把世界海洋的开发与管理引入一个新时代，为海洋世纪的到来拉开了序幕。1994年12月，联合国第49届大会通过了决议，宣布1998年为"国际海洋年"。自2009年开始，每年的6月8日，定为"世界海洋日"。2001年5月，联合国缔约国文件更是明确指出："21世纪是海洋世纪"。世界各国都把维护国家海洋权益、发展海洋经济、保护海洋环境列为本国的重大发展战略。1996年，我国也制定了《中国海洋21世纪议程》，阐明了海洋可持续发展的战略对策和主要行动领域，涉及海洋各领域的可持续开发利用、海洋综合管理、海洋环境保护、海洋防灾减灾、国际海洋事务，以及公众参与等内容，分析了现状和问题，提出了趋势、展望等，成为我国海洋可持续开发利用的政策指南。

海洋遥感作为重要的学科分支，逐渐成为我们认知海洋的重要手段和技术支撑。海洋遥感系统中的传感器，就像人类的五官，帮助我们感知海洋，尤其是海洋遥感卫星能够在太空的高度，系统全面地观察我们的地球，这是一件令人兴奋的事情。目前，随着卫星遥感、航空遥感、无人机遥感，以及岸基/水面/水下等"天—空—岸—海"立体综合遥感观测技术的发展，海洋遥感正逐渐成为人类认知海洋、走向海洋，发展海洋文明的重要学科。

1.1.1 海洋遥感的定义

海洋遥感是将遥感技术应用在海洋领域的一门学科分支，内容包括研究手段为遥感技术、研究对象为海洋两个方面。

其中遥感（Remote Sensing），字面含义为遥远的感知，广义上指不接触目标而探测目标的手段，其探测信号媒介可以为光、电、声等任何媒介，不仅包括人造遥感卫星，也包括人类的眼睛、医学中的CT、地球物理重力、磁法、电法和地震探测等；本书涉及的海洋遥感属于狭义的海洋遥感，即以电磁波为探测信号媒介，利用传感器，对远距离地物（如海洋）进行观测。

1.1.2 卫星海洋遥感系统

预防台风、飓风、风暴潮，以及海啸等灾害侵袭，离不开海洋灾害预报预警；渔业捕捞、远洋运输、海上石油开采等生产活动的顺利开展；离不开海温、海流、海浪等海洋环境要素的及时、准确预报，这些都需要海洋观测系统。目前，全球诸多国家正在努力建设“国家全球海洋立体观测网”。

全球海洋观测已进入多平台、多传感器集成的立体观测时代，呈现出业务化观测系统与科学观测试验计划相结合、区域与全球相结合、“天—空—岸—海”多手段相结合、国际合作数据贡献与共享相结合的特征。全球海洋观测系统正在逐步建成，全球海洋观测能力稳步增强。

我国“国家全球海洋立体观测网”的核心构成是国家基本海洋观测网和地方基本海洋观测网。其中，国家基本海洋观测网包括国家海洋站网、海洋雷达站网、浮潜标网、海底观测网、表层漂流浮标网、剖面漂流浮标网、志愿船队、国家海洋调查船队、卫星海洋观（监）测系统、海洋机动观（监）测系统及服务和保障系统。“国家全球海洋立体观测网”建设的目标是集合海洋空间、环境、生态、资源等各类数据，整合先进的海洋观测技术及手段，实现高密度、多要素、全天候、全自动的全球海洋立体观测。

本书将重点介绍卫星海洋遥感系统，该系统是“国家全球海洋立体观测网”的核心组成部分，所涉及的传感器知识和原理可以进一步推广到不同高度平台，如航天航空遥感系统。

卫星海洋遥感系统通常可进一步划分为六大系统：卫星系统、运载火箭系统、发射场系统、测控系统、地面系统和应用系统。

从行业链条角度进行介绍，我们通常把卫星系统、运载火箭系统、发射场系统、测控系统定为上游，这些系统更注重卫星的设计、研制及将卫星送到卫星轨道；地面系统为中游，是卫星成功发射后在轨道运行时，与卫星数据需求客户之间的桥梁，负责数据接收、预处理、存档、分发等技术服务内容；应用系统为下游，也是最终体现卫星海洋遥感系统价值的环节，主要以生产卫星应用产品为目的，如各种水色要素和动力学参数产品。还包括业务应用分析等功能，如海洋灾害、海洋生态、气候变化、极地科学、资源开发、海洋运输、海洋管理等应用分析功能。

1.1.3 海洋遥感分类

海洋遥感涉及传感器、遥感平台，以及应用对象等方面，因此本书从不同角度对海洋遥感进行分类，方便读者了解学习。

1.1.3.1　按电磁波谱段分类

毫不夸张地说，电磁波是人类历史上最伟大的发现之一。世界有无与伦比的绝妙构造留给人类去探索，却也留下了神奇的钥匙：认识自然界的媒介——电磁波。从科学的角度来说，电磁波是能量的一种，属于一种波，就像机械波、引力波和物质波一样，凡是高于绝对零度的物体，都会释出电磁波，同时物体也有吸收、反射、散射、透射电磁波的特性，而不同物体又因为其物质组成、结构等差异表现为不同的电磁波特性，即电磁波波长、频率的不同，表 1.1.1 所示为电磁波波段及波长范围。利用这个特点，人们发明了不同电磁波波长范围的传感器，去感知物体，包括紫外遥感传感器、可见光遥感传感器、红外遥感传感器和微波遥感传感器。

海洋是特殊的地球表面的地物类型之一，其主要物质组成为水，与陆地的岩石、土壤、植被及大气的各种气体明显不同，因此在设计卫星传感器时，应该考虑海洋的物质组成和结构的特殊性，选择合适的电磁波谱段或组合。

表 1.1.1　电磁波波段及波长范围

<table>
<tr><th colspan="2">波　段</th><th colspan="2">波长范围</th></tr>
<tr><td rowspan="4">无线电波/m</td><td>长波</td><td colspan="2">>3000</td></tr>
<tr><td>中波和短波</td><td colspan="2">10～3000</td></tr>
<tr><td>超短波</td><td colspan="2">1～10</td></tr>
<tr><td>微波</td><td colspan="2">0.001～1</td></tr>
<tr><td rowspan="4">红外波段/μm</td><td>超远红外</td><td rowspan="4">0.76～1000</td><td>15～1000</td></tr>
<tr><td>远红外</td><td>6～15</td></tr>
<tr><td>中红外</td><td>3～6</td></tr>
<tr><td>近红外</td><td>0.76～3</td></tr>
<tr><td rowspan="7">可见光/μm</td><td>红</td><td rowspan="7">0.38～0.76</td><td>0.61～0.76</td></tr>
<tr><td>橙</td><td>0.59～0.61</td></tr>
<tr><td>黄</td><td>0.56～0.59</td></tr>
<tr><td>绿</td><td>0.50～0.56</td></tr>
<tr><td>青</td><td>0.47～0.50</td></tr>
<tr><td>蓝</td><td>0.43～0.47</td></tr>
<tr><td>紫</td><td>0.38～0.43</td></tr>
<tr><td colspan="2">紫外线/μm</td><td colspan="2">10^{-3}～3.8×10^{-1}</td></tr>
<tr><td colspan="2">X 射线/μm</td><td colspan="2">10^{-6}～10^{-3}</td></tr>
<tr><td colspan="2">γ 射线/μm</td><td colspan="2">$<10^{-6}$</td></tr>
</table>

1.1.3.2　按遥感平台高度分类

遥感系统中搭载传感器的载体通常被称为遥感平台，传感器也因此被称为载荷。按照遥感平台距离地面的高度可分为 3 类：地面遥感、航空遥感、航天遥感。

1. 地面遥感

地面遥感通常指距离地面小于 150 m 的对地面（海洋遥感对应海洋表面）遥感观测。遥感平台距离地面的高度也体现了人类离开地面走向太空的文明轨迹。人类首先发明了望远镜，并在地面使用，本质上开创了遥感的先河。直到后来出现的摄影机、照相机、各种光谱相机等丰富地面传感器的同时，地面遥感平台也逐步多样化，包括汽车、舰船、塔台、浮标等。地面遥感除近距离观测地面感兴趣的目标信息外，还成为传感器定标、遥感信息模型建立、遥感信息提取的重要技术支撑。

2. 航空遥感

1858 年，法国人在气球上获得第一幅巴黎街区的相片，开启了航空遥感时代。航空遥感又称机载遥感，一般是指高度在 80 km 以下的遥感平台，主要包括飞机、气球、飞艇及近年来兴起的无人机等。飞机是航空遥感的主要遥感平台，飞行高度一般为几百米至几十千米，具有图像分辨率高、不受地面条件限制、调查周期短、测量精度高及资料回收方便等特点，可根据需要调整飞行时间和区域，特别适合局部地区的资源探测和环境监测。

航空遥感具有技术成熟、成像比例尺大、地面分辨率高等优点，适合大面积地形测绘和小面积详查及不需要复杂的地面处理设备等情况。缺点是飞行高度和续航能力受限、姿态控制较难、全天候作业能力及大范围的动态监测能力较差。

近年来兴起的无人机低空遥感系统（UAV Low Altitude Remote Sensing System）技术逐渐成为业务化的航空遥感手段，具有经济快速、影像实时传输、高危地区探测、成本低、高分辨率、机动灵活等优点，是卫星遥感与有人机航空遥感的有力补充，在国内外已得到广泛应用。

3. 航天遥感

航天遥感以卫星、空间站、宇宙飞船、航天飞机、火箭等为平台，从较远空间（可达几百到几万千米远）对海洋进行遥感。航天遥感观测面积大、范围广、速度快、效果好，可定期或连续监视一个地区，不受国界和地理条件限制；能取得其他手段难以获取的信息，对军事、经济、科学等均有重要作用。其特点包括：

（1）获取数据资料范围大。陆地卫星的卫星轨道高度在 910 km 左右，可及时获取大范围的数据资料。

（2）获取信息的速度快、周期短。卫星围绕地球运转，能及时获取所经地区的各种自然现象的最新资料，便于更新原有资料及对新旧资料变化进行动态监测，是人工实地测量和航空摄影测量无法比拟的。

（3）获取信息受条件限制少。地球上有很多地方自然条件极为恶劣，人类难以到达，如沙漠、沼泽、高山峻岭等。采用不受地面条件限制的航天遥感技术，可方便、及时地获取各种宝贵资料。

（4）获取信息的手段多，信息量大。根据不同的任务，航天遥感技术可选用不同波段和遥感仪器来获取信息。利用微波波段对物体的穿透性，还可获取地物内部信息，如地面深层、水的下层、冰层下的水体、沙漠下面的地物特性等，微波波段还可以全天候工作。

1.1.3.3 按遥感应用领域分类

海洋卫星按遥感应用领域大体分为 3 类：海洋水色遥感卫星、海洋动力环境遥感卫星、海洋监视监测遥感卫星。

1. 海洋水色遥感卫星

海洋水色（Ocean Color）指海洋水体在可见光——近红外波段的光谱特性，犹如人眼看到的不同水体具有不同的颜色一样。海洋水色主要是由海水的光学性质（吸收和散射特性）决定的。海水中浮游生物中的叶绿素、无机悬浮物和有色可溶性有机物是影响海洋水色的三要素。

海洋水色遥感卫星是指专门为进行海洋光学遥感而发射的卫星，如美国国家航空航天局（National Aeronautics and Space Administration，NASA）在 1997 年发射的 SeaStar 就是仅载有“海视宽视场传感器”（Sea-viewing Wide Field-of-view Sensor，SeaWiFS）的水色卫星；我国发射的海洋水色遥感卫星海洋一号 A、B 等。通过海洋水色遥感技术，可以获得水体中影响光学性质的组分浓度，探测水体表层的物质组成，对海洋初级生产力预测、海洋通量研究、海洋生态环境监测、海洋动力学研究、海洋渔业开发和管理服务具有重要作用。

2. 海洋动力环境遥感卫星

海洋动力环境遥感卫星主要用于观测、获取全球大面积近实时的海洋动力环境参数，如海洋的风场、波浪、洋流、潮汐、海底地形、海平面变化等，为全球与区域高精度海洋环境预报、海洋灾害监测预警等提供重要信息。

目前，海洋动力环境遥感卫星的传感器主要包括微波高度计、微波散射计、微波辐射计、合成孔径雷达（Synthetic Aperture Radar，SAR）、星载激光雷达等。

3. 海洋监视监测遥感卫星

海洋监视监测遥感卫星通常搭载电视摄像、雷达、无线电侦测机、红外探测器、高灵敏度红外相机等传感器，主要用于海洋军事用途监视，海洋非法活动（如走私、恐怖）等监视，海洋生产活动（如海上油气平台监视、海洋环境污染或变化监测等）监测。它能在全天候条件下，监测海洋表面，有效鉴别舰船队形、航向和航速，准确确定其位置，并能探测水下潜航的目标，提供海上军事目标的动态情报，为海洋国土安全航行提供海洋表面状况和海洋特性等重要数据。另外，它还能探测海洋的各种特性，如海浪的高度、海流的强度和方向、海洋表面风速、海水温度和含盐量及海岸的性质等，可为国民经济建设服务。因此，海洋监视监测遥感卫星在民用及军事应用中均具有重大意义。

§1.2　海洋遥感的发展史

海洋覆盖了地球表面积的 71%，因此，自海洋遥感技术出现，海洋遥感便成为对地观测系统中最重要的组成部分。确切地说，“遥感”一词，是美国海军研究局艾弗林·普鲁伊特于 1960 年最早提出使用的，而遥感最初的发展更离不开两次世界大战的推动，尤其是战争对海洋遥感的迫切需求。

海洋遥感技术的发展最早可以追溯到地面遥感，即地面摄影机的出现，其能够对遥感目标进行记录和成像。1839 年达盖尔和尼普斯第一次成功拍摄事物并记录在胶片上，从此开启了地面遥感的应用。

遥感的最大优势是可以远距离观测，人类不满足对地面的近距离拍摄，因此推动了航空遥感的发展。从1858年开始，人们尝试利用系留气球、鸽子、风筝携带微型相机等方式探索空间摄影，直到1903年飞机发明后，才开始了真正的机载航空遥感，并在城市摄影、油田测量、地图测绘领域得到应用，尤其是第一次世界大战期间，航空遥感成了重要军事情报来源的手段。

第二次世界大战期间，航空遥感进一步成了德国、英国、美国、苏联等国家重要的军事侦察手段和情报来源手段。尤其在对外作战中，美国利用航空遥感获取了欧亚大陆和太平洋沿岸岛屿及日本广大地区的状况信息，对第二次世界大战的最终结果起了关键性作用，可以说，两次世界大战，对海洋、海岸航空遥感的发展起了巨大的推动作用。

1957年苏联发射了第一颗人造卫星，1958年美国发射了第一颗人造卫星，从此人类开始逐步在卫星平台上搭载目的性传感器，开始了卫星遥感的新纪元。

世界上最早可用于海洋观测的卫星是美国在1960年4月1日发射的一颗气象卫星“泰罗斯1号”（TIROS-1）。而真正的海洋遥感卫星始于美国，1978年美国作为首个发展海洋遥感卫星技术的国家，发射了全球第一颗海洋遥感卫星 Seasat-A。美国的成功使苏联、日本及欧洲多个国家联合组成的欧空局都很快制订了海洋遥感卫星计划。

21世纪初，至少10个国家和组织拥有了海洋观测仪器或者卫星，分别是美国、加拿大、欧空局（European Space Agency，ESA）、印度、日本、中国（包括台湾地区）、韩国、俄罗斯、乌克兰、巴西等。美国有海洋遥感卫星和可用于海洋的气象卫星；加拿大有可用于海洋的雷达卫星；印度有海洋卫星；中国有可用于海洋的风云系列卫星等。

到2021年，全球拥有海洋遥感卫星的国家和组织达到了11个，包括美国、加拿大、欧空局、印度、日本、中国、法国、韩国、俄罗斯、德国、阿根廷。全球共有海洋遥感卫星或具备海洋探测功能的对地观测卫星近百颗。美国、欧空局、日本和印度等国家和组织均已建立了比较成熟和完善的海洋遥感卫星系统。

1.2.1 我国海洋遥感卫星的发展与趋势

经过多年的建设，我国在海洋遥感卫星方面取得了显著进展。自2002年5月到2011年8月我国陆续发射了HY-1A、HY-1B和HY-2A 3颗卫星，初步建立了海洋水色和海洋动力环境遥感卫星监测系统。

我国第一颗海洋水色卫星HY-1A，于2002年5月15日成功发射，是我国第一颗用于海洋水色探测的试验型业务卫星，实现了我国海洋遥感卫星零的突破，完成了海洋水色功能及试验验证，使海洋水色信息提取与定量化应用水平得到了提高，促进了海洋遥感技术的发展，为我国海洋遥感卫星的发展奠定了技术基础。星上装载了两台遥感器，一台是十波段的海洋水色扫描仪，另一台是四波段的电荷耦合器件（CCD）成像仪。2004年4月，HY-1A卫星停止工作，在轨运行685天，期间获取了我国近海及全球重点海域的叶绿素浓度、海洋表面温度、悬浮泥沙含量、海冰覆盖范围、植被指数等动态要素信息，以及珊瑚、岛礁、浅滩、海岸地貌特征，据此研发制作了42种遥感产品。

我国第二颗海洋水色卫星HY-1B，于2007年4月11日成功发射，该卫星在HY-1A卫星基础上研制，其观测能力和探测精度进一步增强和提高。星上载有一台十波段的海洋水色扫描仪和一台四波段的海岸带成像仪，主要用于探测叶绿素、悬浮泥沙、可溶有机物及海洋表面温度等和进行海岸带动态变化监测，为海洋经济发展和国防建设服务。HY-1B卫星在轨运行 7 年多，实现了卫星由试验型向业务服务型的过渡。

2011 年 8 月 16 日 6 时 57 分海洋二号 A（HY-2A）卫星被成功送入太空，是我国第一颗海洋动力环境卫星，HY-2A 卫星装载了雷达高度计、微波散射计、扫描微波辐射计、校正微波辐射计、星基多普勒轨道和无线电定位组合系统（DORIS）、双频全球定位系统（GPS）和激光测距仪。该卫星集主、被动微波遥感器于一体，具有高精度测轨、定轨能力与全天候、全天时、全球探测能力。其主要使命是监测和调查海洋环境，获得包括海洋表面风场、浪高、海流、海洋表面温度等多种海洋动力环境参数，直接为灾害性海况预警、预报提供实测数据，为海洋防灾减灾、海洋权益维护、海洋资源开发、海洋环境保护、海洋科学研究及国防建设等提供支撑服务。

2018 年 10 月 25 日 6 时 57 分，我国在太原卫星发射中心用长征四号乙运载火箭，成功将海洋二号 B 卫星发射升空，卫星进入预定轨道。海洋二号 B（HY-2B）卫星是我国第二颗海洋动力环境卫星，与后续的海洋二号 C 和海洋二号 D 卫星组网形成全天候、全天时、高频次的全球大中尺度海洋动力环境卫星监测体系。海洋二号 B 卫星在海洋二号 A 卫星的基础上新增了船舶识别和数据收集分系统，实现了六大有效载荷的完美融合，它不仅能对海面高度、风场、温度等海洋动力环境要素精准观测，还具备对全球船舶自动识别、接收、存储和转发我国近海及其他海域浮标测量数据的能力。

2020 年 9 月 21 日海洋二号 C 卫星成功发射，是我国第三颗海洋动力环境卫星，也是国家民用空间基础设施海洋动力卫星系列的第二颗业务卫星，与海洋二号 B 卫星及后续的海洋二号 D 卫星组网运行，共同构成我国的海洋动力环境监测网，可在 6 小时内完成全球 80%的海洋表面风场监测。与海洋二号 A 卫星和海洋二号 B 卫星相比，海洋二号 C 卫星增强了对海洋表面风场的快速重访能力。

海洋二号 D（HY-2D）卫星于 2021 年 5 月 19 日成功发射，是我国第四颗海洋动力环境卫星，也是国家民用空间基础设施海洋动力卫星系列的第三颗业务卫星。它与海洋二号 B 卫星和海洋二号 C 卫星及后续规划卫星组网运行，共同构成我国的海洋动力环境监测网。HY-2D 装载了微波散射计、雷达高度计、校正辐射计等多个卫星载荷。

中法海洋卫星（CFOSAT）于 2018 年 10 月 29 日在我国甘肃酒泉卫星发射中心成功发射。该卫星是中法两国合作研制的首颗卫星，我国提供卫星运载、发射、测控、卫星平台和旋转扇形波束散射计及北京、三亚、牡丹江地面站和数据处理中心；法国提供海浪波谱仪、数传射频组件及北极地面站和数据处理中心。双方约定，散射计载荷和生成的数据归中国国家航天局（CNSA）所有；波谱仪载荷和生成的数据归法国国家空间研究中心（CNES）所有。CFOSAT 科学数据管理计划中规定，1 级和 2 级数据产品可免费用于非商业用途。

CFOSAT 上搭载的海浪波谱仪是国际上首次采用六波束真实孔径雷达方式连续测量全球海洋表面波浪谱的仪器，旋转扇形波束散射计是国际上首次采用扇形波束扫描方式测量海洋风场的微波散射计，与海浪波谱仪实现观测角的互补，对研究海洋动力环境的作用过程和表面散射特性具有重要意义。CFOSAT 的主要任务是获取全球海洋表面波浪谱、海洋表面风场、南北极海冰信息，进一步加强对海洋动力环境变化规律的科学认知；提高对巨浪、海洋热带风暴、风暴潮等灾害性海况预报的精度与时效；同时获取极地冰盖的相关数据，为全球气候变化研究提供基础信息。

根据《陆海观测卫星业务发展规划（2011—2020 年）》，我国“海洋三号”卫星星座已经列入。“海洋三号”卫星继承了高分三号卫星的技术基础，与 1 米 C-SAR 卫星、干涉 SAR 卫星（两颗编队干涉小卫星或1颗干涉SAR卫星）同轨分布运行，构成了海陆雷达卫星星座。

“海洋三号”卫星具备海陆观测、快速重访、干涉重访能力，能够进行1∶50000～1∶10000全球数字高程模型（DEM）数据获取、毫米级陆表形变监测，结合“海洋二号”动力环境卫星可实现厘米级海洋表面高度测量，实现对海上目标、重要海洋灾害、地面沉降、全球变化信息全天候、全天时的观测，满足海洋目标监测、陆地资源监测等多种需求。作为我国海洋卫星业务体系的重要组成部分，“海洋三号”卫星在海洋权益维护、海洋执法监察、海域使用管理、海洋防灾减灾等方面均具有广泛应用，是国家海洋卫星业务体系发展的重点。

1.2.2 国外海洋遥感卫星的发展与趋势

1.2.2.1 美国海洋遥感卫星

1978年美国发射了世界上第一颗海洋遥感卫星Seasat-A，近40多年来美国逐渐发射了海洋环境卫星、海洋动力环境卫星和海洋水色卫星等不同类型的专用海洋卫星，实现了从空间获取海洋水色和海洋动力环境信息。

美国海洋遥感卫星的发展始于20世纪70年代，至今已经历了五代美国国家航空航天局海洋卫星计划，第一代～第三代海洋卫星计划在1973—2000年，第四代海洋卫星计划在2001—2010年，第五代海洋卫星计划从2011年至今。

第一代海洋卫星计划包括1973年Skylab的散射计试验、1975年发射和运行的地球静止气象卫星（GOES）、1972年发射和运行的Nimbus-5卫星，搭载了单通道电扫描微波辐射计（Electrically Scanned Microwave Radiometer，ESMR），验证了散射计风场反演、卫星高度计和被动微波遥感反演海冰性质的潜力。该阶段处于试验验证阶段，目的是验证利用遥感手段从太空探测海洋的可行性、高效性和巨大潜力，为人类进入海洋立体观测的业务化时代迈出了关键一步。

基于第一代海洋卫星计划及大量的飞行试验，美国开始了第二代海洋卫星计划，包括1978年发射的TIROS-N卫星、Seasat和“雨云7号”（Nimbus-7）卫星，TIROS-N卫星搭载了早期的先进的甚高分辨率辐射计（Advanced Very High Resolution Radiometer，AVHRR）。Seasat搭载了4个先进的仪器：多通道微波辐射计、测风散射计、合成孔径雷达和雷达高度计。Seasat运行不到4个月便出现了故障。美国紧接着又发射了Nimbus-7卫星，但是Nimbus-7卫星没有搭载雷达高度计、合成孔径雷达和测风散射计，而搭载了海岸带水色扫描仪（Coastal Zone Color Scanner，CZCS）和类似Seasat搭载的微波成像仪。Nimbus-7卫星运行了大约10年的时间，除部分仪器较早出现故障无法工作外，其他仪器一直工作到1988年才退出太空。第二代海洋卫星提供了反演海洋表面高度、海洋水色、海洋表面风场和海冰性质的能力，并且精度达到了海洋学应用的需要，部分卫星已经能够进行业务化观测，真正实现了海洋卫星从试验阶段走向业务化应用的转变。

1991—2000年美国进入了第三代海洋卫星计划，此时，美国总结了之前海洋卫星计划的经验，加之面临经费的巨大压力，美国的卫星发射实现了两个转变：①在卫星发射前，寻求海洋领域专家对卫星的论证、规划和支持，进一步面向海洋需求，以提高卫星应用的有效性，如今世界很多国家都有卫星和传感器论证部门，我国也于2004年成立了国家航天局航天遥感论证中心，以提高遥感卫星发射的有效性；②美国开始了与非美国国家航空航天局机构（包括国际上的其他国家）在卫星领域的合作。海洋学家参与论证的举措促进了一系列海洋领域的联合研究，美国国家航空航天局第三代海洋卫星计划的研究集中在 4 个方面：海洋表面高度或测高、海洋水色或初级生产力、冰盖性质、合成孔径雷达在陆地、海冰和海洋中的应用。另外美国国家航空航天局开展了许多对外合作，如①与美国国防部合作，用美国的国防气象卫星计划（Defense Meteorological Satellite Program，DMSP）衔接 Nimbus-7 卫星的被动微波观测；②与加拿大、日本、欧空局共享合成孔径雷达数据；③与法国联合发射 T/P 高度计卫星；④1995 年美国发射了加拿大的 Radarsat 合成孔径雷达卫星；⑤与日本合作发射了先进地球观测卫星（ADEOS），并搭载美国的 NASA 散射计（NASA Scatterometer，NSCAT）。对外合作，尤其开展的国际合作，为美国海洋遥感卫星的发展节约了大量经费，更重要的，对外合作降低了美国国家航空航天局独自投资的风险，加快了海洋遥感卫星的发展速度。

2001—2010 年美国进入了第四代海洋卫星计划，该阶段的海洋观测卫星不仅彻底实现了研究型卫星向业务化卫星的转变，还从部分水色要素和环境动力参数观测向面向全球性科学问题方向转变，如全球气候变化带来的食品安全、天气灾害，以及海平面上升对海岸带地区的影响等。该阶段美国重点提出如下需求：①对于大气风暴，如台风和飓风具有更好的预报能力；②海洋海冰要素的长时间序列观测。这也是美国国家航空航天局开展如地球观测系统（Earth Observing System，EOS）卫星计划等多国联合卫星项目的基础。此后，2002 年 Aqua 卫星发射，2002 年欧空局发射 Envisat，日本发射的 ADEOS-2 进一步补充了 EOS 卫星计划。最初，EOS 卫星计划构建了一个 15 年的卫星系列观测计划，利用 15 年的时间来观测全球变化，每个卫星的寿命和它的替代卫星寿命大约是 5 年。实际上，EOS 卫星计划中的 Aqua 卫星和 Terra 卫星的发射计划缩短至 5 年，后期的观测计划合并到国家极轨业务环境卫星系统（NPOESS）的筹备计划中。

2010 年，美国进入了新一代海洋卫星计划。2011 年 10 月 28 日，美国对地观测卫星 NPP 卫星发射升空。NPP 卫星是当前和未来创新美国国家航空航天局科学任务中极重要的一部分，由美国国家航空航天局在马里兰州 Greenbelt 的戈达德太空飞行中心管理。NPP 卫星系统全称为“国家极地轨道运行环境卫星系统”，即国家极轨业务环境卫星系统筹备计划。NPP 卫星共搭载了 5 种观测仪器：可见光/红外成像辐射仪套件（Visible/Infrared Imager Radiometer Suite，VIIRS）、跨轨红外探测器（Cross-track Infrared Sounder，CTIS）、云与地球辐射能量系统（Clouds and Earth Radiant Energy System，CERES）、先进技术微波探测器（Advanced Technology Microwave Sounder，ATMS）、臭氧制图和剖面仪套件（Ozone Mapping and Profiler Suite，OMPS）。通过这 5 种观测仪器获取的观测数据，科学家可以了解长期气候模式的动态；提高短期天气预报的精度；延续臭氧层的测量、陆地覆盖、冰层覆盖等 30 个美国国家航空航天局一直跟踪的关键的长期数据集。同时，NPP 卫星作为美国国家航空航天局的国家极地轨道运行环境卫星系统的卫星，也为下一代联合极地卫星系统（Joint Polar Satellite System，JPSS）提供了实验数据。

2011 年 6 月 10 日，美国“水瓶座”（Aquarius）海洋观测卫星于当日由德尔塔-2 火箭发射升空，执行观测全球海洋表面盐分、研究海洋环流的任务。“水瓶座”海洋观测卫星由美国国家航空航天局喷气推进实验室和戈达德太空飞行中心联合制造，是美国和阿根廷的合作项目。美国国家航空航天局借该卫星进行首次海洋表面盐度与浓度的空间观测，海洋表面盐度的变化影响到海洋水循环，勾勒出地球淡水的回流路径，并助推地球气候变化。

2017 年 11 月 18 日，美国国家海洋和大气管理局（National Oceanic and Atmospheric

Adminiatration，NOAA）的联合极地卫星系统 1 号（JPSS-1），从加利福尼亚州范登堡空军基地发射升空。JPSS-1 入轨后更名为 NOAA-20，作为美国国家海洋和大气管理局较新的一颗卫星，它是 JPSS 项目下四颗卫星中的首星，JPSS 替代了美国国家海洋和大气管理局的极轨环境卫星（POES），而 POES 是美国第一代气象卫星 TIROS 的后继者。JPSS 取代了已被取消的国家极轨业务环境卫星系统项目。国家极轨业务环境卫星系统项目原计划用一种卫星取代美国国家海洋和大气管理局的 POES 卫星系统及 DMSP 卫星系统，但在 2010 年国家极轨业务环境卫星系统项目被取消，美国国家航空航天局和美国国家海洋和大气管理局合作开发了 JPSS，国家极轨业务环境卫星系统项目取消后，该项目中的一颗预备计划探路者卫星在 2011 年发射升空，它在入轨后被更名为索米国家极轨合作卫星（索米 NPP 卫星），此卫星用于缩小美国国家海洋和大气管理局的 POES 卫星与下一代气象卫星间的差距，同时对新功能进行演示。JPSS-1 正是基于索米 NPP 卫星的技术发展而来的。JPSS-1 设计寿命为 7 年，它搭载了与索米 NPP 卫星相同的仪器，其中，VIIRS 可通过 22 种不同的波长产生地球表面的可见光与红外图像。这些图像可用于监视大范围的地球表面现象，并可用于全球海洋遥感。

ICESat-2 上搭载了先进地形激光测高系统（Advanced Terrain Laser Altimetry System，ATLAS），于 2018 年 9 月 15 日成功发射，ICESat-2 继续执行 ICESat（2003 年 1 月 13 日成功发射）激光测高仪未完成的任务。如果 ICESat-2 能够完成 5 年的工作任务，加上之前 ICESat 获取的数据，那么可得到 15 年以上的连续观测数据，这将有助于研究区域气候，海、冰面的长期变化及其趋势。ICESat-2 用于搜集地球表面的高度数据，用来测定冰原高度变化及海冰厚度变化，并且也可估计地球表面的生物总量，为长期研究海冰变化及森林冠层覆盖提供了科学支持。

ICESat-2 首次将单光子探测技术引入地球高程探测，极大地提高了地形探测的数据获取率。由于采用光子计数体制，激光器的单脉冲能量仅为 40～120 μJ，在同样系统功耗下，载荷设计了 6 个波束，激光重复频率达 10 kHz，足印间距为 0.7 m，可实现星下 6 个条带的连续探测。ATLAS 的 6 个波束中，3 个波束能量较强，其他 3 个波束能量较弱，两者能量比约为 3∶1，此设计可适应不同反射率目标的测量，减少由单次回波光子数过多导致的地表反射率反演失真。

受美国国家航空航天局委托，PACE 卫星计划 2024 年由美国太空探索技术公司（SpaceX）从佛罗里达州卡纳维拉尔角空军基地以 F9 发射。PACE 卫星计划由 NASA 戈达德太空飞行中心管理。PACE 卫星能够观测全球海洋颜色，获取云和气雾数据，从而提供对海洋、大气和地球不断变化的气候相应的数据。PACE 卫星将帮助科学家研究海洋食物网和为美国经济提供燃料的生物的多样性，并提供先进的数据以减少全球气候模型中的不确定性，增进对地球系统的跨学科理解。

地表水和海洋地形学（Surface Water and Ocean Topography，SWOT）卫星的发射由法国国家空间研究中心和美国国家航空航天局发起，并得到了英国航天局（UK Space Agency）和加拿大国家航天局（Canadian Space Agency）的支持。有科学家提出，地球气候变暖可能会改变淡水资源从湖泊到河流再到水库的流动，这可能会对地球上的生命产生重大影响。SWOT 卫星利用尖端雷达技术测量地球上的海洋、海岸线、河流和湖泊的特征，以提高对随时间变化的农业、工业和人口影响的理解。

1.2.2.2 欧空局海洋遥感卫星

欧洲的卫星遥感技术发展深受美国影响，因而欧洲一直努力发展适合自己需要的遥感卫星。另外，欧空局在发展遥感卫星过程中借鉴了美国国家航空航天局的对外合作经验，开展了广泛的国际合作，以其最早的欧洲地球资源卫星（ERS）为例，有来自全球12个国家的近60个企业和科研部门参加了计划。

地球资源卫星系列是欧空局最早应用于海洋遥感的卫星。欧洲地球资源卫星是欧空局研制的对地观测卫星，用于环境监测。欧空局研制ERS-1历经了10年之久，1991年7月，ERS-1从法属圭亚那航天中心发射，这是一颗为海洋资源开发、海洋科研提供实时数据，能进行全球环境监测，同时兼顾陆地资源探测的多功能卫星。卫星上装载有主动式微波仪、雷达高度计、沿轨迹扫描辐射计、微波探测仪、精密测距测速仪和激光回复反射器等遥感器，其中主动式微波仪能全天时、全天候地工作，处于20世纪90年代的国际先进水平。ERS-1的设计寿命原本为3年，计划运行到1994年由ERS-2取代ERS-1。然而，ERS-1实际运行到了2000年8月（后3年为断续运行）。ERS-1提供了高质量的、当时全世界较稀少的微波遥感数据，促进了遥感技术和遥感应用的发展，也提高了欧洲在对地观测领域的地位。

Envisat是欧空局地球资源卫星的后继者，于2002年3月1日在法属圭亚那航天中心由阿丽亚娜-5 号火箭发射升空。该卫星是欧洲迄今建造的最大的环境卫星，载有10种探测设备，其中4种是ERS-1/ERS-2所载设备的改进型。Envisat所载最大设备是先进的合成孔径雷达，可生成海洋、海岸、极地冰冠和陆地的高质量、高分辨率图像，还可用于研究海洋的变化。Envisat还搭载了两个监测微量气体的大气传感器。作为ERS-1/ERS-2对地观测卫星的延续，Envisat-1主要用于监视环境，对地球表面和大气层进行连续的观测，供制图、资源勘查、气象及灾害判断之用。Envisat-1在轨运行了250亿千米，每天为世界各地约4000个科研项目提供有关地球大气、陆地、海洋和冰川等方面的数据。帮助科学家进行从海洋温度监测到平流层化学分析的一系列研究。利用Envisat-1提供的数据，科学家曾判断航运条件是否符合航运标准，甚至还进行过地震研究，为全球海洋遥感做出了巨大贡献。Envisat-1在意外失去联系后于2012年5月9日结束任务。

“冷卫星”（Cryosat），又称“地球探测者机会任务”，是“欧洲地球探测者计划”的一颗卫星，由阿斯特里姆公司研制。该卫星采用雷达高度计测量地球陆地和海洋冰盖的厚度变化，尤其是对极地冰层和海洋浮冰进行精确监测，研究全球气候变暖对极地冰层和海洋浮冰的影响。2005年10月8日，Cryosat-1因运载火箭分离故障而发射失败。2010年4月8日，Cryosat-2由“第聂伯”运载火箭发射升空。Cryosat-2搭载的主要载荷为“合成孔径干涉雷达高度计”，其海洋遥感的有效载荷在Ku频段（13.575 GHz），由法国泰雷兹·阿莱尼亚航天公司研制，质量为70 kg，功率为149 W，垂直分辨率为1～3 cm，水平分辨率约为300 m。该载荷有3种测量模式：低分辨率测量模式，仅用于测量极地的陆地及海洋上地势相对平坦的冰盖；合成孔径雷达模式，用于测量海冰；干涉测量雷达模式，用于研究地势更加复杂、险峻的冰盖。

欧洲首颗极轨气象卫星为Metop系列的Metop-A卫星，Metop-A卫星于2006年10月19日在哈萨克斯坦拜科努尔航天中心使用联盟号火箭发射升空。2007年5月15日，该卫星开始正常作业，并连续向地面发送天气数值预报（NWP）模型所需的关键数据，以及高纬度地区强影响天气的临近预报，并进行气候监测。Metop-B 卫星也使用联盟号火箭在拜科努尔航天中心发射，并于2012年第二季度开始与Metop-A卫星联合作业。Metop-C卫星于2018年11月7日成功发射。Metop系列卫星上总共装载了11台仪器设备，分别由欧洲气象卫星应用组织（EUMETSAT）、欧空局、法国国家空间研究中心和美国国家海洋和大气管理局提供，共同构成了欧洲气象卫星应用组织极地系统（EPS）空间段。在欧洲与美国国家海洋和大气管理局合作实施的“初步联合极地系统”项目中，EPS 属于欧洲。其中先进散射计（Advanced Scatterometer，ASCAT）和 AVHRR-3 可用于海洋表面风场、海温等的研究与应用。3 颗 Metop 系列的卫星能提供连续的覆盖与监测数据到 2020 年。2020 年之后的任务由第二代 EPS 及第二代 Metop 系列卫星完成。

欧洲气象卫星应用组织于 2017 年宣布发射第二代极轨气象卫星，即 Metop-SG 计划。目的是确保在 2023—2043 年能够继续在极地轨道进行气象观测。

欧空局 2010—2030 年的卫星发射计划主要分为 Science、Copernicus 和 Meteorology3 个计划。哨兵（Sentinel）系列卫星作为哥白尼计划的一部分，主要任务是对地球进行观测。

每个 Sentinel 系列卫星都是通过两颗卫星星座来满足重访和覆盖范围要求的。Sentinel-1 卫星完成陆地和海洋服务的极地轨道全天候雷达成像任务。Sentinel-1A 卫星于 2014 年 4 月 3 日发射升空，Sentinel-1B 卫星于 2016 年 4 月 25 日发射升空，主要应用包括监测北极海冰范围、海冰测绘、海洋环境监测、土地变化监测、土壤含水量预报、产量估计、地震预报、山体滑坡监测、城市地面沉降、支持人道主义援助和危机局势，包括溢油监测、海上安全船舶检测、洪水淹没。

Sentinel-2 卫星是一个极轨多光谱、高分辨率成像卫星，用于陆地监测，提供如植被、土壤、水覆盖、内陆水道和海岸带地区的图像。Sentinel-2 卫星还可以提供紧急服务信息。Sentinel-2A 卫星于 2015 年 6 月 23 日发射升空，Sentinel-2B 卫星于 2017 年 3 月 7 日发射升空。除监测植物生长外，Sentinel-2 卫星还可以用于绘制土地覆盖变化图并监测世界森林的变化。它还能够提供有关湖泊和沿海水域污染的信息。其提供的洪水、火山喷发和山体滑坡的图像有助于绘制灾害图，可用于灾害、遥感等方面的应用。

1.2.2.3 日本海洋遥感卫星

海洋观测卫星（Maritime Observation Satellite，MOS）是日本第一颗地球观测卫星，又称“桃花”（Momo）卫星，共发射了两颗。MOS-1 于 1987 年 2 月 18 日发射升空，是一颗试验型海洋观测卫星，用于测量海洋水色、海洋表面温度和大气水汽含量。MOS-1B 于 1990 年 2 月 7 日发射升空，是一颗应用型海洋观测卫星，用于观测海洋洋流、海洋表面温度、海洋水色等。

日本地球资源卫星一号（JERS-1）是一颗比较先进的地球观测卫星，载有合成孔径雷达、光学遥感设备，以及飞行数据记录仪。它于 1992 年 2 月 11 日在日本种子岛空间中心由 HI 运载火箭发射升空。卫星搭载了新一代合成孔径雷达和光学传感器（OPS），可用于资源开发，以及土地测量，农业、林业、渔业、环境保护、灾害预防和海岸带监测等。JERS-1 的主要任务是①利用合成孔径雷达和光学传感器进行全球观测；②建立一个综合的地球资源观测系统；③开发和验证地球资源卫星平台系统的功能和性能；④开发和验证地球资源卫星有效载荷的功能和性能。

尽管后来的应用检验出 JERS-1 的合成孔径雷达和光学传感器图像存在一些质量问题，暴露了在许多应用领域中的局限性，但是 JERS-1 的光学传感器系统相比于同期正在运行的卫星（如美国陆地卫星）具有一定的优势，光学传感器系统的前向倾斜视场可以提供数字化立体图像，据此可以精确测量坡度和坡向，而用于构建高质量的地形和地质图。JERS-1 的合成孔径雷达照射角被调置于 35°，以减小图像的几何扭曲（如“掩盖”和“缩短”），相比欧空局的

ERS-1 和海洋卫星 Seasat 的合成孔径雷达系统具有一定的优势。

日本先进地球观测卫星（Advanced Earth Observing Satellite，ADEOS）1 号和 2 号分别于 1996 年 8 月 17 日和 2002 年 12 月 14 日发射升空，是日本发射的收集全球环境资料的极轨气象卫星。日本宇宙开发事业团研制 ADEOS 的目的是监视全球环境变化，继海洋观测卫星 MOS-1 和地球资源卫星 JERS-1 之后持续改进地球观测技术，促进有关地球观测领域的国际合作，取得未来型地球观测技术。

ADEOS-1 最引人注目的是搭载了日本、美国和法国研制的 8 种遥感设备，其向地面传送地球环境变化的数据，包括海洋、森林、臭氧层、温室效应等的数据，遗憾的是，ADEOS-1 仅仅运行了 1 年，就于 1997 年 6 月 30 日突然停止传送数据，使这项耗资 10 亿美元的计划就此夭折。

ADEOS-2 是 ADEOS-1 的后续卫星。其搭载有日本、美国和法国研制的 5 种最先进的监测装置，可以监测全球海、湖、云、雨、雪、冰等的变化情况和种植分布状况，能够提高台风预测精度，对研究地球变暖和气候变化大有帮助。

ADEOS-2 集中在海洋和大气方面的研究。为了防止与 ADEOS-1 出现同样的事故，ADEOS-2 实施了 4 项改进措施。其搭载了 2 个核心遥感器（先进的微波扫描辐射计和全球成像仪）和其他 3 个遥感器，提供的数据包括海冰分布、冰雪分布、海上风速、海洋表面温度、冰雪表面温度、地面温度、可降水量、气柱云水量、降雨强度、积雪折合的水量、叶绿素量、藻胆色素量、悬浮物量、溶解有机物量、陆地植被分布、生物量等。主要功能如下。

（1）先进的微波扫描辐射计（Advanced Microwave Scanning Radiometer，AMSR）。它能全天时探测与水有关的物理参数，如水汽浓度、降雨量、水面温度、海洋表面风场及海冰等。

（2）全球成像仪（GLI）。它是多光谱光学遥感器，主要用于综合探测陆地、海洋和大气，如植物指数、叶绿素含量（海洋），以及冰、雪、云的分布等。

（3）改进型临边大气光谱仪（Improved Limb Atmospheric Spectrometer-Ⅱ，ILAS-2）。它是 ILAS 的改进型，提高了探测精度和光谱范围，可改善目前对同温层的，特别是地球两极上层空间臭氧减少的研究。它利用两个光谱段（红外和可见光）观测大气边缘的吸附作用，并能制成臭氧、一氧化二氮、硝酸、CFC-11/12、水蒸气、温度和大气密度的垂直剖面图。

（4）SeaWinds 海风散射计。它是 NSCAT 的后续遥感器，每两天提供 1 次高精度全球海洋风速和风向数据。NSCAT 是利用一个主动雷达发射 Ku 波段微波脉冲，测量海洋表面的反射能力和海洋上的风的。

（5）地面反射光偏振和方向性（the Polarization and Directionality of the Earth's Reflectances，POLDER）测量仪。它是 ADEOS-1 上 POLDER 的后续遥感器。用它可了解地球反射的角度特性，更好地认识悬浮微粒是如何在同温层运动，以及云层对地球辐射平衡的影响。

先进对地观测卫星 ALOS-1 于 2006 年 1 月 24 日由日本自行开发的 H-2A 火箭发射升空，绰号为“Daichi”，在日语里为“大地”的意思，设计寿命为 3 年。ALOS-1 载有 3 个传感器：立体测绘全色遥感仪器（the Panchromatic Remote-sensing Instrument for Stereo Mapping，PRISM），主要用于数字高程测绘；先进可见光与近红外辐射计-2（AVNIR-2），用于精确陆地观测；相控阵 L 波段合成孔径雷达（Phased Array type L-band Synthetic Aperture Radar，PALSAR），用于全天时、全天候陆地观测。日本地球观测卫星计划主要包括 2 个系列：大气和海洋观测系列及陆地观测系列。先进对地观测卫星 ALOS 是 JERS-1 与 ADEOS 的后继卫星，采用了先进的陆地观测技术，能够获取全球高分辨率陆地观测数据，主要应用于测绘、区域环境观测、灾害监测、资源调查等领域。ALOS 是世界上最大的地球观测卫星之一，2011 年因电力情况恶化而停止工作。

ALOS-2（大地 2 号）是 ALOS-1 的后继卫星，由 H-IIA 运载火箭于 2014 年 5 月 24 日发射升空。其上搭载的 PALSAR-2 传感器，工作波段为 L 波段（1.2 GHz 段），ALOS-2 提供的 L 波段为 1m、3m、6m、10m，以及扫描模式的多极化、高分辨率雷达数据，能在任何大气条件下全天候工作。ALOS-2 是一颗具有较强穿透能力的高分辨率雷达卫星，在地表沉降、地壳监测、防灾、减灾、农林渔业、海洋观测，以及资源勘探等领域有较高的应用价值。

后续发射计划中的 ALOS-3 作为“Daichi”光学任务的继承者，将实现高分辨率、宽幅扫描的升级版光学观测，ALOS-3 将通过刈幅更大（70 km）、地面分辨率更高（0.8 m）的传感器获取对地观测数据。该卫星将持续观测日本和全球陆地区域，以构建一个可以迅速、及时地获取、处理和分发图像的对地观测系统。ALOS-3 具有获取灾前和灾后数据的能力，将成为各国有关部门防灾和预警的必要技术手段之一。其获得的观测数据也将用于经济社会发展的各个领域，如高精度地理空间信息的维护和更新、沿海和陆地环境监测的研究和应用。

1.2.2.4 俄罗斯海洋遥感卫星

苏联研制的海洋卫星系列分为两类：第一类海洋卫星的遥感器以可见光、红外探测器为主；第二类海洋卫星的遥感器主要为侧视雷达。1979 年 2 月 12 日第一颗海洋卫星（宇宙-1076）发射升空，用于卫星试验和海洋气象、大气物理参数的测量。1983 年 9 月 28 日载有侧视雷达的试验卫星（宇宙-1500）发射升空，观测结果表明侧视雷达作为海洋遥感手段具有很大潜力。

2016 年 3 月 13 日和 2016 年 3 月 24 日，俄罗斯分别成功发射了资源-P3（Resurs-P3）和猎豹-M2（Bar-M2）两颗高分辨率光学对地观测卫星，这是俄罗斯实施《2013－2020 年俄罗斯航天活动》《2030 年前及未来俄罗斯航天活动发展战略》（草案）等战略以来，天基对地观测能力的进一步增强，表明俄罗斯对地观测能力处于恢复和提升期，显露出俄罗斯恢复航天大国实力的决心。截至 2016 年，俄罗斯在轨对地观测卫星数量已增至 16 颗，其中高分辨率卫星数量增至 9 颗。

1.2.2.5 印度海洋遥感卫星

1999 年 5 月，印度使用 PSLV 火箭发射了 IRS P4 遥感卫星，在技术上也属于第二代遥感卫星，IRS P4 遥感卫星专用于海洋监视，搭载了海洋水色监视仪和多频率扫描微波辐射计（MSMR），是印度第一颗海洋卫星，又称海洋卫星 1 号（Oceansat-1）。多年来，该卫星提供了大量风暴和季风等印度洋地区的天气数据，在一定程度上减少了自然灾害给印度造成的损失。

2009 年 9 月，印度海洋卫星 2 号（Oceansat-2）发射升空。其质量为 960 kg，使用寿命约为 5 年，是印度第 16 颗遥感卫星（其中有 9 颗仍在轨运行），用于替换 1999 年 5 月发射升空的 Oceansat-1，重访周期为 2 天。Oceansat-1 和 Oceansat-2 用于海洋环境探测，包括测量海洋表面风场、叶绿素浓度、浮游植物，以及海洋中的悬浮和沉淀物，也可为天气预报和气象研究提供支持。

2016 年 9 月 26 日，印度太空研究组织（ISRO）成功发射了“一箭八星”，发射升空的卫星包括印度气象卫星 Scatsat-1，可用于海洋、气候的相关研究。

1.2.2.6 韩国海洋遥感卫星

对地遥感卫星是韩国卫星领域的发展重点，自 1999 年启动韩国首个遥感卫星项目多用途卫星-1（KOMPSAT-1）以来，迄今共发展了低地球轨道（LEO）的韩国多用途卫星（KOMPSAT）和静止地球轨道（Geostationary Earth Orbit）的静止地球轨道多用途卫星（GEO KOMPSAT）两大系列，形成了高低轨结合、高分辨率光学成像和雷达成像结合的遥感卫星系统。

韩国低地球轨道 KOMPSAT 系列卫星包括光学成像系列和雷达成像系列两类卫星。其中，光学成像系列卫星已发射 KOMPSAT-1、KOMPSAT-2、KOMPSAT-3 共 3 颗卫星。雷达成像系列卫星已发射 KOMPSAT-5，后续型号 KOMPSAT-6 已经列入发射计划。

除了低地球轨道 KOMPSAT 系列卫星，韩国还发展了 GEO KOMPSAT 系列卫星，用于提供朝鲜半岛及周边区域的气象和海洋监测。GEO KOMPSAT 系列的首颗卫星是“通信、海洋和气象卫星”（COMS，又名“千里眼”卫星），于 2010 年 6 月 26 日由阿里安-5 运载火箭发射升空。

COMS 采用欧洲星-E3000 平台，发射质量约为 2460 kg，设计寿命为 7 年，定点在东经 128.2°。COMS 共搭载了 Ka 频段通信载荷、地球静止海洋水色成像仪（Geo-stationary Ocean Color Imager，GOCI）和气象成像仪（MI）3 个有效载荷。GOCI 和 MI 由阿斯特里姆公司研制，GOCI 是世界上首台地球静止海洋水色成像仪，空间分辨率为 500 m×500 m，覆盖范围不小于 2500 km×2500 km，谱段为 0.4～0.9 μm。GOCI 可监测朝鲜半岛周边的海洋环境和海洋生态，还可提供海岸带资源管理和渔业信息等（每小时获取 1 次信息）。MI 提供了 5 个通道的图像和地球表面云层辐射资料，每隔 15 min 可传送高清晰气象资料，必要时，最快每隔 8 min 可传送有关信息。

1.2.2.7 其他国家

科学应用卫星（SAC）是阿根廷国家空间计划的核心项目，共包括 4 颗卫星，其中 SAC-A、SAC-C 和 SAC-D 具备对地观测能力。SAC-D 的主载荷是“宝瓶座”微波辐射计和散射计，美国国家航空航天局负责研制，由 L 频段推扫式微波辐射计和 L 频段微波散射计组成，用于获取全球海洋表面盐度信息，并用于研究海洋环流。另外，SAC-D 搭载的 Ka 频段微波辐射计可以用来测量海洋表面风速及海冰特征。SAC-D 于 2011 年 6 月 10 日发射升空，目前在轨运行。

海洋科学是一门基于观测的数据密集型学科。海洋卫星遥感以其大尺度、准实时、连续观测的综合优势，成为 20 世纪后期海洋科学取得重大进展的最主要技术手段。据统计，近 20 年来在 *Science*、*Nature* 期刊发表的涉海文章中近一半与卫星遥感相关。进入 21 世纪，随着海洋科学在卫星计划中的主导地位不断提高，研制专门的海洋科学卫星正日益成为各国的重点发展方向。

海洋科学卫星一般以重大科学任务和科学目标为牵引，以探索科学前沿和追求科学发现为驱动，由海洋科学家和科学组织推动，具有开创性、引领性和突破性作用，对海洋科技原始创新能力和科技水平的提升具有不可替代的作用，是新科学、新技术、新产业得以涌现和发展的源头之一，是海洋科技领先的集中体现和重要标志。

围绕海洋科学前沿，聚焦新载荷、新机理、新技术研发，世界主要海洋强国提出了新一代海洋科学卫星计划，开发了新型传感器，以掌握未来海洋科技的主动权。如面向海洋亚中尺度的遥感观测，2007 年美法联合提出了“地表水与海洋地形”卫星计划，设计搭载了新型 Ka 波段干涉成像高度计。2018 年欧空局提出了 SKIM 卫星计划，设计搭载了新型多波束多普勒扫描式雷达高度计，用于全球海洋表层矢量流场和波浪的遥感观测，空间分辨率与 SWOT 相当，目前处于全面论证阶段。面向海洋剖面的“三维遥感”观测需求，国际上虽尚未提出专门的海洋科学卫星计划，但海洋激光雷达被认为是未来最有希望实现这一目标的技术手段。2016 年我国青岛海洋科学与技术试点国家实验室提出了“观澜号”海洋科学卫星计划，设计同步搭载了干涉成像高度计和海洋激光雷达的双载荷体制，实现了海洋水平动力过程的高精、高分（2 cm、3 km×3 km）和海洋剖面激光雷达垂直穿透（150～300 m）的一体化遥感观测能力，同步解决了上述海洋亚中尺度和近温跃层遥感观测的科学需求。

1.2.3 近年来全球主要海洋遥感相关的卫星计划

1.2.3.1 我国海洋卫星的研制与发射计划

1. 海洋业务卫星

2021 年 5 月 19 日，海洋二号 D 卫星（HY-2D）在我国甘肃酒泉卫星发射中心成功发射。海洋二号 D 卫星和海洋二号 B 卫星、海洋二号 C 卫星共同构成了我国海洋动力环境监测网。海洋二号 D 卫星是我国第四颗海洋动力环境卫星，该卫星集主、被动微波遥感器于一体，属于我国海洋系列遥感卫星，具有高精度测轨、定轨能力与全天候、全天时、全球探测能力。其主要使命是监测和调查海洋环境，获得包括海洋表面风场、浪高、海洋表面高度等多种海洋动力环境参数，直接为灾害性海况预警预报提供实测数据，为海洋防灾减灾、海洋权益维护、海洋资源开发、海洋环境保护、海洋科学研究，以及国防建设等提供支撑服务。

2. 海洋科研卫星

1）新一代海洋水色卫星

新一代海洋水色卫星初样研制进展顺利，已经完成了载荷鉴定、产品研制、卫星与地面应用系统对接试验。主要载荷包括新型海洋水色与温度扫描仪、可编程中分辨率成像光谱仪、海岸带成像仪与数据采集系统。该卫星只用于定量测量海洋水色和海岸带参数。

2）海洋盐度探测卫星

海洋盐度探测卫星已正式获得立项批复。卫星研制单位已经完成了方案设计论证，该卫星为实验性极地轨道卫星，可提供海水表面盐度、海水表面温度、海水表面粗糙度等产品。

3）新一代极轨海洋动力环境卫星

新一代极轨海洋动力环境卫星主要载荷包括干涉成像雷达高度计、双频全极化微波散射计和全极化微波辐射计。已完成新一代极轨海洋动力环境卫星的预研，突破地面数据处理算法的关键技术，为新一代极轨海洋动力环境卫星的发射和后续数据的处理奠定了基础。

4）高轨海洋与海岸带环境监测卫星

针对多行业用户的应用需求，我国已开展了深入调研和论证，编写了《高轨海洋与海岸带环境监测卫星应用需求分析报告》，完成了高轨海洋与海岸带环境监测卫星预研。该卫星是地球静止轨道实验卫星，将提供更高时间分辨率的海洋水色产品和海岸监测产品。

1.2.3.2 美国海洋表面地形卫星

Sentinel-6 卫星是执行“杰森持续服务”（the JASON Continuity of Service，JASON-CS）观测任务的卫星，其搭载最新的高精度高度计，这项美国和欧洲之间的合作任务包括两颗相同的卫星（命名为 Sentinel-6 Michael Freilich 卫星和 Sentinel-6B 卫星），主要目的是将关键的海洋数据记录扩展到 30 年以上，另外，JASON-CS/Sentinel-6 卫星还收集了高分辨率的大气温度垂直剖面数据，以支持天气预报。第一颗卫星 Sentinel-6 Michael Freilich 已于 2020 年 11 月 21 日发射升空。

JASON-CS/Sentinel-6 卫星搭载了几个仪器来支持科学计划目标。雷达高度计（Radar Altimeter）用于测量海平面高度；先进微波辐射计（Advanced Microwave Radiometer，AMR）用于反演卫星和海洋之间的水气含量；无线电掩星天线（Radio Occultation Antennas）用于测量 JASON-CS 和 GPS 卫星之间的无线电信号延迟；其他机载仪器，如星基多普勒轨道和无线电定位组合系统（Doppler Orbitography and Radiopositioning Intergrated system by Satellite，DORIS）与激光反射棱镜阵列（Laser Retroreflection prism Array）用于精确确定卫星的位置、执行数据下行（s 波段和 x 波段天线）和供电（太阳能阵列）。

JASON-CS/Sentinel-6 卫星使海平面观测持续到第四个十年。自 1992 年以来，高精度卫星高度计帮助科学家了解了海洋如何影响气候系统中能量的储存和再分配、水和碳方面发挥了重要作用。JASON-CS/Sentinel-6 卫星与之前的系列卫星一起，提供了全球海平面上升的持续测量数据—全球海平面上升数据是人类造成气候变化的最重要指标之一。这些数据还可用于对海洋学的洋流、风和海浪等的预测，同时也有助于两到四周范围内的短期天气（如强度飓风）预报和长期季节条件（如 El Niño、La Niña）预报。

1.2.3.3 美国地球静止环境业务卫星

美国国家航空航天局和美国国家海洋和大气管理局地球静止卫星（GOES-T），于 2022 年 3 月 1 日从佛罗里达州卡纳维拉尔角空军基地发射升空。GOES-T 是 GOES-R 系列地球静止气象卫星的一部分，该系列卫星维持了双卫星系统，并将运行寿命延长到了 2036 年 12 月。

GOES-T 是在成功发射和在轨检验之前的名字，到达地球静止轨道且通过在轨检验之后，GOES-T 更名为 GOES-18，取代 GOES-17 成为美国国家海洋和大气管理局的 GOES WEST 卫星。

GOES-T 继承了 GOES-R 系列地球静止气象卫星，搭载了 6 种仪器，分为 3 类：①地指向仪器，包括先进基线成像仪（ABI）和地球同步闪电制图仪（GLM）；②太阳指向仪器，包括太阳紫外线成像仪和极端紫外线及 X 射线辐照度传感器（Extreme ultraviolet and X-ray Irradiance Sensors，EXIS）；③原位空间环境仪器，包括空间环境原位套件（Space Environment In-Situ Suite，SEISS）和磁力计。其中，ABI 是一种 16 通道多光谱扫描仪器，用于云和天气模式监测和各种大气参数的提取。图像采集时间为 5min，空间分辨率为 0.5～2 km，能够快速生成一幅地球全球图像。另外，ABI 也是地球静止轨道上运行的较强大的气象成像仪，可用于海洋气象研究。GOES 网络帮助气象学家观测和预报天气事件，包括雷暴、龙卷风、雾、飓风、山洪暴发和其他恶劣天气。

美国国家海洋和大气管理局通过 NOAA-NASA 综合办公室管理 GOES-R 系列地球静止气象卫星计划，管理地面系统合同、操作卫星，并将其数据分发给全球用户。美国国家航空航天局戈达德太空飞行中心负责监督 GOES-R 系列地球静止气象卫星的航天器和仪器采购。洛克希德·马丁公司设计、制造并对 GOES-R 系列地球静止气象卫星进行测试。L3Harris Technologies 提供主要仪器的有效载荷，即高级基线成像仪，以及地面系统，其中包括用于数据接收的天线系统。

美国国家海洋和大气管理局与美国国家航空航天局已经开始计划下一代地球静止轨道气象卫星，称为地球静止扩展操作（GeoXO）气象卫星。这些卫星将继续 GOES-R 系列地球静止气象卫星的测量，还将包括高光谱红外探测器和大气成分传感器等新仪器计划。与早期的 GOES 一样，美国国家航空航天局将继续负责美国国家海洋和大气管理局处理 GeoXO 卫星的采购和开发工作，并为美国国家海洋和大气管理局发射卫星。

1.2.3.4 欧空局第三代气象卫星

为了提供气象部门所需的地球静止轨道观测，欧空局第三代气象卫星（Meteosat Third Generation，MTG），搭载了两种传感器：MTG 成像仪和 MTG 探测器。它们使用共同的三轴稳定卫星平台。为了确保至少 20 年的数据连续性，MTG 计划包括 6 颗卫星：4 颗 MTG-I 和两颗 MTG-S。

每颗 MTG-I 搭载的仪器包括 1 个灵活组合的成像仪、1 个闪电成像仪、1 个数据收集系统及搜索和救援中继系统。每颗 MTG-S 搭载的仪器包括 1 个红外探测仪和欧盟 Sentinel-4 上搭载的紫外可见和近红外探测仪。该系统包括两颗 MTG-I 和 1 颗 MTG-S，这两颗 MTG-I 串联运行，1 颗每 10min 扫描 1 次欧洲和非洲，另 1 颗每 2.5min 扫描 1 次欧洲。

MTG-I 提高了当前气象卫星第二代气象系统图像的频率和分辨率。随着图像分辨率的提高，灵活组合的成像仪利用其 16 通道多光谱扫描技术把多光谱成像提高到了一个新水平。此外，MTG 能够提供有关闪电的全新信息。

1.2.3.5 欧空局北极气象卫星

欧空局北极气象卫星（Arctic Weather Satellite）平台是基于 OHB 的 Innosat 平台，但进行了一些升级，增加了电力推进装置，以满足北极气象卫星维持在 600km 的轨道高度，并提供可能需要的躲避碰撞操作的动力。此外，在任务结束时，电力推进装置将用来降低北极气象卫星的高度。

北极气象卫星的总质量约为 120 kg，功耗约为 120 W。卫星配备了可展开的固定角度太阳能阵列，升级电力系统，满足仪器功耗提高的需求，图 1.2.1 所示为欧空局北极气象卫星平台的示意图。其增加了 1 个 1 波段下行链路，以提供直接广播和存储数据的下行能力。原型卫星的设计将考虑未来星座的需求，因此，原型卫星和未来星座之间的设计不会发生变化。这些卫星将遵守空间碎片的减缓要求，并在运行结束后 12 年内以自然衰变的方式重新进入地球大气层。

北极气象卫星搭载了 1 个跨轨扫描微波辐射计，由 1 个旋转天线将入射辐射聚焦到 4 个喇叭天线（每个信道组 1 个）和 4 个接收器上，覆盖频率范围为 50～325 GHz。不同的喇叭天线指向地面 1 个不同的点，并在地面数据处理中重新绘制图像。喇叭天线以 45 r/min 左右的速率连续扫描。跨轨扫描微波辐射计使用机载校准目标和冷太空对喇叭天线的每 1 次旋转进行校准。跨轨扫描微波辐射计 19 个通道的参数与性能如表 1.2.1 所示。

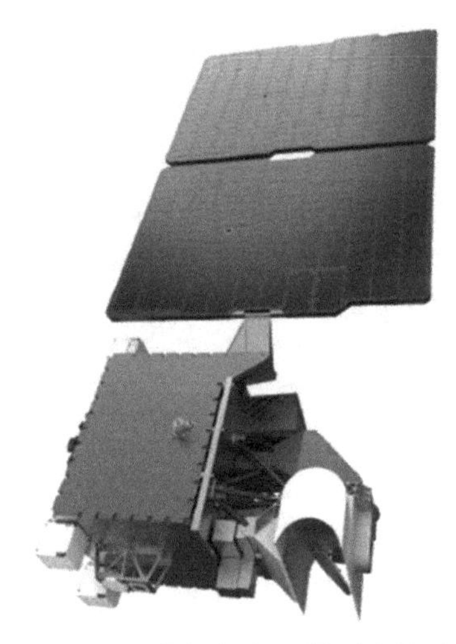

图 1.2.1　欧空局北极气象卫星平台的示意图

表 1.2.1　跨轨扫描微波辐射计 19 个通道的参数与性能

波段	频率/GHz	波段宽度/MHz	噪声等效温差/K	覆盖区域/km	用途
11	50.300	180	<0.6	≤ 40	温度探测
12	52.800	400	<0.4	≤ 40	温度探测
13	53.246	300	<0.4	≤ 40	温度探测
14	53.596	370	<0.4	≤ 40	温度探测
15	54.400	400	<0.4	≤ 40	温度探测
16	54.940	400	<0.4	≤ 40	温度探测
17	55.500	330	<0.5	≤ 40	温度探测
18	57.290	330	<0.6	≤ 40	温度探测
21	89.000	4000	<0.3	≤ 20	窗口和云探测
31	165.500	2800	<0.6	≤ 10	窗口/湿度探测
32	176.311	2000	<0.7	≤ 10	湿度探测
33	178.811	2000	<0.7	≤ 10	湿度探测
34	180.311	1000	<1.0	≤ 10	湿度探测
35	181.511	1000	<1.0	≤ 10	湿度探测
36	182.311	500	<1.3	≤ 10	湿度探测
41	325.150±1.200	800	<1.7	≤ 10	湿度探测/云探测
42	325.150±2.400	1200	<1.4	≤ 10	湿度探测/云探测
43	325.150±4.100	1800	<1.2	≤ 10	湿度探测/云探测
44	325.150±6.600	2800	<1.0	≤ 10	湿度探测/云探测

§1.3　国际上主要的海洋遥感机构

1.3.1　我国国家卫星海洋应用中心

国家卫星海洋应用中心隶属于自然资源部，是我国海洋卫星规划、论证、发射、运维和海洋遥感应用的重要机构。主要职能包括：①负责我国海洋卫星系列发展和卫星海洋应用工作，为海洋经济、海洋管理、公益服务及海洋安全提供保障和服务；②负责拟订我国海洋卫星与卫星海洋应用体系的发展规划，组织开展重大卫星海洋遥感应用项目的综合论证；③负责卫星海洋遥感应用系统的规划，开展卫星海洋遥感在沿海地区的国土空间规划，自然资源调查与监测，海洋观测预报与防灾减灾，海洋经济运行，海洋生态保护修复，海域、海岛监测，海洋权益与国际合作，全球海洋与极地监测等业务的应用及技术研究工作。

1.3.2 美国国家航空航天局

美国国家航空航天局（NASA）又称美国宇航局、美国太空总署，是美国联邦政府的一个行政性科研机构，负责制订、实施美国的太空计划，并开展航空科学暨太空科学的研究。美国国家航空航天局是世界上最权威的航空航天遥感机构之一，承担或参与了几乎全部的美国科学卫星计划，多年来发射了多颗地球遥感卫星，并与许多美国国内及国际上的科研机构分享其研究数据。

1.3.3 美国国家海洋和大气管理局

美国国家海洋和大气管理局（NOAA）隶属于美国商业部下属的科技部门，主要关注地球大气和海洋变化，提供对灾害天气的预警，提供海图和空图，管理对海洋和沿海资源的利用和保护，研究如何改善对环境的了解和防护。在遥感方面，美国国家海洋和大气管理局主要负责美国的气象卫星规划、发射及运行应用。其目前运行的卫星包括极轨卫星 NOAA 系列及静止轨道气象卫星 GEOS 系列，是全球气象卫星遥感领域最有影响力的遥感机构。

1.3.4 美国海军研究实验室

美国海军研究实验室（United States Naval Research Laboratory）是在爱迪生的建议下于 1923 年成立的。隶属于美国海军研究署，为美国海军及海军陆战队开展技术研究，研究领域包括声学、遥感、海洋学、海洋地质、海洋气象学、空间科学等。1934 年，美国海军研究实验室开发了世界上首部脉冲雷达，引领世界各国竞相发展了雷达技术。

1.3.5 美国伍兹霍尔海洋研究所

伍兹霍尔海洋研究所（Woods Hole Oceanographic Institution，WHOI），成立于 1930 年，是世界上较大的私立、非营利性质的海洋工程教育研究机构，资金主要来源于美国国家科学基金会。该所设有海洋生物学、海洋化学、海洋地质学和地球物理学、物理海洋学及海洋工程 5 个研究室。2021 年伍兹霍尔海洋研究所与 Analog Devices，Inc.（ADI）公司共同宣布成立海洋与气候创新加速器（OCIA）。ADI 公司承诺在三年内向 OCIA 提供 300 万美元的资金支持，致力于提高海洋在应对气候变化方面关键作用的认知，以及持续开发面向海洋与气候相互作用的新型解决方案。

1.3.6 美国斯克利普斯海洋研究所

斯克利普斯海洋研究所（Scripps Institution of Oceanography，SIO）是美国加州大学圣地亚哥分校下属的世界顶尖研究机构，成立于 1903 年。该所是世界上最古老、最大的海洋研究所之一。斯克利普斯海洋研究所下设海洋地质、海洋生物和海洋 3 个研究部，海洋物理、能见度和生理研究 3 个实验室，还有海岸研究中心，海洋生命研究组及供博士学位教学用的研究生院。斯克利普斯海洋研究所的课题涉及海-气相互作用、深海锰结核的形成及开采、海岸侵蚀、污染对海洋生态系的影响，以及包括板块构造和海底扩张在内的海洋地质演化史等 200 多项。

1.3.7 欧空局

欧空局成立于 1975 年，是一个致力于探索太空的政府间组织，拥有 22 个成员国，总部设在法国巴黎。欧空局一直引领海洋遥感的发展，先后于 1991 年和 1995 年，分别发射了 ERS-1、ERS-2 综合型遥感卫星，其中 C 波段合成孔径雷达用于探测海洋表面风场，雷达高度计用于海洋表面高度的测量，沿轨扫描辐射计和微波探测器用于全球海洋表面温度的测量。2002 年欧空局发射了 Envisat 卫星，以海洋和大气探测为主，也可用于陆地环境探测。2014 年和 2016 年，欧空局分别发射了 Sentinel-1A 和 Sentinel-1B 卫星，主要装载 C 波段合成孔径雷达，用于全球陆地与海洋环境探测。2016 年，欧空局发射了 Sentinel-3A 卫星，该卫星装载有雷达高度计和新一代海洋水色遥感仪，用于海洋和陆地植被的监测。

1.3.8 加拿大遥感中心

加拿大遥感中心（Canada Centre for Remote Sensing，CCRS）成立于 1970 年，是加拿大联邦政府自然资源部（Natural Resources Canada）的下属地球科学分部（Earth Science Sector）下面的一个研究和政府服务部门。它的主要职责是负责加拿大遥感数据的接收、处理、存档和分发，以及面向公众和私人的对遥感数据的开发和利用。作为研究部门，它还发展和开发了各种遥感技术在资源环境监测等方面的应用，同时也发展了地理信息系统（GIS）的应用。

加拿大遥感中心主要承担 4 个方面的工作：航空遥感，包括探矿找油，监测海冰、洋流等；研制新颖的机载和星载传感器（以合成孔径雷达为主）、开发先进的数据收集系统和判读技术；通过遥感卫星地面站，接收、处理并出售卫星图像和数据带；开展国际合作及研究。

1.3.9 法国国家空间研究中心

法国国家空间研究中心（Centre National d'Etudes Spatiales，CNES）是负责制订和实施所有的法国航天计划（包括国际合作）的国家机构，成立于 1961 年，总部设在巴黎，受法国工业部和研究部领导。法国国家空间研究中心从事 3 项主要活动：①与欧洲合作，主要是参加欧空局的工作，其中包括阿里安火箭的研制和发射；②双边合作，主要是与美国等国家的空间项目开展双边合作；③国内计划，研制了电信卫星、斯波特（SPOT）卫星等多种卫星，以及钻石运载火箭等。法国国家空间研究中心主要航天中心为①图卢兹航天中心，专门从事技术项目管理、试验、轨道控制和操作、数据管理等；②圭亚那航天中心，设在法属圭亚那库鲁地区，是位于赤道附近的航天发射中心，阿里安火箭即在此发射。2018 年我国在酒泉卫星发射中心用长征二号丙运载火箭，成功发射了中法合作研制的首颗卫星——中法海洋卫星，其中法国国家空间研究中心负责提供海浪观测载荷。

1.3.10 法国海洋开发研究院

法国海洋开发研究院（French Research Institute for Exploitation of the Oceans）于 1984 年 6 月由原在布雷斯特的法国国家海洋开发中心（CNEXO）和南特海洋渔业科学技术研究所（ISTPM）合并而成。该研究院受法国工业科研部和海洋国务秘书处双重领导，研究海洋开发技术和应用性海洋科学。法国海洋开发研究院包含渔业和海洋生物、环境和海洋研究、海洋技术 3 个业务部门。下设 5 个研究中心，分别为布雷斯特中心（即布列塔尼海洋科学中心）、滨海布洛涅中心（以水产研究为主）、南特中心（即南特海洋渔业科学技术研究所）、土伦中心（即地中海海洋科学基地）、塔希提中心（即太平洋海洋科学中心），分别从事海洋科学和技术研究。法国海洋开发研究院拥有数艘综合型远洋海洋调查船、深海拖网船、高海况近海渔船、近海海洋考察船、水下航行器远程支援船，还有很多无人和载人潜水器（内含拖曳式声纳和相机）。

1.3.11 德国基尔亥姆霍兹海洋研究中心

德国基尔亥姆霍兹海洋研究中心位于德国基尔，是世界领先的海洋研究机构。研究海底、海洋和海洋边缘的化学、物理、生物和地质过程，以及它们与大气的相互作用。通过全方位的多学科和跨学科手段对海洋科学的各个领域进行全面研究，包括地质、物理、化学和生物海洋学，以及海洋与岩石、大气等圈层的相互作用，调查范围覆盖近海、海洋、极地等全球所有海域。中心聚焦 4 大研究方向：海洋环流与气候动力学、海洋生物地球化学、海洋生态学和海底动力学。中心目前拥有全世界最先进的海洋科学调查基础设施和实验平台，包括 4 艘科考船、德国唯一的载人潜水器、3 台深海机器人，是欧洲最大的自主水下滑翔机阵列之一，自 2017 年起，其运行北大西洋佛得角海洋观测站，特别适于深、远海的研究、调查。

1.3.12 英国国家海洋中心

英国国家海洋中心（National Oceanography Centre，NOC）成立于 2004 年，主要职能是进行海洋综合研究和技术开发，包括海洋观测、海洋设施、数据管理及相关的科学咨询工作等。英国国家海洋中心属于英国自然环境研究委员会全权所有，整合了英国自然环境研究委员会所管理的前利物浦普劳德曼海洋学实验室（Liverpool's former Proudman Oceanographic Laboratory）和南安普顿的国家海洋学中心，是英国领先的海平面科学研究、沿海与深海科学研究及技术开发机构。整合后的英国国家海洋中心与英国海洋科学界的诸多研究机构都有密切合作。英国国家海洋中心的主要职能是进行从沿海到深海的综合研究和技术开发。英国国家海洋中心长期提供海洋科学研究所须具备的能力，包括海洋设施，连续的海洋观测、绘图、调查，数据管理，以及相关的科学咨询工作。英国国家海洋中心同其合作伙伴一起，使自然环境研究委员会（Natural Environment Research Council，NERC）具备了海洋科学研究的能力。

1.3.13　英国国家遥感中心

英国国家遥感中心（NRSC）成立于 1980 年 4 月，由设在首都伦敦的总部和 4 个地区的分部组成。这 4 个分部分别是位于贝德福德郡（Bedfordshire）的塞尔斯学院；位于阿伯丁（Aberdeen）的土地利用研究院；位于贝尔法斯特（Belfast）的北爱尔兰军事测量部和位于斯旺西大学（Swansea University）的地理部。英国国家遥感中心归属于皇家航空航天机构空间部的卫星遥感技术局。其计划和经费每年由英国国家空间中心和贸易工业部下达，并且同英国国防部和其他部门保持密切的工作联系。成立英国国家遥感中心的目的在于促进英国的遥感应用工作。英国国家遥感中心有以下几项主要业务：①遥感数据的获取和提供；②支持和协调英国遥感组织；③提供研究和开发服务；④技术开发和应用；⑤开发新用户、扩大服务面。

1.3.14　日本宇宙航空研究开发机构

日本宇宙航空研究开发机构（Japan Aerospace Exploration Agency，JAXA），于 2003 年 10 月 1 日由 3 个与日本航天事业有关的政府机构：日本空间科学研究所、日本国家航空航天实验室、日本宇宙开发事业集团统合而成，是负责日本航空、太空开发事业的独立行政法人。其主要工作包括研究、开发和发射人造卫星，小行星探测，以及研究未来可能的登月计划。日本宇宙航空研究开发机构对公众开放的 ALOS World 3D 是 1 个具有 30 米空间分辨率的数字地表模型，是现今精度最高的全球尺度的数字地表模型，可用于全球范围的海拔标定。

1.3.15　日本海洋科学技术中心

日本海洋科学技术中心（JAMSTEC）于 1971 年 10 月成立，隶属于日本科学技术厅。作为日本的研究机构之一，日本海洋科学技术中心一直从事各种研究和开发活动，涉及广泛的海洋科学和技术。日本海洋科学技术中心有不少令世人瞩目的项目，如海底村计划、海浪发电船，还有世界上潜得较深的载人深潜调查船“深海 6500”号和具有世界上较深潜航纪录的无人深潜探测器，以及由核动力船改装的世界上较大的海洋调查船“未来”号。

未来，日本海洋科学技术中心将应对以下与研发相关的挑战，包括对全球环境变化的综合理解和预测；建立对地球内部的高级认识，并将其应用于减轻地震和海啸灾害；对生命进化和地球历史的全面研究；资源研究和生物技术的发展。

1.3.16　荷兰海洋研究所

荷兰海洋研究所（NIOZ）是荷兰国家级海洋学研究所，主要从事多学科基础和前沿应用海洋研究，解决与海洋和海洋功能有关的重要科学和社会问题。荷兰海洋研究所是荷兰科学界的国家海洋研究促进者。其科学研究由4个科学部门进行，其中3个部门面向以下区域开展研究：河口和三角洲地区、沿海和公海，其中海洋微生物学和生物地球化学的研究在这3个区域进行。荷兰海洋研究所鼓励和支持国内与国际范围的海洋科学、教育和海洋政策制定等方面的多学科基础和前沿应用研究。

1.3.17 挪威极地研究所

挪威极地研究所是气候与环境部下属的一个理事会。研究所的活动集中于极地地区的环境管理，提供科学知识、绘制地图，并向挪威当局提供专业和战略建议。挪威极地研究所在北极和南极运营考察站，进行考察，是哈康王子号科考船的所有者。在极地地区研究和监测产生的信息对了解全球环境变化及其后果至关重要。更好的数据覆盖和对气候和环境的深入了解提高了挪威管理其国家领土和资源的能力。挪威极地研究所研究高纬度地区和极地地区的生物多样性、地质制图、气候和污染物，并为涉及这些主题的国家和地区的研究方案做出贡献，还为国际气候研究做出重要贡献，该研究所拥有11000吨级极地科学考察船。

1.3.18 波兰科学院海洋研究所

波兰科学院海洋研究所（IO PAS）成立于1983年，是自1953年以来在索普特存在的科学院海洋站的继承者。该研究所的使命是通过创新、高水平的科学和技术研究，传授支持可持续利用和保护海洋环境的知识，显著增加对环境的认知和理解，并为客户提供信息和技术，进行科学研究的地区包括波罗的海和欧洲北冰洋在内的大陆架海和沿海地区。

波兰科学院海洋研究所研究的战略方向为海洋在气候变化中的作用及其对欧洲海洋的影响；波罗的海环境的自然和反向变化；大陆架海区沿岸生态系统的当代变化；功能海洋生物的遗传和生理机制、海洋生物技术的原理。

1.3.19 俄罗斯科学院希尔绍夫海洋研究所

俄罗斯科学院希尔绍夫海洋研究所在俄罗斯历史悠久，是海洋学领域规模最大的研究中心之一。该研究所成立于1946年，原名是苏联科学院海洋研究所，1939年由苏联科学院海洋学委员会首任主席希尔绍夫组建的苏联科学院海洋研究所扩建而成。为纪念首任主席希尔绍夫，1968年该研究所正式改名为希尔绍夫海洋研究所。希尔绍夫海洋研究所的调查船队包括“勇士”号、“库尔恰托夫院士”号、“门捷列夫”号、“宇航员·加加林”号等10多艘海洋调查船，其中3艘吨位超过6000t。以及“米尔”“双鱼座”“阿古斯”号等载人潜水器，“米尔”号潜水器的潜水深度达6000 m。希尔绍夫海洋研究所的总部设在莫斯科，内设4个研究部，下辖39个实验室和若干研究组，分别从事海洋物理学、海洋地质学、海洋生物学，以及海洋工程的综合研究。另外，其还设有大西洋分所（位于加里宁格勒市）、南部分所（位于格林瑞克市）、西北分所（位于阿尔汉格尔斯克市）、里海分所（位于阿斯特拉罕市）4个分所和1个圣彼得堡分部，分所侧重于某些专题和区域海洋学的研究并作为考察船的基地。该研究所的主要目标是研究世界海洋和俄罗斯海域的海洋学基础理论，特别是海洋动力学和生物结构等问题，并开展对海洋的物理、化学、生物和地质过程的调查研究，奠定科学基础，预测地球气候变化，合理利用海洋资源，维护生态安全。

习题

1. 什么是海洋遥感？
2. 卫星海洋遥感系统包括几大部分呢？
3. 海洋遥感是如何分类的？具体分为哪几个类型？
4. 海洋遥感的历史发展情况如何？未来趋势是什么？
5. 请阐述你如何看待美国在发展海洋遥感卫星过程中的对外合作呢？

参考文献

[1] 菲利普•德•索萨．极简海洋文明史[M]．施诚，张珉珞，译．北京：中信出版社，2016.
[2] 林明森，何贤强，贾永君，等．中国海洋卫星遥感技术进展[J]．海洋学报，2019，41（10）：99-112.
[3] 林明森．海洋动力环境微波遥感信息提取技术与应用[M]．北京：海洋出版社，2019.
[4] 蒋兴伟．海洋二号卫星地面应用系统概论 [M]．北京：海洋出版社，2014.
[5] 林明森，张有广，袁欣哲．海洋遥感卫星发展历程与趋势展望 [J]．海洋学报，2015，37（1）：1-10.
[6] 潘德炉，龚芳．我国卫星海洋遥感应用技术的新进展 [J]．杭州师范大学学报（自然科学版），2011，10（1）：1-10.
[7] 舒宁．微波遥感原理 [M]．武汉：武汉大学出版社，2000.
[8] Floyd F, Sabins Jr, James M, et al. Remote Sensing: Principles, Interpretation, and Applications, Fourth Edition[M]. Illinois：Waveland Pr Inc. Prospect Heights, 2020.
[9] Susan L, Ustin & Elizabeth M, Middleton. Current and near-term advances in Earth observation for ecological applications[J]. Ecological Processes, 2021, 10(1): 1-57.

第2章

海洋遥感的基本原理

本书介绍的海洋遥感（Ocean Remote Sensing）主要指以电磁波为信息载体，获取海洋信息的狭义层面的遥感，因此，在深入学习海洋遥感的具体方法之前，我们有必要学习一下电磁波海洋遥感的基本原理知识。

海洋自身可以不断地向周围辐射电磁波能量，这种现象非常幸运地被人类发现，并利用海洋辐射电磁波的特性遥感海洋；另外，海洋还具有跟其他来源的电磁波能量相互作用的特性，例如，可以反射（或散射）太阳和人造辐射源（如雷达）照射其上的电磁波，人类可以利用传感器获取并记录海洋自身辐射或者与其他来源电磁波相互作用的结果，以此来进一步获得海洋的信息。

因此，海洋遥感的基本前提，是我们只有了解了电磁波的特性、海洋本身的特性，以及电磁波与海洋相互作用的相关知识，才能进一步深入理解如何从获得的电磁波数据中提取我们真正想要的海洋信息。

本章主要介绍海洋遥感的基本原理知识，包括2.1节遥感辐射基础；2.2节大气辐射传输；2.3节电磁波与海水的相互作用。

§2.1 遥感辐射基础

对地观测遥感主要信息媒介是电磁波，任何目标物都有发射、反射和吸收电磁波的性质，目标物与电磁波的相互作用，构成了目标物的电磁波特性，这恰恰成了我们对地观测遥感的依据。

电磁波（Electromagnetic Wave），经典的物理学教材通常会做如此描述："同向且互相垂直的电场与磁场在空间中衍生发射的振荡粒子波，是以波动的形式传播电磁场的，具有波粒二象性"。简单地理解，电磁波就是电场与磁场在空间中以波的形式移动。因为电磁波对于遥感太过重要，所以我们太有必要记住麦克斯韦（Maxwell）、赫兹（Hertz）和马可尼了。英国科学家麦克斯韦奠定了电磁场的理论基础，人们把他称为电磁波之父。1864年麦克斯韦提出了电磁波理论，便大胆推测电磁波的存在，并推导出电磁波与光具有同样传播速度的结论，直到1887年德国物理学家赫兹用实验证实了电磁波的存在。1898年马可尼又进行了许多实验，证明光是一种电磁波且发现了更多形式的电磁波。电磁波的传播规律可由麦克斯韦方程组（Maxwell's Equations）来描述。

2.1.1 麦克斯韦方程组

遥感建立在物体电磁波辐射理论的基础上，非常幸运地，麦克斯韦于 19 世纪建立了麦克斯韦方程组，有效地描述了电磁波传播、辐射的过程，使我们可以以电磁波为信息载体感知这个世界。

尽管电现象与磁现象很早就被人们发现了，但是电和磁的本质及它们之间的关系却直到 1865 年麦克斯韦方程组出现后才真正被揭示，因此，麦克斯韦方程组的产生是 19 世纪物理学上最伟大的成就之一。2004 年，英国的科学期刊《物理世界》举办了一个活动，让读者选出科学史上最伟大的公式，结果麦克斯韦方程组高居榜首。爱因斯坦在《麦克斯韦对物理实在观念发展的影响》一文中写到“自从牛顿奠定理论物理学的基础以来，物理学的公理基础的最伟大的变革是由法拉第和麦克斯韦在电磁现象方面的工作所引起的”。

麦克斯韦是在总结前人的基础上，把由实验得出的电磁学规律加以总结和推广而得出麦克斯韦方程组的。进一步地，麦克斯韦仅靠纸笔演算，就利用这组方程组预言了电磁波的存在，后来赫兹用实验证实了电磁波的存在。即可见，思维与想象对于科学发现与创造的重要性和有效性。

从麦克斯韦方程组的发展历史来看，麦克斯韦最初提出的是 20 个方程与 20 个变量，逐渐变成今天经典教材中最简单的 4 个方程：描述磁生电的法拉第电磁感应定律、描述电生磁的安培-麦克斯韦定律、描述静磁的高斯磁场定律、描述静电的高斯电场定律。麦克斯韦方程组的微分形式如下：

$$\nabla \vec{\boldsymbol{E}} = -\frac{\partial \vec{\boldsymbol{B}}}{\partial t} \tag{2.1.1}$$

$$\nabla \vec{\boldsymbol{H}} = \vec{\boldsymbol{J}} + \frac{\partial \vec{\boldsymbol{D}}}{\partial t} \tag{2.1.2}$$

$$\nabla \vec{\boldsymbol{B}} = 0 \tag{2.1.3}$$

$$\nabla \vec{\boldsymbol{D}} = \rho \tag{2.1.4}$$

式中，$\vec{\boldsymbol{E}}$ 为电场强度（V/m）；$\vec{\boldsymbol{H}}$ 为磁场强度（A/m）；$\vec{\boldsymbol{B}}$ 为磁感应强度（Wb/m^2）；$\vec{\boldsymbol{D}}$ 为电位移矢量（C/m^2）；$\vec{\boldsymbol{J}}$ 为电流密度（A/m^2）；ρ 为电荷密度（C/m^2）。

通常所说的麦克斯韦方程组，大多指上述微分形式，它是描述电磁场中各点特性的方程组。

值得注意的是，电磁场中有介质时，需要补充 3 个描述介质性质的方程式。对于各向同性介质来说，方程式如下：

$$\vec{\boldsymbol{D}} = \varepsilon_{\mathrm{r}} \varepsilon_0 \vec{\boldsymbol{E}} \tag{2.1.5}$$

$$\vec{\boldsymbol{B}} = \mu_{\mathrm{r}} \mu_0 \vec{\boldsymbol{H}} \tag{2.1.6}$$

$$\vec{\boldsymbol{J}} = \sigma \vec{\boldsymbol{E}} \tag{2.1.7}$$

式中，ε_{r} 和 ε_0 分别为介质和真空的相对介电常数；μ_{r} 和 μ_0 分别为介质和真空的相对磁导率；σ 为介质的电导率。

麦克斯韦方程组分别描述了四大定律：法拉第电磁感应定律说明感生电场的旋度等于磁感应强度的变化率；安培-麦克斯韦定律说明感生磁场的旋度等于电流密度和电场强度的变化

率之和；高斯磁场定律说明磁场的散度处为 0；高斯电场定律说明电场的散度跟这点的电荷密度成正比。

2.1.2 电磁波的基本特性

2.1.2.1 电磁波的波粒二象性

电磁波的发现及认识其基本特性的过程是曲折的，也是充满离奇和幸运的。牛顿根据光的直线传播规律于 1675 年提出假设，认为光是从光源发出的一种物质微粒，在均匀媒质中以一定的速度传播，最先提出了牛顿“微粒说”。

托马斯•杨于 1801 年进行了杨氏双缝实验，最早提出了光的干涉演示实验，由于实验观测到的干涉条纹是牛顿的“微粒说”无法解释的现象，因此成为对光的波动说的有力支持，杨氏双缝实验使大多数物理学家从此逐渐接受了光的波动理论。直到麦克斯韦电磁理论的提出，彻底让人们认识到光的波动性，并统治了科学界近百年。

1905 年，爱因斯坦在普朗克能量子假说的基础上提出了光量子假说，解决了经典物理学无法解释的光电效应，再次引起人们对光的粒子性的重新认识。

目前，科学界已经普遍接受了电磁波的波粒二象性特点。电磁辐射与物质相互作用，既反映出波动性，又反映出粒子性。电磁波在传播过程中，主要表现为波动性；在与介质相互作用时，主要表现为粒子性。光是电磁波的一个特例，光的波动性充分表现在光的干涉、衍射、偏振等现象中；而光在光电效应、黑体辐射中，则表现出粒子性。

2.1.2.2 电磁波的偏振和极化

电磁波的偏振是横波中呈现出的一种特殊现象。电磁波作为一种横波，其电场和磁场是相互垂直的，且其振动方向是与传播方向垂直的，图 2.1.1 所示为电磁波的传播示意图。传播方向确定后，其振动方向并不是唯一的，它可以垂直于传播方向（x 轴）的任何方向（即电场 y、磁场 z 平面内的任一方向），可以是不变的，也可以随时间按一定方式变化或按一定规律旋转。纵波则不同，其振动方向是与传播方向一致的，传播方向确定后其振动方向便是唯一的，所以不会有偏振现象。

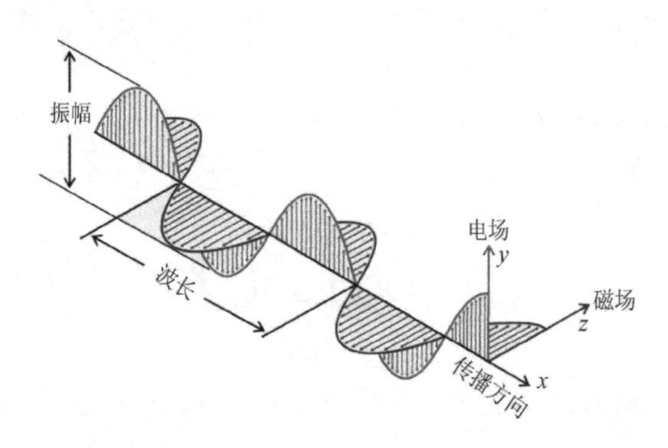

图 2.1.1 电磁波的传播示意图

通常把包含电场振动方向的平面称为偏振面，也就是用电场振动方向确定波的偏振方向。如果电场振动方向是唯一的，不随时间而改变，即波的偏振方向固定，则为线偏振（线性极化或平面极化）。在一个固定平面内沿一个固定方向振动的光称为偏振光，线偏振光也称为全偏振光；太阳光是非偏振光，它在所有可能的方向上，振幅可以认为是相等的，而不可能保持一个优势方向；介于自然光（非偏振光）与偏振光之间的光称为部分偏振光，许多散射光、反射光、透射光均属于部分偏振光，它的一部分能量有明确的极化状态，而一些人造光源（如激光、无线电、雷达发射）通常也有明确的极化状态。

电磁波在反射、折射、吸收、散射过程中，不仅强度会发生变化，偏振状态也往往会发生变化，所以电磁波与物体相互作用的偏振状态的改变也是一种可以利用的遥感信息。在光学波段可以用偏振片产生线偏振光。偏振在微波技术中称为“极化”，它对微波雷达是非常重要的，因为水平极化与垂直极化所得到的图像是不同的。

水平极化（H）：电磁波的电场矢量方向平行于地面，是指卫星（传感器）向地面发射信号时，其无线电波（即电场）的振动方向是水平方向的。例如，我们拿一条绳子左右抖动，产生的波动是左右波动。

垂直极化（V）：电磁波的电场矢量方向垂直于地面，是指卫星（传感器）向地面发射信号时，其无线电波（即电场）的振动方向是垂直方向的。例如，我们拿一条绳子上下抖动，产生的波动是上下波动。

在雷达成像技术中，利用电磁波的不同极化特性（HH、VV、HV、VH），可以获取更丰富的遥感信息。

2.1.2.3　电磁波的波段

电磁波包括伽马射线（γ-Ray）、X 射线（X-Ray）、紫外光（Ultraviolet）、可见光（Visible Light）、红外光（Infrared Light）、微波（Microwave）和无线电波（Radio），可见光包括蓝光、绿光和红光，红外光涵盖了近红外光（Near Infrared Light）、中红外光（Middle Infrared Light）、热红外光（Thermal Infrared Light）和远红外光（Far Infrared Light）。

表 2.1.1 所示为电磁波波段的名称、波长和频率范围。由该表可知，可见光的波长范围为 400～700 nm（纳米），红外光的波长范围为 0.7 μm～1 mm，热红外光的波长范围为 3～15 μm。所有电磁波的传播都遵守公式 $c=f\lambda$，式中 f 代表频率，λ 代表波长，$c=3\times10^8$ m/s，是电磁波在真空或空气中的传播速度，通过这个公式，我们可以根据频率计算对应的波长。波长范围的划分不是绝对的，例如，有许多文献将近红外光的波长范围设为 0.7～3.0 μm，将中红外光的波长范围设为 3～6 μm，将热红外光的波长范围设为 6～15 μm。

表 2.1.1　电磁波波段的名称、波长和频率范围

名　称	波长范围	频率范围/GHz
伽马射线（γ-Ray）	<0.01 nm	$>3\times10^{10}$
X 射线（X-Ray）	0.01～10 nm	3×10^{7}～3×10^{10}
紫外光（Ultraviolet）	10～400 nm	7.5×10^{5}～3×10^{7}
蓝光（Blue Light）	400～500 nm	6×10^{5}～7.5×10^{5}
绿光（Green Light）	500～600 nm	5×10^{5}～6×10^{5}
红光（Red Light）	600～700 nm	4.29×10^{5}～5×10^{5}
近红外光（Near Infrared Light）	0.7～1.3 μm	2.31×10^{5}～4.29×10^{5}
中红外光（Middle Infrared Light）	1.3～3 μm	1×10^{5}～2.31×10^{5}
热红外光（Thermal Infrared Light）	3～15 μm	2×10^{4}～1×10^{5}

续表

名　称	波长范围	频率范围/GHz
远红外光（Far Infrared Light）	15 μm～1 mm	300～2×10^4
微波（Microwave）	1 mm～1 m	0.3～300
无线电波（Radio）	≥1 m	<0.3

2.1.3 电磁辐射的度量参数

电磁辐射源以电磁波的形式向外传送能量。任何物体都可以是辐射源。物体既可以自身辐射能量，又可以被外部能源激发而辐射能量。不同辐射源可以向外辐射不同强度和不同波长的辐射能量。利用遥感手段探测物体，实际上是对物体辐射能量的测定与分析。因此，我们需要用一些物理量去描述、测定与分析得到的电磁辐射能量。有很多方式来描述电磁辐射传输及其强度，如已经发展建立的辐射度量学，已经成为遥感、计算机图形学及现代光学等学科的基础。

对于海洋遥感而言，电磁波的目标物是海水。海水的光学特性有两种：表观光学特性（Apparent Optical Properties，AOPs）和固有光学特性（Inherent Optical Properties，IOPs）。表观光学特性由光场和水中的成分决定，而固有光学特性与测量环境（如光场）无关，只与水中成分的分布及其光学特性有关。表观光学参数很容易由现场测量获得或者用遥感的方法获取，但无法直接用于计算水体各组成成分的含量。而固有光学参数正好相反，很难在现场测量获得，但通过计算获得固有光学参数后，可用于计算水体各组成成分的含量。海洋光学测量的一项任务就是由表观光学特性导出固有光学特性，进一步计算获得海水的物理、生物及化学组成成份等参数。

表征海水表观光学特性的表观光学量主要包括向下辐照度、向上辐照度、辐亮度、离水辐亮度、遥感反射率、辐照度等。

表征海水固有光学特性的固有光学量主要包括吸收系数、散射系数、体积散射函数等。

本节主要对海洋遥感常用的电磁辐射度量相关的基本概念与术语做些说明。

2.1.3.1 数字量化值和立体角

数字量化值（Digital Numbers，DNs）并非一个物理量，它是一个整型值，换算为有意义的物理量，由定标参数根据定标方程计算得到，范围可随不同的传感器系统变化，计算公式为

$$\mathrm{DN}\in\left[1,2^{q}\right] \tag{2.1.8}$$

式中，q 为一个表示比特数的整型，一般为 6～12，q 越大，表示传感器的辐射分辨率越高。

立体角（Solid Angle），常用字母 Ω 表示，是一个物体对特定点的三维空间的角度。对遥感而言，立体角描述的是在某一点的观察者测量到的物体大小的尺度。通常以观测点为球心，构造一个单位球面；任意物体投影到该单位球面上的投影面积，即为该物体相对于该观测点的立体角，即球面的投影面积与半径的平方之比，图 2.1.2 所示为立体角示意图。其度量单位为球面度（Steradian），常用字母 sr 表示，单位立体角（1 sr）即半径为 r、投影面积为 r^2时的立体角大小。

$\Omega=A/r^2$（r 为球半径，A 为投影面积）；整个球面的立体角值为 4π 球面度；半球面的立体角值为 2π 球面度。

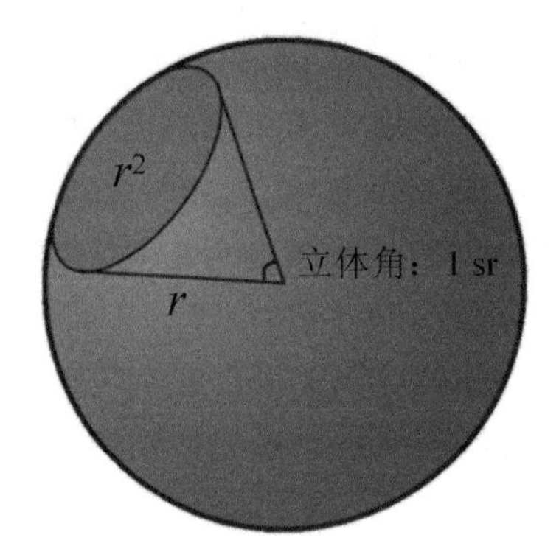

图 2.1.2　立体角示意图

2.1.3.2　辐射能量

所谓辐射能量（Radiation Energy）是指辐射出来的电磁能量，通常用 Q 表示，单位为焦耳（J），可以类比为做功。

2.1.3.3　辐射通量

辐射通量（Radiation Flux）$\varPhi$ 又称辐射功率，指单位时间内通过某一截面的辐射能，包括释放（Release）、反射（Reflection）、透射（Transmission）或接受（Received）的能量。

单位为瓦特（W），即焦耳/秒（$\mathrm{J \cdot s^{-1}}$），表达式为

$$\varPhi = \mathrm{d}Q / \mathrm{d}t \tag{2.1.9}$$

辐射通量是波长的函数，不同波长的辐射通量不同。

2.1.3.4　辐射强度

辐射强度（Radiant Intensity）是单位立体角的辐射通量，通常用 I 表示，单位为 $\mathrm{W \cdot sr^{-1}}$，用来描述点光源的辐射传输。

$$I = \mathrm{d}\varPhi / \mathrm{d}\varOmega \tag{2.1.10}$$

对于各向同性点光源，即在所有方向上的亮度与方向无关，图 2.1.3 所示为各向同性点光源的辐射强度。点光源可以看成一个球体，球的立体角为 4π，因此，针对球体的辐射强度计算公式为

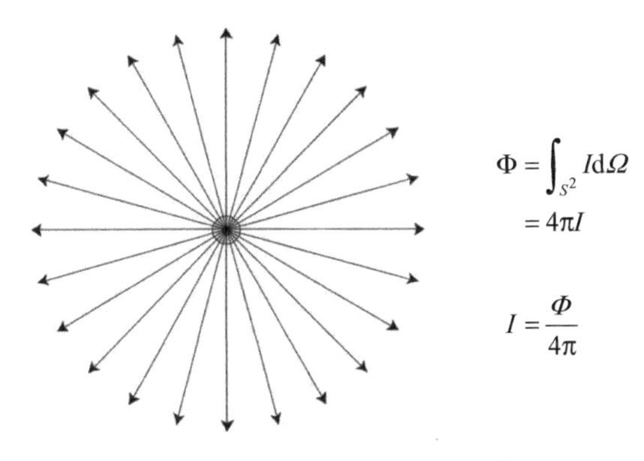

图 2.1.3　各向同性点光源的辐射强度

2.1.3.5 辐射通量密度

辐射通量密度（Radiant Flux Density）指单位时间内，单位面积上入射到某单位表面或者从某单位表面出射的能量，单位是 $W\cdot m^{-2}$。

对于入射的辐射通量密度被称为辐照度（Irradiance），通常用 E 表示，表达式为

$$E = \mathrm{d}\Phi / \mathrm{d}A \tag{2.1.11}$$

发射或者出射的辐射通量密度被称为出射度，通常用 M 表示。

注意，海洋学文献中常将入射和出射辐射通量密度均用辐照度 E 表示，请读者在实际应用中注意区分符号的内涵。

2.1.3.6 辐亮度

辐射亮度（Radiance）简称辐亮度，是一个非常重要却很难理解的概念。遥感器观测到的是物体的辐亮度值 L。

辐射亮度的定义为在单位立体角、单位时间内，某一垂直于辐射方向的单位投影面积内的（法向面积，$A\cos\theta$）入射或出射的辐射能量。通常用 L 表示，单位为瓦/米 ^{2} · 球面度（$W\cdot m^{-2}\cdot sr^{-1}$），表达式为

$$L = \mathrm{d}\Phi^2 / \mathrm{d}\Omega \mathrm{d}A \cos\theta \tag{2.1.12}$$

式中，$\mathrm{d}A$ 为面积元；$\mathrm{d}\Omega$ 为立体角；θ 为入射光线与 $\mathrm{d}A$ 的法向夹角；$\mathrm{d}\Phi$ 为通过 $\mathrm{d}A$ 的辐射通量。

辐射亮度可以根据入射或出射的方向分为入射辐射亮度和出射辐射亮度。

入射辐射亮度（Incident Radiance）指到达物体表面的单位立体角的辐照度。即它是沿着给定光线到达物体表面的辐射（入射方向指向物体表面），图 2.1.4 所示为入射辐射亮度示意图。

$$L = \mathrm{d}E / \mathrm{d}\Omega \cos\theta \tag{2.1.13}$$

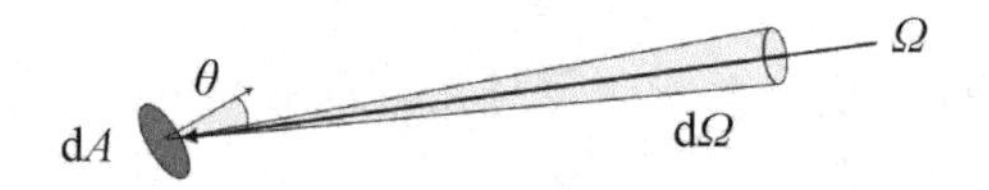

图 2.1.4 入射辐射亮度示意图

出射辐射亮度（Exiting Radiance）指离开物体表面的单位投影面积的辐射强度，图 2.1.5 所示为出射辐射亮度示意图。例如，对于面光（Area Light），它是沿着给定光线发射的光（出射方向指向物体表面）。

$$L = \mathrm{d}I / \mathrm{d}A \cos\theta \tag{2.1.14}$$

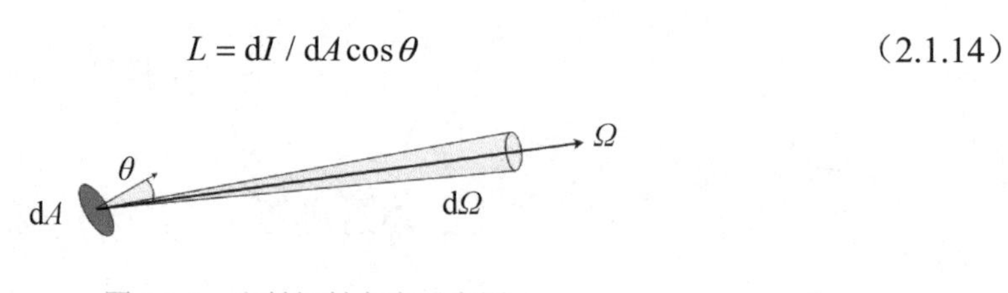

图 2.1.5 出射辐射亮度示意图

2.1.3.7 辐照度

图 2.1.6 所示为辐照度示意图，辐射照度（Irradiance）简称辐照度，指入射的辐射通量密度，即单位面积接收的辐射通量，通常用 E 表示，单位为瓦/米^2（$W\cdot m^{-2}$），表示单位面积接

收的各个方向的辐亮度之和，表达式为

$$E=\lim_{\Delta\Omega\to 0}\sum_{4\pi}L\cos\theta\Delta\Omega=\int_{4\pi}L\cos\theta\mathrm{d}\Omega \tag{2.1.15}$$

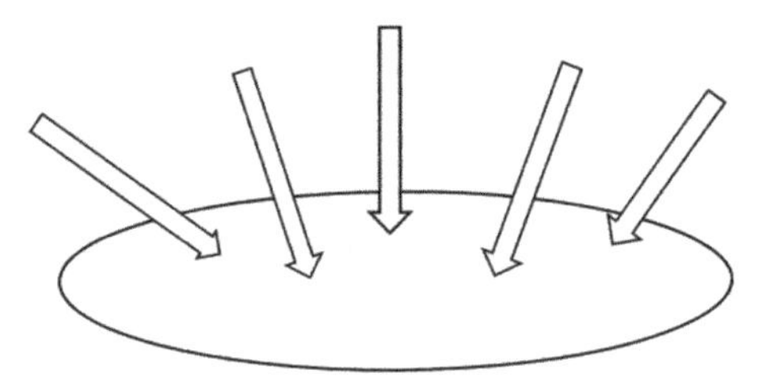

图 2.1.6　辐照度示意图

在海洋遥感中，辐照度进一步可分为海中向上辐照度和海中向下辐照度。

海中向上辐照度定义为水平单位面积上接收的海水中向上的辐射通量（$\mathrm{W\cdot m^{-2}}$），可表示为

$$E_{\mathrm{u}}(z)=\int_{\varphi=0}^{2\pi}\int_{\theta=0}^{\pi/2}L(z,\theta,\varphi)\cos\theta\mathrm{d}\Omega \tag{2.1.16}$$

海中向下辐照度定义为水平单位面积上接收的海水中向下的辐射通量（$\mathrm{W\cdot m^{-2}}$），可表示为

$$E_{\mathrm{d}}(z)=-\int_{\varphi=0}^{2\pi}\int_{\theta=\pi/2}^{\pi}L(z,\theta,\varphi)\cos\theta\mathrm{d}\Omega \tag{2.1.17}$$

式中，z、θ、φ 分别代表海水深度、俯仰角、方位角。

1. 标量辐照度

标量辐照度是指空间中的一点接收的各个方向的辐亮度之和（$\mathrm{W\cdot m^{-2}}$），通常用 E_0 表示，可表示为

$$E_0=\lim_{\Delta\Omega\to 0}\sum_{4\pi}L\Delta\Omega=\int_{4\pi}L\mathrm{d}\Omega \tag{2.1.18}$$

标量辐照度 E_0 与接收到的辐亮度 L 的方向无关。

在海洋遥感中，标量辐照度进一步可分为海中向上标量辐照度和海中向下标量辐照度。

海中向上标量辐照度是指水平单位面积上接收的包括倾斜光在内的各个方向上的海水向上的辐射通量，可表示为

$$E_{0\mathrm{u}}(z)=\int_{\varphi=0}^{2\pi}\int_{\theta=0}^{\pi/2}L(z,\theta,\varphi)\mathrm{d}\Omega \tag{2.1.19}$$

海中向下标量辐照度是指水平单位面积上接收的包括倾斜光在内的各个方向上的海水向下的辐射通量，可表示为

$$E_{0\mathrm{d}}(z)=-\int_{\varphi=0}^{2\pi}\int_{\theta=\pi/2}^{\pi}L(z,\theta,\varphi)\mathrm{d}\Omega \tag{2.1.20}$$

2. 球面辐照度

球面辐照度是指单位面积的球面所接收的辐射通量（$\mathrm{W\cdot m^{-2}}$），通常用 E_{s} 表示，可表示为

$$E_{\mathrm{s}}=\frac{\int_{4\pi}\pi r^2L\mathrm{d}\Omega}{A}=\frac{1}{4}E_0 \tag{2.1.21}$$

式中，r 为球面曲率半径；A 为球表面面积。球面辐照度 E_s 是一种测量标量辐照度 E_0 的方法，若球面为朗伯集光器，则由球面辐照度 E_s 可以推算出标量辐照度 E_0。

2.1.3.8 发射度

发射度（Emittance）M_E 特指辐射源的自发辐射通量。如果与立体角有关，发射度可以用辐亮度 $L(z,\theta,\varphi)$描述，这时 $M_E=L(z,\theta,\varphi)$，代表沿辐射方向的单位波段、单位面积、单位立体角上的辐射源自发的辐射通量；如果与立体角无关，发射度 M_E 可以用辐照度 $E(\lambda)$来描述，这时 $M_E=E(\lambda)$，代表通过单位波段、单位面积的辐射源自发的辐射通量。目前在遥感文献中很少出现发射度这一术语，多采用辐射强度和辐射出射度来区分。

辐射出射度 M（Radiant Exitance）也代表发射或者出射的通量密度，指面辐射源在单位时间内，从单位面积上发射出的辐射能量，即物体单位面积上发出的辐射通量（$W \cdot m^{-2}$），表达式为

$$M = \mathrm{d}\Phi / \mathrm{d}A \tag{2.1.22}$$

2.1.3.9 吸收系数

光进入海水中会受到海水的作用而衰减，引起光衰减的物理过程包括吸收和散射。其中，吸收也存在不同的物理过程：有些光子是在它的能量变为热能时损失了（热效应）；有些光子被吸收后由一种波长的光变为了另一种波长的光（荧光效应）。发生散射时，光子没有消失，只是光子的前进方向发生了变化。

单色准直光束通过海水介质时，辐射能呈指数衰减变化：

$$L(r) = L(0)\exp(-cr) \tag{2.1.23}$$

式中，c 为海水的体积衰减系数（m^{-1}）；r 为光的传输距离；$L(0)$为坐标中的 0 点沿 r 方向的辐亮度；$L(r)$为路径 r 处沿 r 方向的辐亮度。

当通过路程 $r=l$ 且 $cl=1$ 时，辐亮度衰减到原来的 e^{-1}，则称此路程 l 为海水的衰减长度（m），此时 $L(r)$为 $L(0)$的 e^{-1}。

透过率 t：通过均匀水体的路径为 0—r，表达式为

$$t = L(r) / L(0) = \exp(-cr) \tag{2.1.24}$$

式中，$L(0)$为坐标中的 0 点沿 r 方向的辐亮度；$L(r)$为路径 r 处沿 r 方向的辐亮度。

2.1.3.10 体积散射函数

体积散射函数（Volume Scattering Function）$\beta(\lambda,\theta)$的定义是

$$\beta(\lambda,\theta) = -\frac{1}{\Phi(\lambda)}\frac{\mathrm{d}^2\Phi_{sc}(\lambda,\theta)}{\mathrm{d}r\mathrm{d}\Omega} \tag{2.1.25}$$

式中，Φ 为入射辐射通量；$\Phi_{sc}(\lambda,\theta)$为散射引起的辐射通量；$\mathrm{d}\Omega$ 为立体角的微分；$\mathrm{d}r$ 为路径 r 的微分。体积散射函数描述的是散射系数的立体角分布，它的单位是 $m^{-1} \cdot sr^{-1}$。

2.1.3.11 散射系数

海水体积散射函数 $\beta(\lambda,\theta)$对空间 4π 立体角内的积分，即各散射方向散射的总和，就是海水的体积散射系数 b(m^{-1})，可表示为

$$b = 2\pi\int_0^{\pi}\beta(\theta)\sin(\theta)\mathrm{d}\theta \tag{2.1.26}$$

前向散射系数 b_f，表征在前向 $0<\theta<\frac{\pi}{2}$ 立体角内散射的总和，可表示为

$$b_f = 2\pi\int_0^{\frac{\pi}{2}} \beta(\theta)\sin(\theta)\mathrm{d}\theta \tag{2.1.27}$$

后向散射（Back Scattering）系数 b_b，表征在后向 $\frac{\pi}{2}<\theta<\pi$ 立体角内散射的总和，可表示为

$$b_b = 2\pi\int_{\frac{\pi}{2}}^{\pi} \beta(\theta)\sin(\theta)\mathrm{d}\theta \tag{2.1.28}$$

海水的散射主要集中在前向散射，前向散射一般占总散射的 90%以上，后向散射只占一小部分，通常小于 10%。

2.1.4 电磁辐射的基本定律

自然界中任何温度大于绝对零度的物体都具有辐射电磁波的性质。电磁波具有能量和光谱的分布，能量分布随物体的发射率和温度而变化。为了研究物体辐射电磁波的规律，1862 年，基尔霍夫引入了黑体的概念。黑体也称为绝对黑体，是一个理想化的物体，它能够吸收外来的全部电磁辐射，并且不会产生任何的反射与透射。黑体是朗伯辐射源，其辐射各向同性。换句话说，黑体对于任何波长的电磁波的吸收系数均为 1.0，透射系数均为 0.0。逐渐地，黑体辐射通过普朗克黑体辐射定律、斯特藩-玻耳兹曼定律和维恩位移定律被提出，并称为电磁辐射的三条基本定律。

2.1.4.1 普朗克黑体辐射定律

普朗克黑体辐射定律（Planck's Blackbody Radiation Law），由德国物理学家普朗克（Max Planck）于 1900 年提出，是热辐射理论中最基本的定律之一，它描述了黑体在某一波长下发出的电磁辐射是其绝对温度的函数，提出了黑体辐射的辐射出射度（M）、温度（T）和波长（λ）的关系，普朗克黑体辐射定律、斯特藩-玻耳兹曼定律、维恩位移定律综合示意图如图 2.1.7 所示。

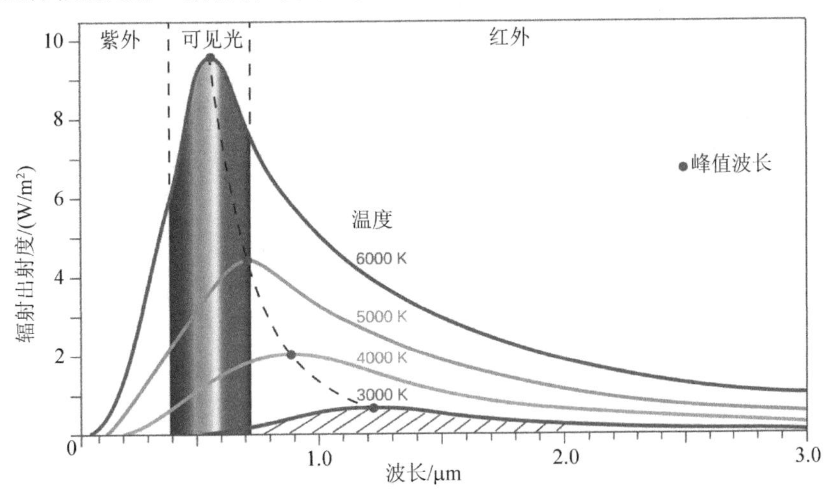

图 2.1.7 普朗克黑体辐射定律、斯特藩-玻耳兹曼定律、维恩位移定律综合示意图

（图中不同颜色曲线代表不同黑体温度对应的辐射出射度波谱分布曲线；3000 K 曲线下的阴影面积为黑体温度对应的总辐射出射度；峰值波长点连线代表维恩峰值波长曲线。）

用波长表示的普朗克公式为

$$M_{\mathrm{b}}(\lambda,T)=\frac{2\pi hc^2}{\lambda^5(\mathrm{e}^{\frac{hc}{\lambda kT}}-1)} \tag{2.1.29}$$

式中，$M_{\mathrm{b}}(\lambda,T)$为表征波长（$\lambda$）、物理温度（$T$）下黑体的光谱辐射通量密度［$\mathrm{W/(m^2\cdot\mu m)}$］；$c$为光速，取值为$2.998\times10^8$（m/s）；$h$为普朗克常数，取值为$6.626\times10^{-34}$（J·s）；$k$为玻耳兹曼常数，取值为$1.3806\times10^{-23}$（J/K）；$\lambda$为波长（μm）；$T$为热力学温度（K）。普朗克黑体辐射定律是热辐射理论中最基本的定律，它表明黑体辐射只取决于温度与波长，而与发射角、内部特征无关。注意，部分书籍用辐亮度L表述普朗克黑体辐射定律，对于朗伯面，辐射出射度是辐亮度存在的π倍，即$M_{\mathrm{b}}=\pi l$。

对于普朗克黑体辐射定律，此前已有物理学家怀疑此定律在两个物体极其接近时不能成立，但始终无法证明和提出实证，而普朗克也对此定律在微距物体间是否仍成立，持保留态度。2009年美国麻省理工学院华裔教授陈刚与其团队发表在*NanoLetter*上的研究成果，首次打破了普朗克黑体辐射定律，证实了物体在极其近距时的热力传导，可以高到普朗克黑体辐射定律所预测的一千多倍，可见普朗克黑体辐射定律还在发展之中。

2.1.4.2 斯特藩-玻耳兹曼定律

任何物体辐射能量的大小都是物体表面温度的函数。1879年，斯洛文尼亚物理学家约瑟夫·斯特藩（Jožef Stefan）由试验发现，绝对黑体的总辐射出射度与其温度的4次方成正比。1884年，奥地利物理学家路德维希·玻耳兹曼从热力学理论出发，推导出与约瑟夫·斯特藩的试验结果相同的结论，得出如下计算公式：

$$M(T)=\sigma T^4 \tag{2.1.30}$$

式中，$M(T)$为黑体表面发射的总能量，即总辐射出射度（$\mathrm{W/m^2}$）；σ为斯特藩-玻耳兹曼常数，取值为5.6697×10^{-8}［$\mathrm{W/(m^2\cdot K^4)}$］；$T$为发射体的热力学温度，即黑体温度（K）。

因此，随着黑体温度的增加，总辐射出射度增加是很迅速的。当黑体温度增高1倍时，其总辐射出射度将增加为原来的16倍。本节仅强调总辐射出射度是黑体温度的函数。

实际上，根据普朗克黑体辐射定律，一个物体的发射能量既随温度变化又随波长变化，而斯特藩-玻耳兹曼定律中，并没有区分不同波长。本质上，斯特藩-玻耳兹曼定律（Stefan-Boltzmann Law）描述了总辐射出射度是黑体温度的函数，总辐射出射度是黑体温度对应于辐射曲线下的积分面积如图2.1.7所示。

图2.1.7中显示了各种温度（3000～6000 K）黑体表面的辐射出射度的波谱分布曲线。纵坐标表示单位波长间隔的辐射出射度。图中曲线以下的面积相当于总辐射出射度M，辐射温度越高，发射的辐射出射度越大。曲线还说明，不同温度的黑体辐射曲线形式相似，且它们的能量峰值的分布随着温度的升高，向短波方向移动。利用斯特藩-玻耳兹曼定律可以求出黑体的总辐射出射度，也可由总辐射出射度反求黑体温度。

黑体辐射的3个特性：①辐射出射度M是温度和波长的函数，随波长连续变化，每条曲线只有一个最大值；②温度愈高，黑体表面的辐射出射度愈大，$M(T)=\sigma T^4$；③黑体表面辐射出射度的峰值波长随温度的增加向短波方向移动。

2.1.4.3　维恩位移定律

维恩位移定律（Wien's Displacement Law），描述了物体辐射最大能量的峰值波长与温度的定量关系，表达式为

$$\lambda_{max} = A / T \tag{2.1.31}$$

式中，λ_{max} 为辐射强度最大的波长（μm）；A 为常数，取值为 2898；T 为热力学温度（K）。

式（2.1.31）表明，黑体辐射强度最大的波长 λ_{max} 与黑体的热力学温度 T 成反比，例如，当对一块铁加热时，我们可以观察到随着铁块的逐渐变热，铁块的颜色变化为暗红色→橙色→黄色→白色，并呈现向短波变化的现象。

表 2.1.2 所示为不同热力学温度 T 所对应的 λ_{max}。由表中数据可见，随着热力学温度的升高（或降低），辐射强度最大的波长 λ_{max} 向短波（或长波）方向变化。例如，地球表层（包括土壤、水、植被等）的平均温度约为 300 K（27℃），根据维恩位移定律，其相应的辐射强度最大的波长约为 9.66 μm。这部分辐射与热相关，故称为热红外能。人眼虽看不见热辐射能量，也无法对其摄影，但它能被特殊的热仪器，如辐射计、扫描仪所感应。太阳的表面温度近似为 6000 K，其辐射强度最大的波长约为 0.48 μm，这部分辐射是人眼和摄影胶片均敏感的部位，因此在日光作用下，我们可以观察到地物。

表 2.1.2　不同热力学温度 T 所对应的 λ_{max}

T/K	300	500	1000	2000	3000	4000	5000	6000	7000	8000
λ_{max}/μm	9.66	5.76	2.88	1.44	0.96	0.72	0.58	0.48	0.41	0.36

2.1.4.4　基尔霍夫定律

基尔霍夫定律（Kirchhoff's Law）可表述为，在任一给定温度下，物体单位面积上的辐射出射度 $M(\lambda,T)$和吸收率 $a(\lambda,T)$之比，对于任何地物都是一个常数，并等于该温度下同面积黑体的辐射出射度 $M_b(\lambda,T)$，即

$$M(\lambda,T) / a(\lambda,T) = M_b(\lambda,T) \tag{2.1.32}$$

也就是说，在一定温度下，任何物体的辐射出射度与其吸收率的比值都是一个普适函数，即黑体的辐射出射度。这个比值是温度、波长的函数，与物体本身的性质无关。式（2.1.32）也可表示为

$$a(\lambda,T) = M(\lambda,T) / M_b(\lambda,T) = \varepsilon(\lambda,T) \tag{2.1.33}$$

基尔霍夫定律描述了物质吸收辐射的速率与再辐射（发射）的速率之间的关系。基尔霍夫定律也可表述为，在热平衡条件下，物体的吸收率等于其比辐射率（对称发射率）$\varepsilon(\lambda,T)$。

2.1.4.5　漫反射体与朗伯余弦定律

实际的自然地物表面相对于辐射的波长都是粗糙表面。当电磁波入射到某一粗糙表面时，入射能量以入射点为中心，向整个半球空间均匀地反射出去的现象称为漫反射（Diffuse Reflection），又称朗伯（Lambert）反射或各向同性反射。漫反射相位和振幅的变化无规律，且无极化（偏振）。

当目标物的表面足够粗糙，以至于它对太阳短波辐射的反射辐射亮度在以目标物为中心的 2π 空间中呈常数，即反射辐射亮度不随观测角度而变，我们称该物体为漫反射体，也称为

朗伯辐射源。严格地讲，自然界中只存在近似意义下的朗伯辐射源，真正的朗伯辐射源是不存在的。一个完全的漫反射体被称为朗伯辐射源。对可见光而言，土石路面、均一的草地可近似为漫反射体。

漫反射体根据朗伯余弦定律反射，其表达式为

$$I(\theta) = I_0 \cos\theta \tag{2.1.34}$$

式中，θ 为观测方向与法线的夹角；$I(\theta)$为 θ 方向的辐射强度；I_0 为法线方向的辐射强度。也就是说，若辐亮度 L（面辐射）在 2π 空间中呈各向同性反射（朗伯反射），则辐射强度 I（点辐射）在 2π 空间中的变化服从朗伯余弦定律，即单位辐射面积内发出的辐射能，落到空间不同单位立体角内能量的数值不等，其值正比于该方向与辐射面法线方向夹角的余弦。

§2.2 大气辐射传输

大气层又称大气圈，是因为重力关系而围绕着地球的一层混合气体，是地球最外部的气体圈层，包围着海洋和陆地。所有卫星遥感的辐射都必须通过地球的大气层，遥感器所依赖的电磁波都将受到大气效应的影响，使其强度和光谱分布发生变化，大气对卫星图像质量的影响不容忽视。

大气辐射传输是指电磁波在大气介质中的传播输送过程。这一过程中，由于辐射能与介质的相互作用而发生吸收和散射，同时大气也发射辐射。大气中吸收太阳辐射的主要成分是氧气、臭氧、水汽、二氧化碳、甲烷等，对长波辐射的主要吸收成分是水汽、二氧化碳和臭氧。因此，大气辐射传输模式可以应用于气候研究和遥感研究领域。相对于陆地遥感而言，大气辐射效应对于海洋遥感，尤其海洋光学遥感更为重要。

2.2.1 大气及其传输特性

2.2.1.1 大气层概况

按照大气的热力学性质，大气垂直剖面可分为 4 层：对流层、平流层、中间层、电离层。其中，还包括对流层顶、平流层顶、中间层顶。

（1）对流层（Troposphere）：高度范围从地球表面到海拔约 11 km 处，上界是一个平均值，往往随纬度、季节等因素而变化。极地上空海拔为 7～8 km，赤道上空海拔为 16～19 km。对流层有明显的上下混合作用，主要的大气现象几乎都集中于此，基本上所有的天气和云都发生在对流层。在对流层内，高度每上升 1 km，温度下降约 6.5 K，空气密度和气压也随高度的上升而下降。对流层约占大气总质量的 75%。

（2）平流层（Stratosphere）：高度范围从对流层顶到海拔 50 km 处。它包括底部的“同温层”（对流层顶至海拔 20 km 处）和随高度上升温度缓慢上升的“暖层”。对流层顶平均海拔为 11～20 km，是存在于对流层上方的同温层，将对流层和平流层分开。平流层是臭氧浓度较高的一层，在海拔 20～30 km 处达到最大值，也被称为臭氧层。平流层中的臭氧层，能保护生命免受太阳紫外线辐射的伤害。平流层内除季节性的风外，几乎没有什么天气现象。

（3）中间层（Mesosphere）：高度范围为海拔 50～80 km。它介于上下两个暖层之间，又称“冷层”。其温度随高度的增加而递减，平均高度每上升 1km，温度下降约 3 K。大约在海拔 80 km 处降到最低点，温度约-95℃，也是整个大气层温度的最低点。

（4）电离层（Ionosphere）：又称增温层，是大气的最外层，高度范围为海拔 80～1000 km。电离层内空气稀薄，温度很高，可达 1500 K。因太阳辐射作用而发生电离现象，无线电波在该层发生全反射现象。中间层顶，高度范围为海拔 80～90 km，存在于中间层上方，是中间层和电离层大气区域的边界处，最低温度低至-100°C，将中间层和电离层分开。

地球上的大气，有氮气、氧气等常定的气体成分；有二氧化碳、一氧化二氮等含量大体上比较固定的气体成分；也有水汽、一氧化碳、二氧化硫和臭氧等变化很大的气体成分。大气中的氮气约占空气总量的 78%，氧气约占空气总量的 21%，其余的 1%由惰性气体、二氧化碳和其他气体组成。大气中还常悬浮有尘埃、烟粒、盐粒、水滴、冰晶、花粉、孢子、细菌等固体和液体的气溶胶粒子。气溶胶粒子是指悬浮于地球大气之中，具有一定稳定性、沉降速度小、尺度为 0.001～100 μm 的液态及固体粒子，主要集中在紧靠地面 0～4 km 范围的大气层中。

大气的密度和压力随着高度上升几乎均按指数率下降。高度每增加 16 km，大气密度和压力都下降约 10%。在高度 32 km 以上，大气质量仅剩 1%，所以在高度 32 km 以上的大气影响可以忽略不计。因此可以认为，有效大气层是紧贴地球表面的薄薄一层。

2.2.1.2　大气效应

海洋表面与卫星传感器之间的大气层对辐射传输有着极大的影响，以太阳为辐射源的被动遥感为例，太阳辐射经过大气层后，约有 30%的能量被云层和其他大气成分反射回宇宙空间；17%的能量被大气吸收；22%的能量被大气散射；仅有 30%的能量辐射到地面。因此，海洋遥感中的大气效应不可忽视，大气净效应取决于路径长度、电磁辐射能量信号的强弱、大气条件及波长等，它对遥感图像和数据质量均有重要的影响。因此，海洋遥感应用研究必须了解电磁波与大气的相互作用。电磁波与大气的相互作用主要有两种基本的物理过程——大气散射和大气吸收，其他作用，如大气折射等，可忽略不计。

1．大气散射

电磁辐射在非均匀介质或各向异性介质中传播时，改变原来传播方向的现象称为散射。大气散射是电磁辐射能受到大气中微粒（大气分子或气溶胶粒子等）的影响，改变传播方向的现象。其散射强度依赖于微粒的大小、微粒的含量、辐射波长和能量传播穿过大气的厚度。散射结果是改变辐射方向，产生天空散射光，其中一部分上行被空中遥感器接收，一部分下行到达地表。大气散射主要有以下几种形式：

（1）瑞利（Rayleigh）散射：当引起散射的大气粒子直径远小于入射电磁波波长（$d<<\lambda$）时，出现瑞利散射。大气中的气体分子 O_2、N_2 等对可见光的散射属于此类。它的散射强度与波长的 4 次方成反比。波长越短、散射越强，且前向散射（指散射方向与入射方向夹角小于 90）与后向散射强度相同。瑞利散射多在 9～10 km 的晴朗（无云、能见度很好）高空发生。电磁辐射衰减几乎全是由它引起的。瑞利散射是造成遥感图像辐射畸变、图像模糊的主要原因。

（2）米氏（Mie）散射：当引起散射的大气粒子直径约等于入射电磁波波长（$d\approx\lambda$）时，出现米氏散射。大气中的悬浮微粒——霾、水滴、尘埃、烟、花粉、微生物、海上盐粒、火山灰等气溶胶粒子的散射属于此类。米氏散射往往影响比瑞利散射更长的波段，如可见光及可见光以外的范围。它的效果依赖于波长，但不同于瑞利散射的模式，其前向散射大于后向散射。

（3）无选择性散射：当引起散射的大气粒子直径远大于入射电磁波波长（$d>>\lambda$）时，出现无选择性散射，其散射强度与波长无关。大气中的云、雾、水滴、尘埃的散射属于此类。大气粒子直径一般为 5～100 μm，并大约同等地散射所有可见光、近红外波段。

大气散射对遥感、遥感数据传输的影响极大。大气散射降低了太阳光直射的强度，改变了太阳辐射的方向，削弱了到达地面或地面以外的辐射，产生了漫反射的天空散射光（又称为天空光或天空辐射），增强了地面的辐照和大气层本身的“亮度”。

2. 大气吸收

除大气散射外，电磁辐射能穿过大气时，还受到大气分子等的吸收作用，而使能量衰减。大气中有 3 种气体对电磁能量的吸收最有效，它们是臭氧、二氧化碳和水汽。这些气体往往以特定的波长范围吸收电磁能量。因此，它们对任何给定的遥感系统影响都很大，其吸收电磁能量的多少与波长有关。大气的选择性吸收，不仅能使气温升高，而且使太阳发射的连续光谱中的某些波段不能传播到地球表面。

3. 大气衰减

电磁波在大气中传播时，由于大气的吸收和散射作用，使其强度减弱，即称为大气衰减。因此而引起的光线强度的衰减称为消光。在可见光波段，大气吸收作用小（仅 3%），消光主要是由散射引起的。大气衰减的数值取决于大气状况及电磁波的波长。在电磁波的特定波长中，大气吸收的影响具有很复杂的结构；影响大气散射的主要波长约为 2.0 μm 以下的波长，并随着波长的减小而单调增加（透过率减小）。在大气窗口内，大气衰减的作用主要是因大气散射引起的。大气对辐射信号的影响不仅表现在使辐射量发生衰减，而且大气本身的辐射对辐射信号的影响也很大。

2.2.1.3 大气窗口

大气层的反射、散射和吸收作用，使太阳辐射的各波段受到衰减作用的轻重不同，因而各波段的透过率也各不相同。我们把受到大气衰减作用较轻、透过率较高的波段称为大气窗口（Atmospheric Window）。因此，若要从空中遥感地面目标时，传感器的工作波段应选在大气窗口范围内才能更多地接收地面目标的电磁波信息，大气窗口是选择传感器工作波段的重要依据。卫星遥感的大气窗口如表 2.2.1 所示。

表 2.2.1 卫星遥感的大气窗口

大气窗口	波段	透过率/%	应用举例
紫外可见光，近红外	0.3～1.3 μm	＞90	TM1-4、SPOT 卫星的 HRV
近红外	1.5～1.8 μm	80	TM5
近-中红外	2.0～3.5 μm	80	TM7
中红外	3.5～5.5 μm	60～70	NOAA 的 AVHRR
远红外	8.0～14.0 μm	80	TM6
微波	0.8～2.5 cm	100	Radarsat

2.2.2　可见光与近红外遥感的大气传输

2.2.2.1　卫星总辐亮度的影响分析

海洋光学遥感主要是通过接收海洋表面反射的太阳光来获取海洋的有关信息的。主要是观测海冰、海岸形态，观测沿岸流流向，观测波浪折射，进行浅海测深，定位海岛和浅滩，测定海洋水色透明度及叶绿素含量等。

来自大气外层的太阳光通过大气的瑞利散射和气溶胶散射，其中一部分返回到卫星水色扫描仪；另一部分通过直射和漫散射到达海洋表面。到达海洋表面的直射光，其中一部分由于镜面反射有可能穿过大气到达卫星水色扫描仪；另一部分经水面折射穿过水面：透射入水中的太阳能的一部分被水分子吸收，另一部分受到水色因子，如叶绿素、悬浮泥沙和黄色物质等颗粒的散射后，经水面折射离开水面，穿过大气到达卫星水色扫描仪，进入水次表面的另一部分太阳能继续向下到达真光层深度，或到达海底又部分反射，经折射后到达卫星水色扫描仪。

卫星接收的总辐亮度贡献组成如图 2.2.1 所示。为了更好地校正大气影响，我们需要对卫星接收的总辐亮度进行贡献因子分析。

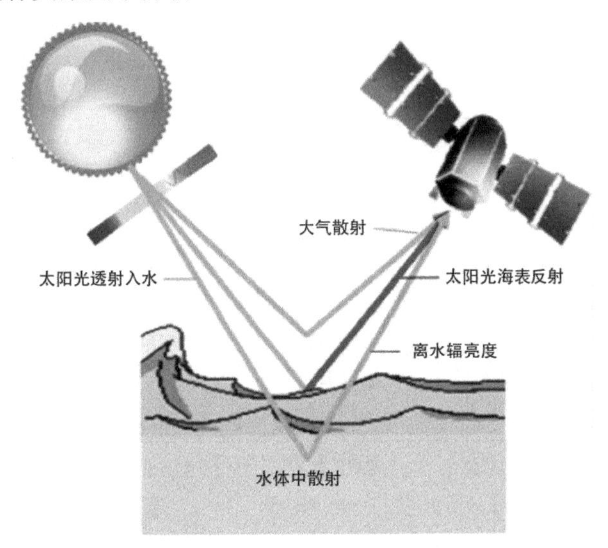

图 2.2.1　卫星接收的总辐亮度贡献组成

Hooker 和 McClain（2000）提出，卫星接收的总辐亮度 $L_T(\lambda)$的表达式为

$$L_T(\lambda)=t_D(\lambda)L_w(\lambda)+t_D(\lambda)L_F(\lambda)+t(\lambda)L_G(\lambda)+L_R(\lambda)+L_A(\lambda)+L_{RA}(\lambda) \quad (2.2.1)$$

式中，$L_T(\lambda)$为卫星接收的总辐亮度；$L_w(\lambda)$为离水辐亮度；$t_D(\lambda)$为漫射透过率；$L_F(\lambda)$为白帽反射的辐亮度；$L_G(\lambda)$为太阳耀斑辐亮度；$t(\lambda)$为直射透过率；$L_R(\lambda)$、$L_A(\lambda)$和 $L_{RA}(\lambda)$分别为大气瑞利散射、气溶胶散射和交叉的瑞利-气溶胶散射的辐亮度。

进一步地，Hooker 和 McClain（2000）将总辐亮度 $L_T(\lambda)$的贡献因子划分如下。

（1）大气产生的路径辐亮度[$L_R(\lambda)+L_A(\lambda)+L_{RA}(\lambda)$]。

（2）产生于海洋表面或海洋表面下的太阳耀斑和白帽反射辐亮度[$t_D(\lambda)L_F(\lambda)+t(\lambda)L_G(\lambda)$]。

（3）产生于水体内部的漫射衰减的离水辐亮度[$t_D(\lambda)L_w(\lambda)$]。

1. 臭氧的吸收

Cordon 和 Voss（1999）研究表明，以 SeaWiFS 波段为例，臭氧的光学厚度 $\tau_{oz}(\lambda) \leqslant 0.035$，其中假设臭氧只存在吸收而无散射。由于式（2.2.1）所示的所有项都依赖于太阳辐照度，其中的每一项上行和下行穿过臭氧层时都受到影响而衰减，且受到季节和纬度的影响。

2. 太阳耀斑

小波面的菲涅耳反射产生的太阳辐亮度的角度分布为太阳角度和矢量风速的函数。结合小波面模型和数值气候预测模式提取的矢量风速，可以进行太阳耀斑（Solar flare）掩膜的计算。另一个检验太阳耀斑的方法是利用白帽辐亮度，如果近红外光的辐亮度值超过了预定的阈值，那么认为该像元为太阳耀斑，并将其掩膜掉。

3. 白帽

白帽（泡沫）引起的反射辐亮度在空间和角度分布上与太阳耀斑之间存在重要的差异。太阳耀斑辐亮度分布在太阳光共轭角周围，因此太阳耀斑辐亮度依赖于风速，仅仅影响图像的一部分，可以做掩膜处理。白帽的覆盖范围也受风速的影响，由于白帽的反射更接近朗伯辐射源，因此太阳光的角度对其影响很小，以至于整个图像中白帽反射的辐亮度几乎是无处不在的。在处理过程中，白帽反射的辐亮度被估算出来后，可以在总辐亮度中减去白帽反射的辐亮度，也可以因为白帽反射的辐亮度太大，弃用该幅图像。白帽反射的辐亮度的估算可以参照 Frouin 等人（1996）和 Moore 等人（2000）的模型。

4. 大气瑞利散射辐亮度

在短波范围区间，大气瑞利散射辐亮度通常是接收的辐亮度中最大的一项。计算大气瑞利散射辐亮度除包括直接大气路径的瑞利散射辐亮度外，还包括两种较小路径的瑞利散射辐亮度，因此所有路径的瑞利散射辐亮度分成以下 3 个部分。

（1）由下行太阳辐照度散射产生进入传感器观测方向的主路径瑞利散射辐亮度。

（2）路径的瑞利散射辐亮度顺着与传感器观测方向共轭的路径，经过表面反射进入传感器。

（3）反射太阳辐亮度产生的传感器观测方向的瑞利散射辐亮度。

菲涅耳表面反射率比较小，因此第（2）和第（3）项瑞利散射辐亮度远小于第（1）项。另外，风浪会改变菲涅耳表面的反射率，以及第（2）和第（3）项中的散射辐亮度的量值，因此第（2）和第（3）项中的瑞利散射辐亮度是矢量风速的函数。

5. 气溶胶米氏散射辐亮度

气溶胶米氏散射辐亮度的构成与大气瑞利散射辐亮度一样，同样包括 3 种路径的辐亮度分量。但是气溶米氏胶散射辐亮度的反演是复杂的，气溶胶路径辐亮度的量值强烈依赖大气中气溶胶的类型和浓度，而气溶胶的类型和浓度的分布在时间和空间上是容易变化的。气溶胶米氏散射辐亮度的确定与校正是大气校正的重要步骤。

6. 大气透过率

大气总的透过率包括直射透过率和漫射透过率。

离水辐射和白帽辐射近似各向同性，可使用大气漫射透过率来描述大气对其的衰减作用；

而太阳耀斑是针对太阳直射光而言的，可使用大气直射透过率来描述大气对其的衰减作用。对于太阳耀斑，一般是想办法检测，并进行太阳耀斑掩膜的计算处理。

对于大气漫射透过率，如 Gordon 等人（1983）和 Wang 等人（1999）描述的那样，从发散性海洋表面发射的辐亮度进入散射性的大气层之后，卫星接收的辐亮度不仅包括仪器视场角范围内发射的辐射，同时包括从周围区域散射到仪器立体角内的辐射，这种影响主要体现在短波可见光波段。来自仪器视场角范围以外的辐射对卫星接收的辐亮度有两个影响：第一，辐射源比观测视场大；第二，卫星接收辐亮度的大小比仅考虑直射光束衰减时要大。因此，当海洋观测视场的毗邻区域有陆地或海冰时，因其发射或反射特性不同于海洋表面，这些来自毗邻区域的辐射，使卫星接收的辐亮度不再代表海洋，而被认为是受到了污染，如陆地污染等。

大气漫射透过率的反演计算也是非常复杂的问题。在处理漫射透过率时，需要考虑两个因素：第一，它所带来的毗邻区域（如陆地或海冰像元）的影响及漫射透过率本身的计算方法。受陆地像元影响，海洋水色算法对靠近海岸的几个像元不适用。第二，对于单次散射和假设表面辐亮度朗伯分布，Gordon 等人（1983）提出漫射透过率的近似计算方法；对于考虑多次散射，计算漫射透过率是根据选择气溶胶模型而确定的。Wang（1999）指出漫射透过率反演的改进需要对气溶胶散射进行更精确的测量和对离水辐亮度朗伯辐射源特性进行更精细的假设。

2.2.2.2　海洋水色遥感的大气校正

在海洋水色遥感中，90%以上的海洋辐射都来自大气散射和海洋表面的太阳反射，所以，如何从微弱的信息中把来自水体和大气的辐射量分离，是海洋水色遥感的关键，直接影响水体组分的反演精度。0.5%的大气校正误差，对应 5%的来自海洋离水辐射度的误差。因此，大气校正是去除大气散射和海洋表面反射对辐亮度影响的关键数据的处理过程。

大气校正是指传感器最终测得的地面目标的总辐亮度，并不是地表真实反射率的反映，其中包含了由大气吸收，尤其是大气散射作用造成的辐射量误差。大气校正就是消除这些由大气影响所造成的辐射量误差的，反演地物真实的表面反射率的过程。海洋遥感就是消除大气影响并获得离水辐亮度的过程。大气校正是遥感影像辐射校正的主要内容，是获得地表真实信息必不可少的一步，对定量遥感尤为重要。当然，在有些图像分类、专题提取、变化检测等遥感应用研究中，大气校正并不重要。

为了研究方便，海洋水色遥感领域通常将海水分为两类，即一类水体和二类水体。一类水体指光学性质的变化主要由浮游植物及其附属物决定的水体；二类水体指光学性质的变化不仅受浮游植物及其附属物的影响，而且也受其他物质，如外生的粒子和外生的有色可溶有机物的影响。一般情况下，海洋水体为一类水体，沿岸水体为二类水体。

1. 一类水体的大气校正方法

海洋水色遥感大气校正的目的是消除大气影响获得离水辐亮度，再进一步应用离水辐亮度与水体组分之间的关系模型反演水色产品，针对不同类型的水体，国内外学者提出了不同的海洋水色遥感大气校正模型与方法。

由于大气中的气溶胶类型、浓度和光学特性的易变性，精确测量气溶胶散射的影响是不可能的，而大气分子瑞利散射的辐亮度可精确测得或由估计得出。对于一类水体，近红外波段的离水辐射率可忽略不计，传感器在近红外波段接收的大气顶层反射率都来自大气程辐射（又称路径辐射）。根据两个近红外波段的大气程辐射，首先，可估算气溶胶类型及其在其他波段的大气程辐射；然后，计算卫星接收的海洋表面的离水辐亮度。在气溶胶类型已知的情况下，可以根据近红外波段估算出光学厚度，从而可以计算出其他波段的大气漫射透过率。在大气漫射透过率已知的情况下，就可以计算出海洋表面的离水辐亮度了。

一类水体大气校正方法的精度主要取决于实际海洋表面近红外波段的离水辐射是否可忽略。由于气溶胶一般属于非吸收性或者弱吸收性气溶胶，而且其在近红外波段的离水辐射甚微，因此大部分一类水体大气校正方法的精度可以达到业务化需求，校正后得到的离水辐射率误差在 5%以内。

2. 二类水体的大气校正方法

二类水体往往有较高浓度的水体组分，如悬浮泥沙和叶绿素等，在近红外波段具有较高的反射率，在一类水体中，假设近红外波段的离水辐射率为 0，可以忽略不计的条件不再适用，一类水体的大气校正方法无法用于二类水体。因此，对于二类水体，海洋水色遥感的大气校正一直是研究的热点和难点。

目前针对二类水体的大气校正方法包括最佳邻近法校正法、迭代校正方法、光谱匹配和光谱优化校正方法、双短波红外波段的校正方法、基于紫外波段的高浑浊水体大气校正方法和基于实测光谱的大气校正方法。这些方法在二类水体大气校正方面都具有一定的优点和缺点，以下分别介绍。

1）最佳邻近法校正法

最佳邻近法校正法是针对 SeaWiFS 提出的一种利用邻近清洁水体上空的气溶胶类型对混浊水体进行大气校正的实用方法，能够较好地分离气溶胶和水体对卫星接收信号的影响。该方法基于气溶胶类型中尺度空间范围（100～1000 km）不变的假设（Gordon 和 Morel，1983），使混浊水体的气溶胶类型可以用邻近相对清洁水体的气溶胶类型代替。至于气溶胶浓度可以随像元而发生变化。该方法能成功运行的前提是影像中存在的清洁像元个数不能太少，否则会影响校正效果，详细算法请参见 Hu 等（2000）。

Hu 是在集成标准大气校正方法的 SeaWiFS 软件的基础上整合实现上面方法的，首先用标准大气校正方法运行一遍；然后根据标准大气校正方法计算结果中的标签选定混浊像元，对每个混浊像元，采用最佳邻近法校正法从邻近清洁水体中获取气溶胶类型，并通过上面的计算方法获取气溶胶的光学厚度；最后利用混浊像元的气溶胶优化参数，运行标准大气校正方法。最佳邻近法校正法在墨西哥湾测试，证明它能减小离水辐射率和叶绿素浓度的估算误差，并且对标准大气校正方法运行失败的区域，它都能较成功地运行。最佳邻近法校正法能成功运行的条件是影像中存在清洁像元的个数不能太少，否则会影响校正效果。

2）迭代校正方法

迭代校正方法需要一定的气溶胶模型和水下光学模型。其中，气溶胶模型为大陆气溶胶、海洋气溶胶和城市气溶胶按照不同比例混合而成。每种气溶胶成分都具有特定的单次散射反照率、衰减系数、散射相函数和光学厚度等光学属性。若假设这 3 种气溶胶的体积百分比之和为 100，则首先只要确定大陆气溶胶和城市气溶胶的体积百分比，就可以确定海洋气溶胶的体积百分比。在各种气溶胶体积百分比已知的情况下，就可计算最终气溶胶的光学属性。然后根据单次散射理论计算气溶胶程辐射反射率和透过率等变量。最后用多次散射理论修正根据单次散射理论计算得到的结果。之后通过海洋表面的反射率，就可以确定大气顶层的表观反射率。海洋表面的反射率为叶绿素、悬浮泥沙和黄色物质浓度的函数，一般用经验公式计算得到。

迭代校正方法缺乏区域普适性，其是基于特定时空条件下的水体经验光学模型的，因此，只适合实验区域实验时间的水体光学模式，不能随意在其他区域运用该模型。如果要在其他区域运用该方法，首先需要对该区域建立特有的水体经验光学模型，详细算法请参见 Land 和 Haigh（1996）。

3）光谱匹配和光谱优化校正方法

Gordon（1997）在处理气溶胶吸收问题时，第一次采用了光谱匹配校正方法。利用叶绿素浓度和散射参数来描述一类水体的光学属性，在一定气溶胶模型和光学厚度下，就可以计算得到大气顶层的表观反射率，定义模拟计算与卫星观测的大气顶层的表观反射率之间的残差，使残差和达到最小，求得最佳解。Chomko 和 Gordon（1998）首次在海洋水色遥感大气校正中运用光谱优化校正方法。与光谱匹配校正方法一样，光谱优化校正方法能同步反演得到的水下物质和大气气溶胶的光学属性。只不过光谱匹配校正方法需要预定义气溶胶模型，而光谱优化校正方法不需要预定义气溶胶模型。光谱优化校正方法采用只含有一个自由参数 v 的 Junge 分布来描述气溶胶的粒径分布，气溶胶散射反射率取决于 v 和气溶胶折射系数实部 m_r 和虚部 m_i，并假设 m_r 与 m_i 不随波长而变化。

Chomko（2003）修改了以上方法并用于二类水体。Maritorena（2002）采用一类水体的光学模型代替 Gordon 模型。Maritorena 模型含有叶绿素吸收系数 $a_{ph}(443)$、黄色物质吸收系数 $a_{cdom}(443)$和悬浮物质后向散射系数 $b_{bp}(443)$ 3 个自由参数。Chomko 修改的光谱优化校正方法能有效地获取大气气溶胶和水下物质的光学属性。

光谱匹配校正方法适合离散模型，光谱优化校正方法适合连续模型，两种方法都是在一类水体海洋水色遥感的大气校正中去除吸收性气溶胶辐射的影响中提出的，但这两种方法很容易扩展到二类水体海洋水色遥感的大气校正中。扩展方法很简单，只需要用含有叶绿素、黄色物质和悬浮物质的二类水体光学模型代替一类水体光学模型，同时可改变气溶胶的模拟方式来增加方法的多变性。

另外，光谱匹配校正方法和光谱优化校正方法与迭代校正方法类似，都是基于特定的水体经验光学模型的。只适合实验区域实验时间的水体光学模式，不能随意在其他区域运用该模型。如果要在其他区域运用该方法，首先需要对该区域建立特有的水体经验光学模型。

4）双短波红外波段的校正方法

对于二类水体，泥沙等悬浮物质具有较高的反射率，近红外波段的离水辐射值较大，但是在短波红外波段，水具有较高的吸收率，其离水辐射率可忽略不计，所以短波红外波段符合目标假设。

在二类水体中，双短波红外波段组合的校正效果较好，在一类水体中，两个近红外波段组合的校正效果较好，Wang 和 Shi（2007）提出了近红外波段-短波红外波段组合的校正方法。在校正之前，利用水体的浑浊指数对水体进行区分，对清洁水体采用两个近红外波段组合的校正方法，而对二类水体则采用短波红外波段组合的校正方法，通过美国东部和我国东部海域的实例，分析发现使用近红外波段-短波红外波段组合的校正方法比单纯使用近红外波段或者短波红外波段的校正方法处理效果好。

5）基于紫外波段的高浑浊水体大气校正方法

一类水体的标准大气校正方法对我国近海高浑浊水体失效，我国学者何贤强等人（2012）首次提出基于紫外波段的高浑浊水体大气校正方法。通过分析典型河口浑浊水体的实测归一化离水辐亮度光谱曲线，发现由于有机物的强吸收作用，蓝紫光的离水辐亮度相对较小，假设其忽略不计，进而提出了基于紫外波段的高浑浊水体大气校正方法。该方法的核心思想为假设紫外波段（对于缺乏紫外波段的水色遥感器，可用最短波长的蓝光波段代替）的离水辐亮度可以忽略不计，利用紫外波段的卫星接收信号来估算气溶胶辐射，并进一步推算，获得整个可见光波段的气溶胶辐射，实现最终的大气校正。该方法可以较精确地反演高浑浊水体各波段的离水辐亮度。并有效地解决了一类水体的标准大气校正方法（包括短波红外波段算法）在近海高浑浊水体出现的离水辐亮度的负值问题。

6）基于实测光谱的大气校正方法

Mao 等人（2013）提出了一种从近岸浑浊水域中精确地估计气溶胶散射比（ε 谱）的新方法。气溶胶散射反射率是海洋水色遥感大气校正中最不确定的项，可见波段的值取决于 ε 谱。在近红外波段的 ε 值，首先是基于两个近红外波段的离水反射率的暗像素假设；然后由气溶胶模型确定 ε 谱。这种假设对于浑浊的沿海水域通常是无效的，导致卫星图像中存在大量大气校正失败的区域。基于实测光谱的大气校正方法的思想是气溶胶散射反射率和 ε 值可以从现场测量的离水反射率中求得。离水反射率由选择的离水反射率查找表，根据候选气溶胶散射反射率的 Angstrom 定律，采用最佳非线性最小二乘拟合函数确定。该方法可以获得整个的 ε 谱，并用于确定两个最接近的气溶胶模型，通过插值得到实际值。结果表明，匹配整个 ε 谱的结果比只用一个值得到的结果更有鲁棒性。该方法基于气溶胶散射反射率，遵循 Angstrom 定律的假设，而不是标准的暗像素假设，称为 ENLF 模型。该假设对于一类水体和二类水体的水域都是有效的，甚至在陆地上也是有效的。因此，ENLF 模型为海洋水色遥感大气校正的通用算法提供了一种潜在的方法。

2.2.3 热红外辐射的大气传输

2.2.3.1 大气对热红外辐射的影响分析

只要温度超过绝对零度，就会不断发射红外能量。常温下，地表物体发射的红外能量主要在大于 3 μm 波段的中远红外区。热红外遥感是利用传感器的热红外波段收集、记录地物的热红外辐射信息，并利用热红外辐射信息来获取目标物的温度信息。大气介于传感器与地球表层之间，是由多种气体及气溶胶等组成的介质层。当电磁波由地球表层传至传感器时，大气是必经的通道。

大气对热红外辐射信号的影响主要包括 3 个方面：大气散射、大气吸收和大气发射。大气对电磁波的衰减作用主要归纳为两种物理过程，即散射与吸收（能量减少）。大气吸收地面长波辐射的同时，又以辐射的方式向外放射能量（能量增多）；大气对长波辐射的影响较为复杂，不仅与吸收物质（水汽、二氧化碳）的分布有关，而且与大气温度、压力有关。水汽在 6.3 μm 波段有一个较强的吸收带，二氧化碳分别在 4.3 μm 波段和 15 μm 波段有较强的吸收带；热红外波段常用的大气窗口为 3.5～5.0 μm 和 8～14 μm 两个波段。

除了云或尘埃等大颗粒质点较多时，大气对长波辐射的削弱可以忽略不计。云对长波的吸收作用很大，较薄的云层可以视为黑体。大气不仅是削弱热红外辐射的介质，而且它本身也发射热红外辐射。总之，热红外辐射在大气中的传输，是一种漫射辐射在无散射但有吸收又有发射的介质中的传输。

除大气影响外，红外传感器的误差源还包括红外传感器本身。根据普朗克黑体辐射定律，辐射率的热噪声产生的误差可能会造成温度测量的极大误差，因此要求红外辐射计具有较高的信噪比和稳定性。

2.2.3.2　热红外遥感的大气辐射传输方程

热红外遥感传感器的波谱段选择有两个基本原则：

（1）预期探测的目标在此波谱段有较强的信号特征。对地表温度遥感而言，地表温度为 300 K 左右，对应的发射波谱峰值波长 λ=9.66 μm；林火温度为 800～1000 K，对应的发射波谱峰值波长 λ=2.90～3.62 μm。

（2）所探测的遥感信息能最大限度地透过大气到达传感器。从整层大气的吸收光谱中可知，3.5～5 μm 和 8～14 μm 是热红外波谱段的两个大气窗口。因此，热红外遥感传感器的波谱段一般用中红外和热红外波谱段的窗口区。

即使在热红外波谱段的窗口区，大气也不是完全透明的。传感器接收的热红外辐射除地表信息以外，还受大气状况的影响。由于热红外波谱段波长较大，大气散射作用一般可忽略不计，热红外遥感的大气辐射传输方程应主要考虑大气的吸收与发射。Chandrasekhar（1960）把传感器接收的热红外辐射表达为三项之和（地表辐射、大气下行辐射、大气上行辐射）。在无云条件下，大气是水平均一、各向同性的，假设对流层以下的大气处于局地热平衡状态，考虑传感器的波谱响应函数，传感器接收信号的表达式为

$$R_i = B_i(T_i) = \varepsilon_i B_i(T_s)\tau_i + (1-\varepsilon_i)R_{atm\_i}\downarrow \tau_i + R_{atm\_i}\uparrow \tag{2.2.2}$$

式中，R_i 为传感器测量的辐射能；B_i 为普朗克函数；T_i 为亮度温度；T_s 为地表温度；ε_i 为发射率；$R_{atm_i}\downarrow$为大气下行辐射；τ_i 为大气透过率；$R_{atm_i}\uparrow$为大气上行辐射；i 代表第 i 波段。

在中红外波段，太阳辐射经地表反射的能量和地表发射的能量在一个数量级上，所以在计算传感器接收的信号时，需要考虑太阳辐射的贡献 R_{sun_i}，表达式为

$$R_i = B_i(T_i) = \varepsilon_i B_i(T_s)\tau_i + (1-\varepsilon_i)R_{atm\_i}\downarrow \tau_i + R_{atm\_i}\uparrow + (1-\varepsilon_i)\tau_i R_{sun\_i}\tau_i \tag{2.2.3}$$

2.2.3.3　热红外遥感数据的大气校正

在热红外波段，传感器接收的地表（海洋表面）热辐射要受大气的吸收和大气自身热辐射的影响。因此，热红外遥感数据的大气校正一般需要解决 3 个问题：大气的透过率、大气的热辐射和地表（海洋表面）发射率的计算。

实际应用中，可依据数据源不同，选择不同的大气校正方法，原因在于不同的卫星图像自身能为大气校正模型提供不同的参数信息。例如，EOS 中 Terra 和 Aqua 卫星搭载的中分辨率成像光谱仪（Moderate-resolution Imaging Spectroradio-meter，MODIS）传感器、我国的 FY-1 系列卫星的 NOAA AVHRR 传感器，以及其他传感器，热红外通道大气窗口在 10.5～12.5 μm 区间设置有两个窄通道，可以使用分裂窗法进行大气校正；又如中巴地球资源卫星（CBERS）的红外多光谱扫描仪（IRMSS）传感器和美国 Landsat 系列卫星的专题制图仪（TM）传感器只设置有一个热红外通道，且不具备多角度观测能力，所以针对这类传感器的大气校正只能

通过观测，获取过境时刻的大气参数（一般由同步大气廓线获得），由大气辐射传输软件（LOWIRAN、MODTRAN 等）对大气贡献进行模拟，从而完成大气校正；对于多角度、多光谱成像系统，由于其热红外通道可能只有一个，但是其具有多角度观测功能，因此可以利用多角度观测功能，从图像自身提供的信息反演所需的大气参数，进行大气校正。

1. 基于辐射传输方程的直接计算法

基于辐射传输方程的直接计算法是先根据大气辐射传输方程，把从地面探空站或星载大气垂直探空仪获取的大气温度、水汽廓线数据及其他大气成分数据，输入 LOWTRAN、MODTRAN 等大气辐射传输软件，计算出大气透过率、大气下行辐射量、大气上行辐射量，再根据地表发射率，推算出海洋表面温度。由于这种算法比较复杂，在实际运行系统中很少采用。

2. 单通道统计算法

单通道统计算法从大气辐射传输方程出发，考虑大气含水量和传感器观天顶角的影响，建立遥感亮度温度与海洋表面温度的经验公式，通过同步实测数据进行回归计算得到经验系数，如静止气象卫星 GMS 反演海温大气校正的单通道统计算法。

3. 多通道分裂窗算法

在 10.5～12.5 μm 的大气窗口内，可以应用多个通道来同时对地面进行观测。由于 NOAA AVHRR 传感器的分裂窗通道 4（10.31～11.31 μm）和通道 5（11.51～12.5 μm）的资料容易获得，因此多通道分裂窗算法在陆地表面温度（Land Surface Temperature，LST）和海洋表面温度（Sea Surface Temperature，SST）的分裂窗反演中被广泛应用。近年来，EOS/MODIS 传感器内，通道 31（10.78～11.28 μm）和通道 32（11.771～12.27 μm）的资料也被用来进行海洋表面温度的分裂窗反演。21 世纪以来，已发展了利用 AVHRR 传感器的通道 4 和通道 5 反演陆地表面温度和海洋表面温度的多种分裂窗算法。

4. 多角度热红外遥感数据大气校正算法

多角度热红外遥感数据大气校正算法，主要是基于大气柱的空间分布一致的假设：在 1 个特定的通道内，不同的观测角，观测同一地物时，由于地物接收热辐射所穿过的大气路径长度不同，会引起不同的大气吸收和大气发射，这正是多角度热红外遥感数据大气校正的出发点。多角度热红外遥感数据大气校正算法既可以应用于具备多角度观测能力的传感器，也可以应用于同步过境的不同传感器之间，例如，MTG 卫星和 TIROS-N 卫星的传感器。随着 ERS-1 上的沿轨扫描辐射计（ATSR）传感器于 1991 年 7 月发射升空，第一次可以获取两个角度观测的多角度数据了。ATSR 传感器分别从天底的 0～22° 和前向的 55° 获取数据。假设观测天顶角小于 60°，就可以忽略地表发射率的角度变化。Sobrino 等提出了一种改进的双角度大气校正算法，研究结果表明，采用双角度大气校正算法来反演海洋表面温度，会产生 0.23K 的标准差，且这种误差与传感器无关。他们还证明了，在均一地表的地面发射率随光谱和角度的变化处于相同的影响时，这种算法反演获得的海洋表面温度优于多通道分裂窗算法的反演结果。

2.2.4　微波辐射的大气传输

2.2.4.1　大气对微波辐射的影响分析

在微波波段，由于微波的波长比可见光长许多，它在大气中传播时的散射要比可见光小得多，因此，除非有降水云层出现，一般情况下大气对微波的散射作用可以忽略不计。大气对微波传播的衰减作用主要由于氧气和水汽这两种气体对微波的吸收，也可能有较大的大气微粒（主要指水滴，也包括云雾、霾、降水、冰粒和尘埃）对微波散射的作用。因此，总衰减系数为

$$K_{\mathrm{a}} = K_{\mathrm{O_2}} + K_{\mathrm{H_2O}} + K_{\mathrm{C}} + K_{\mathrm{P}} \tag{2.2.4}$$

式中，$K_{\mathrm{O_2}}$、$K_{\mathrm{H_2O}}$、K_{C}、K_{P} 分别为大气中的氧气、水汽、云和降水的体积衰减系数（dB/km）。

对于较低频的微波波段，微波的波长与大气分子尺度相比大得多，因此，微波在大气和非降水云中传输时，分子和云滴的散射作用相对吸收可以忽略不计，只需考虑大气对微波辐射的发射和吸收。

对于较高频的微波波段，大气中的微粒对电磁波的散射作用不可忽视。当微粒直径比波长大时，散射作用用米氏散射来估计，即其散射截面积与波长的 n 次方成反比，其中 n=0,1,2。当微波波长大于 0.3 cm 时，直径小于 100 μm 的水滴对电磁波产生的衰减主要是由于水滴的吸收导致的。影响水滴吸收的主要因素是电磁波的传播路径。

1. 微波的大气散射

根据瑞利散射原理，散射波的强度与波长的 4 次方成反比。微波的波长比可见光——红外波波长要长得多，散射作用对微波的影响比可见光——红外波段小得多。由水汽组成的云粒子直径一般小于 100 μm，满足瑞利散射，散射作用小，可忽略。但降水云层由雨滴、冰粒、雪花、冰雹等粒子组成时，微粒直径超过 100 μm，满足米氏散射，此时大气对微波的作用一般不可忽略。

2. 微波的大气吸收

大气对微波的吸收主要是氧气和水汽所致的。实验表明氧气有两个吸收峰：第一个是频率为 60 GHz 的氧气组合，包括大量的频率为 50～70 GHz 的吸收线；第二个是频率为 119 GHz 的单线。根据氧气的吸收特点，建议较好的观测窗口频率为 1～40 GHz 和 80～105 GHz。

对于水汽吸收，根据 Ulably 等人（1981）的研究结果，对于频率在 0～130 GHz，水汽吸频率在 22.235 GHz 处存在一个吸收峰。另外，水汽吸收对水汽密度具有非常强的依赖关系，大气透过率最高的部分发生在频率低于 10 GHz 的范围内。

2.2.4.2　微波遥感的大气辐射传输方程

对于非降雨和频率不到 25 GHz 的情况，微波中的大气散射可以忽略。这时，大气辐射传输方程与红外遥感类似，可近似作为吸收-发射平衡。需要注意的是，红外和微波辐射传输的区别在于，对于微波辐射，在表面反射率不能忽略的情况下，存在一个大的入射角，卫星接收的辐射中包括来自向下的大气辐射和地球外的辐射，均不可以忽略。

假设海洋发射率为 e，反射率为 1-e，本节 e 与海洋表面盐度（Sea Surface Salinity，SSS）、海洋表面温度和粗糙度有关。假设大气是平行平面，根据瑞利-琼斯定律，亮温可以代替大气

辐射传输方程中的辐射，根据 Stewart（1985）提出的只考虑吸收–发射平衡的大气辐射传输方程如下：

$$T_{\mathrm{A}}=etT_{\mathrm{s}}+(1-t)\ T_{\mathrm{ov}}+(1-t)(1-e)tT_{\mathrm{ov}}+(1-e)\ t^{2}\left(T_{\mathrm{ext}}+T_{\mathrm{sol}}\right) \tag{2.2.5}$$

式中，T_{A}为卫星观测的亮温；T_{s}为表面温度；t为大气透过率；$1-t$因子代表大气发射率；T_{ov}为对流层垂直平均辐射亮温；T_{ext}为除太阳以外的地球外背景辐射亮温；T_{sol}对应太阳辐射亮温，太阳辐射亮温项可对天线姿态角进行修正。

除了降雨和高频情况，T_{A}可以写成下面几项的和：向上的表面辐射、向上的大气辐射、向下的大气反射、地球外背景辐射和太阳辐射。关于微波遥感的大气辐射传输向上的界限是冷太空，向下的界限是粗糙海洋表面。其中，海洋表面的发射率和反射率由海洋表面盐度、海洋表面温度及风引起的海洋表面波场等来确定。

2.2.4.3 微波遥感数据的大气校正

微波辐射计通过测量地球表面向外辐射的微波信号，可以获得多类型的地球物理参量的时空分布信息系统参数，微波波段的波长较长，大气对微波波段信号的散射影响通常较小，主要体现为大气的吸收衰减。随着微波遥感定量反演精度的提高，大气对微波辐射信号的影响已经不能被简单地忽略，针对微波辐射计的大气校正方法逐步得到重视。

Liebe 等人将微波波段大气吸收系数的计算模型化，建立了 MPM89、MPM93 和 PWR98 等一系列的大气吸收系数计算模型，奠定了基于物理模型的微波辐射计大气校正方法的理论基础；Fuhrhop 等人利用 MPM89 模型和微波毫米波辐射传输模型 MWMOD 研究了大气对地表发射率反演的影响；Yueh 等人利用 MPM93 模型及大气辐射传输模型定量分析了大气主要成分对 L 波段微波辐射计反演海水盐度的影响；Skou 基于独立的大气吸收模式，分析了不同大气物理参量对大气辐射亮温的影响，并得出它们之间的相关关系。上述研究均为基于物理模型的微波辐射计大气校正。

另外，也有基于大气物理模型和回归统计组合的方法。Wang 等人在地表发射率反演中，利用 MODIS 的大气廓线反演结果，尝试了微波辐射计数据的大气校正研究，发现在雪水当量的反演中不可忽视大气的影响；此外，王永前等人利用一年的大气廓线数据，对 AMSR-E［用于美国地球观测系统（EOS）的先进微波扫描辐射计（AMSR)］载荷的亮温数据进行了大气校正，获得了较好的结果；杜延磊等利用数值天气预报模式输出的大气温湿廓线数据与大气辐射传输模型，计算了无云情况下，全球海洋表面大气在 L 波段的上行、下行辐射亮温及透过率，建立了 3 个参数与大气水汽含量及海洋表面气压的回归关系模型——辐射–水汽模型，利用该模型可快速计算大气辐射参数，对 L 波段的微波辐射计进行大气校正。

§2.3 电磁波与海水的相互作用

海洋遥感同陆地遥感本质类似，都是通过电磁波与目标物的相互作用并进行探测而获得目标信息的。然而又有很大的不同，因为目标物对于海洋和陆地而言，还是有较大不同的，经过 2.2 节大气辐射传输的分析后，我们有必要进一步分析电磁波与海洋相互作用的机理与规律。

理论上，对于所有波长，卫星接收的辐亮度的特性均取决于辐射在气-水界面处的相互作用。但是，不同的波长范围，电磁波与海洋的相互作用却有较大的不同，也为我们开展海洋遥感提供了不同的方法和手段。因此需要我们分类去探讨。

2.3.1　可见光近红外与海水的相互作用

2.3.1.1　气-水界面处的相互作用

在可见光近红外波段，首先我们需要考虑气-水界面的反射问题。图 2.3.1 所示为海洋表面的太阳直射反射与由水体散射产生的离水辐亮度有关的漫反射比较，一般会有两种反射发生：第一种是气-水界面处太阳辐射的直射反射及天空光的表面反射；第二种是与离水辐亮度有关的漫反射，离水辐亮度通过入射太阳辐射经气-水界面进入水中，有部分辐射经后向散射后再次经水-气界面进入大气层。由水体散射产生的离水辐亮度是与水体组分相关联的，所以，可以用来反演叶绿素浓度等水体组分。

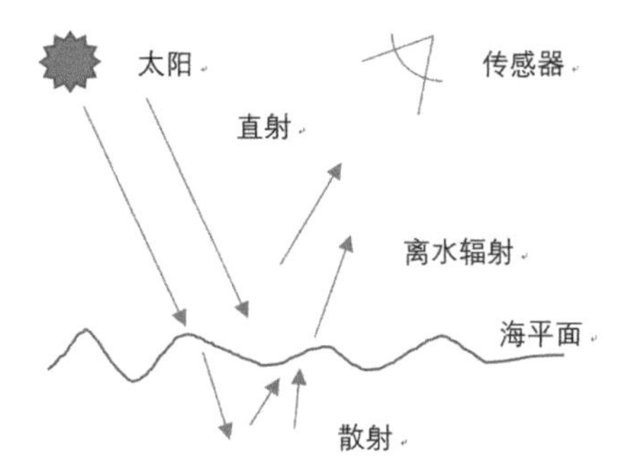

图 2.3.1　海洋表面的太阳直射反射与由水体散射产生的离水辐亮度有关的漫反射比较

对于第一种反射，我们需要考虑气-水界面的特点。

入射到某一表面的电磁波，会因为表面性质的不同，一部分被反射，一部分被吸收，一部分穿透界面。

界面包括光滑的平面镜面和粗糙界面。对于海洋来说，为了研究方便，假设理想的海洋气-水界面，上面是大气，下面是水，上、下介质的光学特性只随界面的上、下距离垂直变化，而在水平方向无变化。并假设理想的海洋气-水界面对于入射立体角小的波束可以利用菲涅耳定理研究其反射辐射和折射辐射。

1. 折射定律

折射定律由荷兰数学家斯涅耳（Snell）发现，指在光的折射现象中，确定折射光线方向的定律。当光由第一介质（折射率为 n_1 ）射入第二介质（折射率为 n_2 ）时，在平滑界面上，部分光由第一介质进入第二介质后即发生折射，图 2.3.2 所示为 Snell 光折射示意图。假设入射光与法线的夹角为 θ_1，折射光与法线的夹角为 θ_2。折射定律得出了在平滑界面上入射光线与折射光线传播方向间的关系：

$$n_1 \sin\theta_1 = \sin\theta_2 \tag{2.3.1}$$

对于海洋水-气界面，在可见光波段空气的折射率 n_a 约等于 1，海水折射率 n_w 约等于 1.34，当辐射从大气入射时，折射角 θ_2 大于入射角 θ_1。

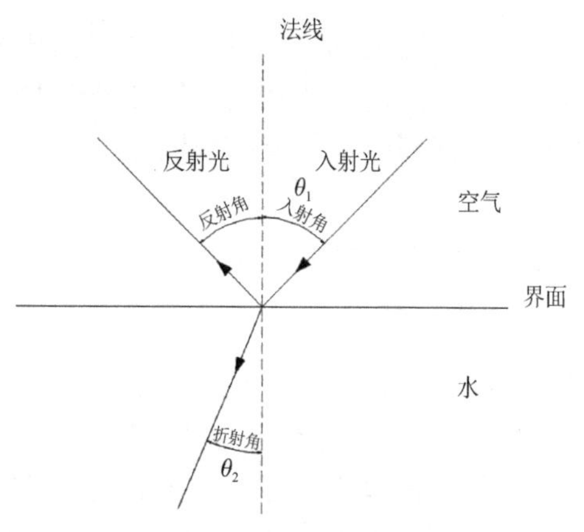

图 2.3.2 Snell 光折射示意图

2. 菲涅耳公式

根据菲涅耳公式（Fresnel's Equation）得出了平滑界面反射和透射辐射相对于入射辐射的大小。由于光的偏振（极化）现象，我们可以得到偏振光 S（S 表示垂直偏振光）和偏振光 P（P 表示平行偏振光）分别对应的菲涅耳公式，计算公式如下：

$$R_s = \left| \frac{n_1 \cos\theta_i - n_2 \cos\theta_t}{n_1 \cos\theta_i + n_2 \cos\theta_t} \right|^2 \tag{2.3.2}$$

$$R_p = \left| \frac{n_1 \cos\theta_t - n_2 \cos\theta_i}{n_1 \cos\theta_t + n_2 \cos\theta_i} \right|^2 \tag{2.3.3}$$

根据折射定律，可以进一步推导出

$$R_s = \left| \frac{n_1 \cos\theta_i - n_2 \sqrt{1 - \left(\frac{n_1}{n_2} \sin\theta_i \right)}}{n_1 \cos\theta_i + n_2 \sqrt{1 - \left(\frac{n_1}{n_2} \sin\theta_i \right)}} \right|^2 \tag{2.3.4}$$

$$R_p = \left| \frac{n_1 \sqrt{1 - \left(\frac{n_1}{n_2} \sin\theta_i \right)} - n_2 \cos\theta_i}{n_1 \sqrt{1 - \left(\frac{n_1}{n_2} \sin\theta_i \right)} + n_2 \cos\theta_i} \right|^2 \tag{2.3.5}$$

如果不考虑极化的情况，那么菲涅耳公式即为 R_s、R_p 的平均值：

$$R = (R_s + R_p)/2 \tag{2.3.6}$$

利用菲涅耳公式，当可见光辐射从大气入射到镜面气-水界面的情况时，我们可以绘制菲涅耳反射率与不同极化方式、不同入射角之间的对应关系，图 2.3.3 所示为可见光辐射从大气入射到镜面气-水界面的菲涅耳反射率。

图 2.3.3 选取的是折射率为 1.5 的绝缘体的反射情况（如果考虑海水会有小幅度变化）。可以发现当入射角为 0 时，即入射光垂直于表面，反射率只有 0.04 左右；当入射角为 90° 时，即入射光平行于表面，反射率接近 1。S 和 P 两个极化反射率分别在非极化之上和之下，

当入射角为 50° ～60° 时，R_p=0，称为布儒斯特角（Brewster Angle）。反射率有个重要特征；当入射角 $\theta \leqslant 45°$ 时，非极化反射基本为常数，反射率约为 0.04，96%的入射辐亮度被透射；当入射角 $\theta > 45°$ 时，反射率随入射角的增大而快速增加。

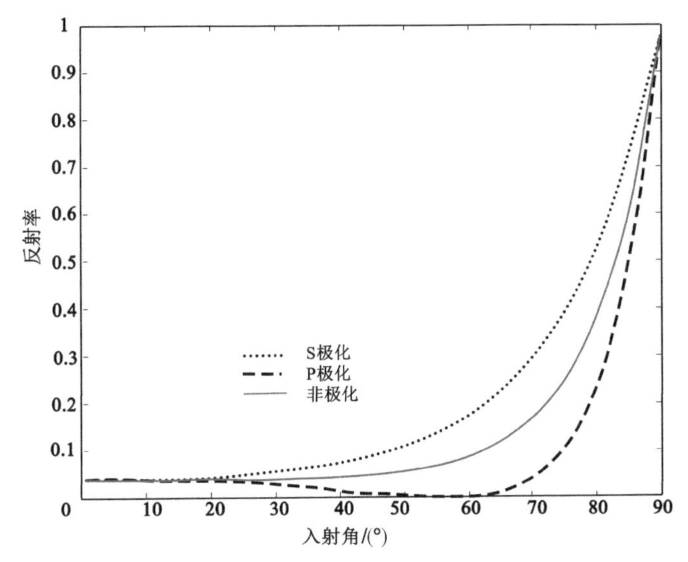

图 2.3.3　可见光辐射从大气入射到镜面气-水界面的菲涅耳反射率

3. 粗糙海洋表面的影响

菲涅耳现象是需要以光滑平面为前提的，现实世界中的海洋通常因为海风或者洋流运动，形成粗糙的海洋表面。

对于因为海风驱动而产生的粗糙海洋表面，由于菲涅耳反射会产生太阳耀斑现象，太阳耀斑如果进入传感器，可能远远大于反射或发射的海洋表面辐亮度，因此，对于太阳耀斑的处理方法是想办法避免或者掩膜掉。

研究表明，随着风速和海洋表面粗糙度的增加，太阳直射、反射辐射的角度范围扩大，当风速达到 10 m/s 时，反射光线的角度范围可能扩大，观测角接近 120° 、天顶角大于 90° 。因此，在特定的风速、观测角和天顶角条件下，海洋表面的太阳直射辐射都会进入传感器视场。海洋传感器在设计和进行数据处理时，都需要尽量避免太阳直射反射和太阳耀斑的影响。

2.3.1.2　水体中的相互作用

来自太阳的辐射，除一部分在水-气界面上发生直接反射外，还有一部分辐射透过水-气界面进入水体之中，这部分电磁波与水体发生了吸收和散射作用。

图 2.3.4 所示为纯海水的散射系数（曲线 b）和吸收系数（曲线 a）随波长的变化，其中，曲线 a 所示为吸收系数在 200～800nm 波长范围内的变化。可以看出，吸收系数的最小值在 300～600 nm 波长范围内，在较短的波长（小于 300 nm）和较长的波长（大于 600 nm）范围内，吸收系数均急剧增加。在可见光波段，蓝、绿波段的吸收系数最小，红光波段（600～700 nm）的吸收系数最大，短紫外波段的吸收系数次之。

图 2.3.4 曲线 b 所示为散射系数在 200～800 nm 波长范围内的变化。可以看出，与吸收系数不同，散射系数随着波长的增加而降低。

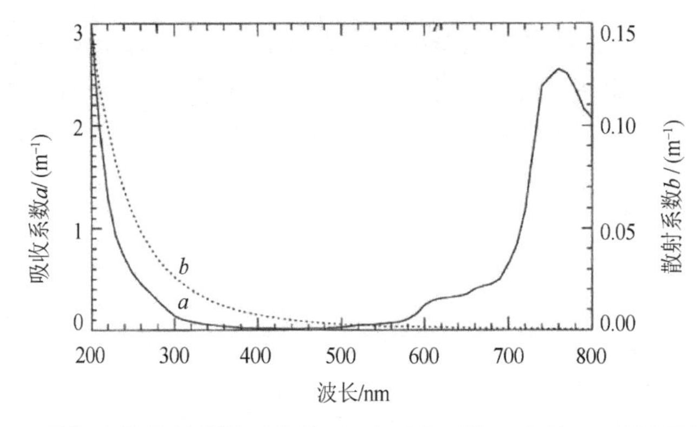

图 2.3.4　纯海水的散射系数（曲线 b）和吸收系数（曲线 a）随波长的变化

图 2.3.5 所示为海水的衰减深度（虚线代表 10 m 水层的衰减温度），在 200～800 nm 波长范围内的变化。可以看出，在蓝光波长 430 nm 附近衰减深度达到了最大值，在最大值两边都呈急速下降的趋势。当波长大于 320 nm，小于 570 nm 时，衰减深度大于 10 m；当波长为 640 nm 时，衰减深度等于 3 m；当波长为 750 nm 时，衰减深度等于 0.4 m；可见衰减深度随波长的增加而快速下降。

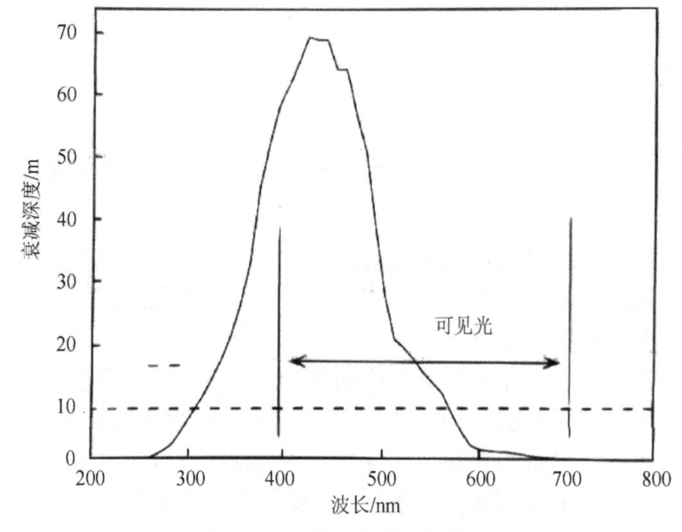

图 2.3.5　海水的衰减深度

来自太阳的电磁波进入水体后，经过水体的吸收和散射作用之后，其中的后向散射部分会产生向上传输的辐照度，并从水下入射到水-气界面上，最后穿过界面的辐照度，部分会产生离水辐亮度。离水辐亮度因为携带了水下组分信息，而成为海洋水色遥感中重要的物理量之一。

依据 2.3.1.1 节的折射定律，当辐射从水中向上入射到平滑的水-气界面时，因为海水的折射率（约为 1.34）大于空气的折射率（约为 1），所以，折射角大于入射角，或者说在水下以一个较小的立体角向上传输的光线在空气中会将光线分布的角度拉大；相反，当辐射从空气中向下入射到平滑的水-气界面时，入射角大于折射角，或者说在空气中以一个较小的立体角向下传输的光线在水中会将光线分布的角度缩小。这种界面上的聚焦和散焦现象，分别被称为折射的汇聚（Convergence）和发散（Divergence），图 2.3.6 所示为入射辐射在水-气界面上的聚焦和散焦现象。在计算离水辐亮度时，需要考虑这种现象的影响。

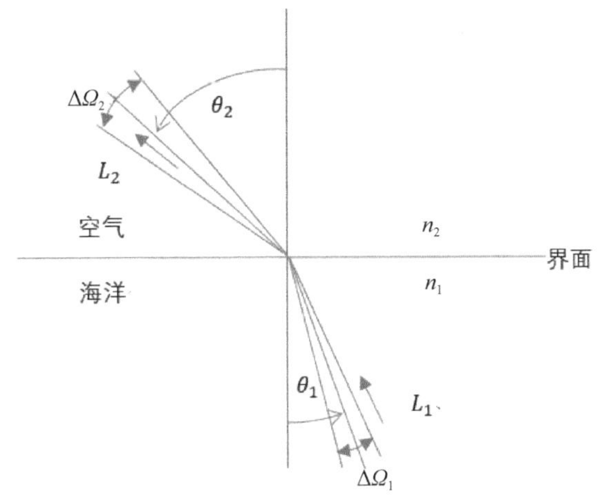

图 2.3.6　入射辐射在水-气界面上的聚焦和散焦现象

Mobley（1994）提出了辐射测量的基本定理：

$$L_2 = \left(n_2/n_1\right)^2 TL_1 \tag{2.3.7}$$

式中，L_2 为离水辐亮度；L_1 为刚好在水-气界面以下的上行辐亮度；n_2 为空气的折射率，约为 1；n_1 为海水的折射率，约为 1.34；此时 $n = n_1 / n_2 \approx 1.34$；$T$ 为透过率，当入射角<90°时，T 约为 0.98，此时式（2.3.7）变为

$$L_2 = TL_1/n^2 \approx 0.55L_1 \tag{2.3.8}$$

可以看出，当辐射从水下入射时，透过海洋表面的辐亮度约降低一半。当辐射从大气入射时，透过海洋表面的辐亮度约增加 1 倍。

2.3.1.3　离水辐射的度量参数

海洋水色遥感依赖于对离水辐射的度量。离水辐射与水体的吸收和散射等特性相关，因此可以进一步用于获取水体的相关组分等信息。

1. 辐照度反射率

依据 2.1.3.7 节对辐照度的定义，Zaneveld（1995）提出了海水的辐照度反射率（R），其定义为上行平面辐照度 E_u 与下行辐照度 E_d 之比：

$$R(\lambda,z) = E_u(\lambda,z)/E_d(\lambda,z) \tag{2.3.9}$$

刚好在海水表面以下的辐照度的反射率由 $R(\lambda,0^-)$表示，深度 z=0$^-$代表界面下方一侧的水体部分。辐照度反射率 $R(\lambda,0^-)$可被看作是一个刚好在水表面以下的、假想的反射体，海水内部不存在镜面反射，只有漫反射，因此也被称为漫反射率。它可由光谱仪直接测量，与水体中的叶绿素和悬浮物浓度等水体特性有关。另外，$R(\lambda,0^-)$可与离水辐亮度直接联系起来，离水辐亮度也可由航空或卫星遥感测得，二者具有同等的重要性，也是海洋卫星遥感测量的依据。

2. 离水辐亮度

设 $E_d(0^+)$代表刚好在水面以上的太阳辐照度，那么刚好在水面以下的太阳辐照度 $E_d(0^-)$可近似得出

$$E_d(0^-) = TE_d(0^+) \tag{2.3.10}$$

式中，T 为气-水界面的通过率，在满足太阳天顶角和风速的条件下，一般认为其值可近似为常数 0.98。假设水面以下向上的太阳辐照度以朗伯辐射源分布，可知刚好在水面以下向上的太阳辐亮度：

$$L_{up}(\lambda)=E_u(0^-)/\pi \tag{2.3.11}$$

由式（2.3.9）和（2.3.10）可得

$$E_u\left(\lambda,0^-\right)=R\left(\lambda,0^-\right)E_d\left(\lambda,0^-\right)=R\left(\lambda,0^-\right)TE_d\left(\lambda,0^+\right) \tag{2.3.12}$$

代入式（2.3.11）后得到

$$L_{up}(\lambda)=R\left(\lambda,0^-\right)TE_d\left(\lambda,0^+\right)/\pi \tag{2.3.13}$$

将式（2.3.13）代入式（2.3.8），可以得到刚好在水面以上的离水辐亮度 $L_w(\lambda)$：

$$L_w\left(\lambda\right)=T^2R\left(\lambda,0^-\right)TE_d\left(\lambda,0^+\right)/n^2Q\approx 0.535R\left(\lambda,0^-\right)E_d\left(\lambda,0^+\right)/Q \tag{2.3.14}$$

其中，当假设水面以下向上的离水辐亮度以朗伯辐射源分布时，光场因子 Q 为 π。T 为界面通过率，式（2.3.14）中近似取值为 0.98。考虑到水下阴影的存在，未必是朗伯辐射源分布，故在式（2.3.14）中用 Q 代替π，在一定的太阳天顶角和海况下，Q 的范围为 3～6。式（2.3.14）所示为离水辐亮度与辐照度反射率（漫反射率）之间的关系。

3. 遥感反射率

遥感反射率（Remote Sensing Reflectance）$R_{rs}(\lambda)$定义为离水辐亮度与海洋入射辐照度之比（海洋光学调查技术规程），表达式为

$$R_{rs}\left(\lambda\right)=\frac{L_w\left(\lambda\right)}{E_d\left(\lambda,0^+\right)}=\frac{T^2R(\lambda)}{n^2Q} \tag{2.3.15}$$

式（2.3.15）所示为遥感反射率 $R_{rs}(\lambda)$与辐照度反射率（漫反射率）之间的关系。

4. 大气顶反射率

大气顶反射率为离水辐亮度与大气层外的太阳辐照度之比，其优点是无量纲。

$$\rho_w\left(\lambda\right)=\pi L_w\left(\lambda\right)/F_s\left(\lambda\right)\cos\theta_s \tag{2.3.16}$$

式中，$F_s(\lambda)$为大气外层的太阳辐照度；θ_s 为太阳天顶角；系数 π 可以将太阳辐照度的单位转换为辐亮度的单位。

5. 白帽反射的影响

白帽定义为海洋破碎波产生的零星泡沫斑块，无论在实验中还是野外现场观测中，白帽反射的影响都是客观存在的。Gordon 等人认为，通常情况下，可以假设白帽反射为朗伯辐射源，且用漫反射率表示，白帽由包含在海洋表面水层的少量空气和夹带进了近表层水层的气泡组成，白帽反射由表层和近表层两个影响分量组成。研究表明，白帽反射在可见光波段较大，随波长的增加而减小；在红外波段大大减小。在海洋水色遥感中，需要考虑并降低白帽反射的影响。

2.3.2 红外辐射与海水的相互作用

在红外遥感中，探测目标的原理是利用目标物自身发射的红外波段电磁波进行探测，即

波源不再是类似可见光的太阳，而是目标物本身，探测的机理不再是目标物的反射特性，而是目标物的发射特性。因此，那些不是目标物自身发射的红外辐射会直接进入卫星传感器，或者经地表反射后进入卫星传感器，这些红外辐射均不是红外遥感的有用信号，而属于噪声信号的范畴。在红外波段，地物的发射率与反射率有直接的关系，即 $e(\lambda)=1-\rho(\lambda)$，典型的海水反射率的 $\rho\approx 0.01\sim 0.02$，故发射率接近于 1，一般取 0.98～0.99。

另外，需要注意的是，红外遥感海洋表面的发射辐射并不是来自海洋表面，也不是来自整个海洋水体，而是来自海洋表面下一定深度内的海水，研究表明，95%的热辐射能量来自 30 μm 深度的海水内。

2.3.2.1　海洋表面自身的红外辐射

红外遥感中利用的是地物的红外辐射发射特性，由于热红外波段具有一定的宽度，因此利用普朗克黑体辐射定律可以计算温度为 T 的海洋表面在波长 $\lambda_1\sim\lambda_2$ 范围内的辐射，计算公式为

$$E_1 = e\int_{\lambda_1}^{\lambda_2} \frac{c_1}{\lambda^5\left[\exp\left(\frac{c_2}{\lambda T}\right)-1\right]}\mathrm{d}\lambda \tag{2.3.17}$$

即某波段的辐射出射度是等效黑体的光谱辐射通量密度在该波段的积分值与海洋表面发射率的乘积。

式中，E_1 为海洋的自身热辐射；T 为海洋表面的热力学温度；e 为海洋表面的发射率，与波长、水温、光线入射角、传感器观测角和海水折射率有关；c_1 为第一辐射常数；c_2 为第二辐射常数。

用于红外遥感海洋表面温度的波长通常为 3～13 μm。考虑大气的影响，可选择的大气窗口为 3～4 μm、8～9 μm，10～12 μm，被称为 4μm、8 μm、11 μm 大气窗口，因为 8 μm 大气窗口对水汽改变非常敏感，实践中不用于海洋表面温度的反演。

由式（2.3.17）可以看出，海洋表面的发射率对于海洋表面温度遥感非常重要。

平静无风的海洋表面可以看成镜面，光辐射的折射率可假设为遵循折射定律，假设海洋表面的反射率为 ρ，则发射率 e 的计算公式为

$$e = 1-\rho \tag{2.3.18}$$

实际上，海洋表面经常有风浪，因此海洋表面不能简单地看成纯镜面，应该是具有一定粗糙度的表面。实际的粗糙海洋表面可以认为由许多可以看成是镜面的小波面构成的，而这种小波面的斜率分布服从某种统计分布，先利用统计积分的方法进行计算，获得统计后的平均海洋表面反射率，再进一步计算发射率。Petty（1994）得出的计算公式为

$$e' = 1-\rho' \tag{2.3.19}$$

式中，e' 为粗糙海洋表面的发射率；ρ' 为粗糙海洋表面的反射率。

2.3.2.2　海洋表面反射的红外辐射

海洋表面反射的红外辐射包括两个部分：第一部分，来自太阳辐射的直接反射和对天空辐射的反射；第二部分，在热红外波段，可以忽略泡沫反射和离水辐射，所以只需要考虑入射的太阳辐射在海洋表面的菲涅耳反射即可。

太阳的红外辐射在海洋表面发生菲涅耳反射后，进入卫星传感器。首先，可根据太阳辐射函数计算出给定红外波段的红外辐射强度，其次，计算菲涅耳反射的空间分布。研究表明，对于 4 μm 大气窗口波段而言，太阳辐射影响的范围为 4%～12%；对于 11 μm 大气窗口波段而言，太阳辐射影响的范围为 0.002%～0.0004%。意味着 4 μm 大气窗口波段对太阳辐射的反射敏感，只适用于夜间海洋表面的温度反演，11 μm 大气窗口波段适用于昼夜海洋表面的温度反演。

另外，大气中的气体分子和粒子等都会吸收太阳辐射，成为新的辐射源，称为天空辐射，天空辐射的红外能量下行辐射到海洋表面发生反射后进入卫星传感器，形成噪声信号。海洋表面反射的天空辐射 E_2 的表达式为

$$E_2 = \rho' E(\text{sky}) \tag{2.3.20}$$

式中，ρ' 为粗糙海洋表面的反射率；$E(\text{sky})$为由普朗克黑体辐射定律计算出的天空辐射。

2.3.3 微波辐射与海水的相互作用

微波遥感指利用范围在 1 mm～1 m 波长的微波波段（300 MHz～300 GHz）的电磁波来探测地球大气、陆地及海洋的遥感方式。地物的微波反射、发射特性与可见光、红外波段具有不同的特点，在可见光、红外波段，目前仅有被动遥感方式；在微波波段，有主动、被动两种遥感方式，分别利用了地物发射和散射微波波段电磁波的特性。

2.3.3.1 海洋表面自身的微波辐射

任何物体当温度超过绝对零度时，就会发射电磁波，其中也包括微波波段的电磁波。海洋也不例外，以此作为被动微波遥感的依据。

与光学遥感相比，微波遥感有着独特的优势和特点：①具有全天时、全天候的探测能力。微波遥感不依赖太阳光，因而可以全天时、全天候工作，微波的大气衰减小，可在任何天气条件下工作；②微波遥感具有很强的穿透能力，不仅能穿透云雾，而且能穿透一定厚度的植被、土壤、冰雪等，提供地表以下一定深度的信息；③微波遥感可获得多波段、多极化、多角度的散射特征，为地物信息探测提供更多的方法；④微波遥感对地表粗糙度、地物几何形状、介电性质（土壤水分等）敏感。因此，微波遥感具有广泛的应用前景，可用于探测地质构造、海洋内波、海冰、土壤水分、洪涝灾害，以及在军事方面的应用。

但是被动微波遥感依赖于地物自发的微波辐射，微波辐射的能量比热红外波段要小很多，因此对传感器的探测能力与精度要求更高，同时探测的空间分辨率能力也相对较低。

1. 瑞利-金斯（Rayleigh-Jeans）公式

最初，许多物理学家都试图从理论上推导出黑体单色辐射的理论公式，1896 年，德国物理学家 Wien 参照麦克斯韦速率分布推导出 Wien 公式，该公式在短波段与实验结果相符，而在长波段与实验结果相差较大；Lord Rayleigh（1900 年）和 Sir James Jeans（1905 年），根据电磁场理论和统计物理中的能量按自由度均分原理，提出了瑞利-金斯（Rayleigh-Jeans）公式。该公式在长波段与实验结果相符，但当波长变短，并趋于紫外区时，则与实验结果不符，被称为“紫外灾难”（Ultraviolet Catastrophe）。Wien 公式和 Rayleigh-Jeans 公式都是用经典物

理学的方法来研究热辐射所得的结果的，分别都有与实验结果不符的情况，暴露了经典物理学的缺陷。1900年，德国物理学家Max Planck，从热力学的角度，将Wien公式和Rayleigh-Jeans公式综合起来，提出了一个与实验结果完全相符的公式，即普朗克黑体辐射定律。

用波长表示的普朗克黑体辐射定律的公式为

$$M_b(\lambda,T)=\frac{2\pi hc^2}{\lambda^5\left(e^{\frac{hc}{\lambda kT}}-1\right)} \tag{2.3.21}$$

式中参数见公式（2.1.29）。

当辐射波长很长（或温度很高时），即低频时，$\frac{hc}{\lambda KT}\ll 1$，可得到

$$e^{\frac{hc}{\lambda kT}}\ll 1 \tag{2.3.22}$$

将式（2.3.22）按级数展开：

$$e^{\frac{hc}{\lambda kT}}\approx 1+\frac{hc}{\lambda kT} \tag{2.3.23}$$

代入式（2.3.21）得

$$M_b(\lambda,T)=\frac{2\pi c}{\lambda^4}kT \tag{2.3.24}$$

式（2.3.24）即为瑞利-金斯公式，表明在长波段时，黑体辐射与绝对温度的1次方成正比，与波长的4次方成反比。

理论上，黑体从短波到长波的辐射都可以用普朗克黑体辐射定律计算，但是微波波段的辐射，则要遵循瑞利-金斯公式，使计算更为简单，故瑞利-金斯公式成为用于计算微波波段黑体辐射的定律。

2. 海洋表面的微波辐射特性

理论上，微波波段的辐射遵循瑞利-金斯公式，假设海洋是理想的黑体，其微波波段的辐射只取决于温度与波长，而与发射角、内部特征无关。然而海洋并不是黑体，也不是朗伯辐射源，因此，其微波波段的辐射不仅依赖于海洋表面的发射率、温度，还与波长（或频率）、偏振特性、水体介电常数、观测几何角度，以及海洋表面粗糙度等物理特性有关。也正因如此，海洋表面发射的微波辐射经探测才能够成为海洋被动微波遥感的手段。

在微波波段，海洋表面的发射率（水平极化时，一般低于0.5）相比于热红外波段（发射率接近于1，一般取0.98～0.99）的发射率低很多。

海洋表面的微波发射率取决于海洋表面的粗糙度。因此考虑平静海洋表面的微波发射率，满足局部热动力平衡条件下，海洋表面的发射率与菲涅耳反射率的关系为

$$e_i(f,\theta)=1-\rho_i(f,\theta) \tag{2.3.25}$$

式中，i=H或V，代表极化方式；f为频率；θ为观测角度。

根据菲涅耳方程，平静海洋表面的微波发射率为

$$e_H(f,\theta)=1-\left|\frac{\cos\theta-\sqrt{\varepsilon_r}\cos\theta''}{\cos\theta+\sqrt{\varepsilon_r}\cos\theta''}\right|^2 \tag{2.3.26}$$

$$e_V(f,\theta)=1-\left|\frac{\cos\theta''-\sqrt{\varepsilon_r}\cos\theta}{\cos\theta''+\sqrt{\varepsilon_r}\cos\theta}\right|^2 \tag{2.3.27}$$

式中，ε_r 为海水的相对介电常数；θ'' 为海洋表面的折射角。海洋表面微波发射率模型中，海水的相对介电常数是关键参数之一。

另外，可以看出海洋表面的微波发射率也取决于极化方式和入射角（观测角），图 2.3.7 所示为平静海洋表面的发射率与入射角的关系。平静海洋表面的发射率在水平极化方式下，随着入射角的增大而降低；在垂直极化方式下，随着入射角的增大而增大。在两种极化方式下，平静海洋表面的发射率均受频率影响。

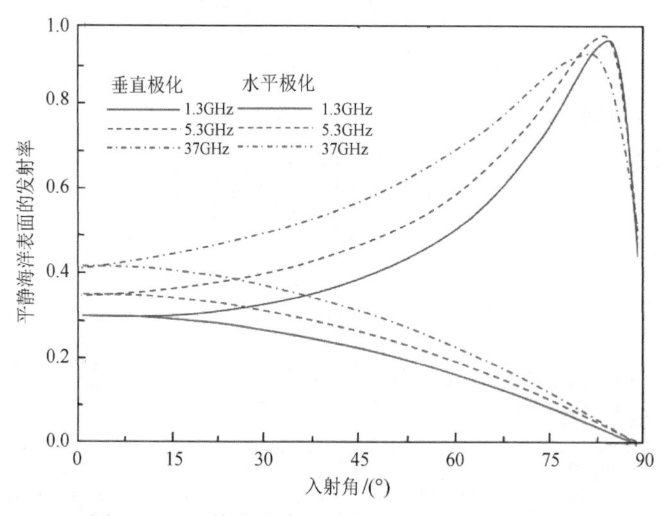

图 2.3.7　平静海洋表面的发射率与入射角的关系

进一步考虑实际粗糙海洋表面的微波发射率。粗糙度不但影响了微波辐射强度，还会影响极化状态。海洋表面的毛细波会导致辐射发生衍射，海洋表面的泡沫（Foam）会增加水平极化和垂直极化发射率。海风改变海洋表面粗糙度的同时产生了泡沫，当风速较低时，海洋表面粗糙度对发射亮温的影响是主要的，而泡沫的影响是次要的；当风速达到 7 m/s 时，估计泡沫的面积覆盖了海洋表面面积的 1%，对发射亮温的贡献约为 2 K；然而当风速继续加大时，海洋表面粗糙度的影响趋于饱和，在饱和风速以上，泡沫对发射亮温的贡献是主要的。这些效应与风之间的关系在估算海洋表面微波发射率时都需要考虑。

目前，粗糙海洋表面的微波发射率计算模型主要可分为两类：一类是通过计算粗糙海洋表面对入射波的散射，从而求解粗糙海洋表面的反射系数，进而根据能量守恒和灰体辐射的基尔霍夫定律，获得粗糙海洋表面的微波发射率，这一类模型称为“间接模型”，如光学类模型、传统的微扰法（Small Perturbation Method，SPM）和双尺度模型；另一类则是直接求解电磁波坡印廷矢量（Poynting Vector）在粗糙海洋表面的通量，这一类模型称为“直接模型”，如直接计算海洋表面辐射率的小斜率近似模型。

海洋表面的微波发射率也受海洋表面温度和盐度的影响。Wentz 和 Messner（1999）更新的 Klein-Swift 公式（Klein 和 Swift，1977）描述了特定海洋表面发射率与海洋表面温度 T_S 和盐度 S_S 的依赖特性。卫星亮温 T_B 对于 T_S 和 S_S 的变化敏感度，可以通过对 T_B 求偏导数获得，图 2.3.8 所示为对于 θ=53°的特殊表面 T_B 关于 T_S 和 S_S 的偏导数，分别显示了当 θ=53°时，频率对偏导数垂直极化和水平极化成分的依赖特性。

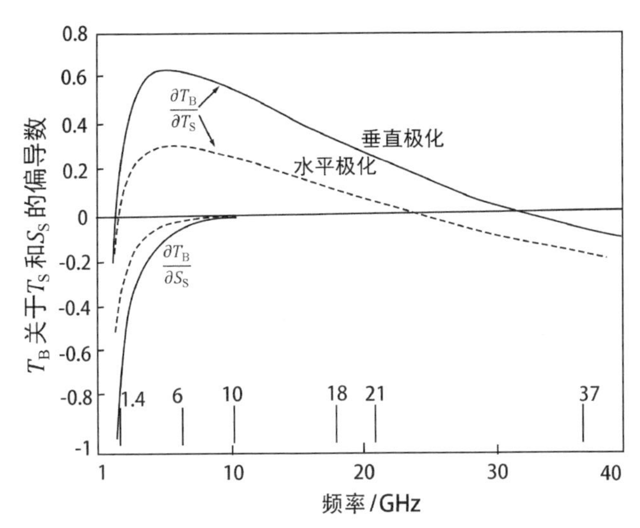

图 2.3.8　对于 θ=53°的特殊表面 T_B 关于 T_S 和 S_S 的偏导数

（引自 Seelye Martin，2008）

对于 T_S，$\frac{\partial T_B}{\partial T_S}$ 的垂直极化在频率为 5.6GHz 处存在 1 个峰值，在频率为 1.25 GHz 和 32.2 GHz 时为 0，$\frac{\partial T_B}{\partial T_S}$ 的水平极化普遍小于垂直极化。可以看出，在常用的海洋微波遥感频点（1.4、6、10、18、21、37 GHz）中，10 GHz 和 6 GHz 均能提供 1 个满意的 T_S 估计，但最佳反演 T_S 是垂直极化下频率为 6 GHz 的点处。

对于 S_S，$\frac{\partial T_B}{\partial S_S}$ 的垂直极化与水平极化趋势接近，且水平极化敏感度普遍略小于垂直极化。当频率从 1GHz 提高到 5GHz 时，$\frac{\partial T_B}{\partial S_S}$ 快速下降，表明较低的频率更适合海洋表面的盐度反演。

目前，常用海洋表面盐度反演的最低频率为 1.41 GHz。因为观测频率太低，给天线直径带来了较大的挑战。传感器为了达到 50 km 或更高的空间分辨率，天线直径需要大于 4 m。

2.3.3.2　海洋表面的微波散射特性

海洋表面的微波散射特性决定了主动微波遥感的方式。当微波波束入射到海洋表面时，入射的电磁波能量会向空间各个方向散射。散射有两种基本形式：一种是由分布式介质表面产生的散射，称为表面散射，它的主要影响因素为表面介质的介电常数和粗糙度；另一种是由体目标产生的散射，称为体散射，体散射通常是在介质不均匀或不同介质混合的情况下产生的，例如，降雨疏松的土壤和植被区。

对于主动微波遥感，发射微波的波源与接收散射的传感器通常在一个卫星平台上，因此，返回波源方向的散射能量被称为后向散射。对于一般的地表，后向散射可以表达为上述面元模型（表面散射）和点散射体模型（体散射）的综合效应。

1. 微波后向散射的影响因素

在微波遥感中，微波后向散射强度取决于很多因素，包括主动微波参数（频率、极化方式、入射角）、物理因素（目标表面的介电常数）、几何因素（目标表面的粗糙度、斜率）、地表覆盖类型（土壤、植被、水体、人造物体等）。具体分析如下。

1）微波频率的影响

微波后向散射强度随表面粗糙度的增加而增加。然而，“粗糙”是一个相对量，表面粗糙与否取决于测量仪器的尺度。如果用一把米尺（Meter-rule）来测量凹凸尺度为 1 cm 级或更小的表面，会被视为光滑表面。相反，如果将一个凹凸尺度为零点几毫米的表面放在显微镜下观察，会被视为很粗糙。因此，对于主动微波遥感，如合成孔径雷达，表面粗糙度的参考尺度是微波的波长。如果表面凹凸尺度小于雷达脉冲波长，则表面是光滑的，相反，对波长较短的雷达脉冲来说，表面是相对粗糙的。

2）微波的极化方式

主动微波遥感发射的电磁波可以有多种极化模式选择。另外，电磁波与地面物质相互作用后，电磁波的极化状态可能改变。因此，后向散射微波能量中通常含有混合着两种极化的状态。

合成孔径雷达传感器可能被设计成用来探测后向散射辐射的水平或垂直极化分量。因此，1 个合成孔径雷达系统可能有 4 种极化组合：“水平水平”“垂直垂直”“水平垂直”和“垂直水平”，这取决于发送和接收的微波信号的偏振状态。例如，ERS 合成孔径雷达卫星发送垂直极化波束，但只接收垂直极化微波脉冲，所以它是一个“垂直垂直”极化合成孔径雷达。而 Radarsat 搭载的合成孔径雷达系统是“水平水平”极化合成孔径雷达。

由同向极化到异向极化的转换过程称为去极化。极化方式是否改变由被照射目标的物理和电特性决定。不同极化方式会造成地面物质对电磁波的不同响应，使雷达回波强度不同，并影响不同方位信息的表现能力。利用不同极化方式图像的差异，可以更好地观测和确定目标的特性和结构，提高图像的识别能力和精度。例如，用“水平水平”极化图像比用“垂直垂直”极化图像更容易区分海冰和海水，因为海冰在两种极化图像上都比较亮，而海水在“水平水平”极化图像上比较暗。

3）入射角

雷达波的入射角（Incident Angle）是指入射雷达波束与地表法线之间的夹角。微波与地表之间的相互作用依赖于入射到地表的雷达波束的入射角。ERS 合成孔径雷达卫星视场中心的入射角为 23°，其为固定角度，不同入射角下，即使为同一地物，不同极化方式的后向散射系数值的变化也会较大。因此采取不同入射角，可以获得地物的更多信息。Radarsat 是第一个装载有多波束扫描模式的星载合成孔径雷达，这种多波束扫描模式可在不同入射角和不同分辨率条件下获取地面的微波图像。

4）地表粗糙度

表面粗糙与否是根据表面起伏高度 h 与入射电磁波波长的关系确定的。Peake 和 Oliver 于 1971 年对瑞利判别准则进行了修改，得出了如下标准：

$$h \leqslant \frac{\lambda}{25\cos\theta} \qquad \text{表面光滑；}$$

$$\frac{\lambda}{25\cos\theta} < h < \frac{\lambda}{4.4\cos\theta}$$　中等粗糙；

$$h > \frac{\lambda}{4.4\cos\theta}$$　表面粗糙。

式中，θ为入射角；λ为入射波长；h 为粗糙面起伏高度。

对入射雷达脉冲来说，光滑的表面就像一面镜子，绝大部分的入射雷达波能通过镜面反射出去，但接收的回波很少，如平静的海洋表面在合成孔径雷达图像上显示为暗色调。粗糙表面会把入射雷达波按照漫反射的形式散射到半球空间的各个方向上去，其中的一部分入射雷达波能通过后向散射回到传感器接收端，后向散射能量的数量与地面目标的特性有关，如粗糙海洋表面可能表现为亮色调。

5）地表介电常数

雷达的散射截面除与目标的大小、形状、入射波的波长、入射角等有关外，还与目标的电磁特性有关，电磁特性的核心是目标的相对介电常数随频率的变化而显现出完全不同的特性，在低频区，影响目标雷达散射截面大小的主要因素是目标的电磁特性和入射波的波长，而在高频区，雷达散射截面可理解为其表面各部分散射的叠加，因此受其表面形状及细节影响较大。

介电常数是度量电介质在入射辐射场的激励下响应极化能力的物理量，一方面，它反映了介质由自身性质与周围环境（电磁场）所决定的电特性。地表物质的含水量与其复介电常数直接相关，含水量越大，介电常数也越大。

6）镜面和角反射效应

海洋的后向散射可分为两类：一类是来自开阔海洋的后向散射；另一类是来自海冰、船、石油平台和冰山等目标物的后向散射。开阔海洋的后向散射依赖于海洋表面粗糙度，海洋表面粗糙度又往往依赖于海洋表面风速，后向散射可以用来探测海洋表面风速。与开阔海洋表面不同，海冰、船和石油平台等目标物对入射的电磁波具有反射作用，当入射的电磁波垂直于目标物的表面时，反射类似镜面反射，回波信号能量比较强。当目标物与海洋表面垂直时，入射电磁波的能量首先经过海洋表面反射，然后与目标物发生角反射，使目标物的天线再次接收到比较强的回波信号，该现象称为角反射效应。

2. 两种类型的海洋表面后向散射

入射电磁波的海洋表面反射和后向散射依赖于海浪相对于入射电磁波的波长分布。一般来讲，短波长的海洋表面波浪散射入射电磁波的能量；满足条件的较长波长的海洋表面波浪反射入射电磁波的能量。

把海洋表面的后向散射分为 4 种粗糙度类型进行讨论（图 2.3.9 所示为海洋表面镜面反射与无规则反射）。

（1）无风的平静海洋表面，垂直或较小的入射角（小于 15°）入射电磁波将产生镜面反射。镜面反射的特性由菲涅耳系数确定，所有的入射波都返回雷达天线（图 2.3.9（a）所示为垂直入射，表面光滑的情况）。

（2）随着风速和海洋表面粗糙度的增加，垂直或较小的入射角（小于 15°）入射电磁波的镜面反射减少而后向散射增加（图 2.3.9（b）所示为垂直入射，表面粗糙的情况）。

（3）无风的平静海洋表面，较大的入射角（大于 15°）入射的电磁波发生镜面反射而没有任何后向散射回波信号（图 2.3.9（c）所示为斜入射，表面光滑的情况）。

（4）随着风速和海洋表面粗糙度的增加，较大的入射角（大于 15°）入射时，在入射电磁波方向发生后向散射（图 2.3.9（d）所示为斜入射，表面粗糙的情况）。

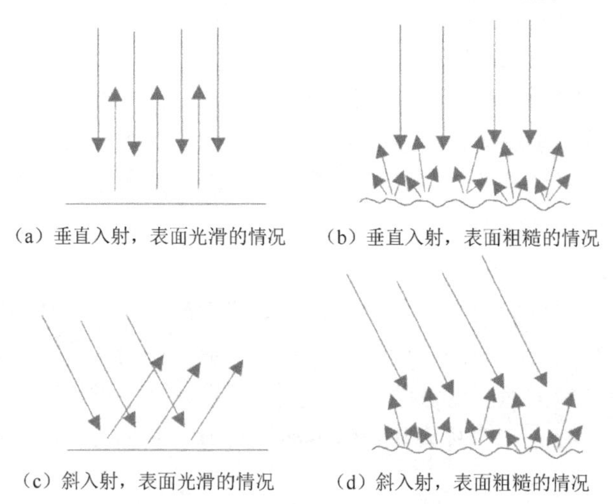

图 2.3.9　海洋表面镜面反射与无规则反射

早期的雷达实验观测到，即使在较大的入射角（达到 70°）情况下缺少镜面反射体，也仍然能够观测到比较强的海洋后向散射信号，经研究归因于布拉格散射的贡献。William Bragg 最早观测到规则晶体结构的后向散射。William Bragg 发现，对于特定的入射角、波长，当晶体点阵间距等于入射波长在点阵上投影的一半时，后向散射都表现出较强的共振特性。海洋遥感中也将这种较大入射角条件下的后向散射称为布拉格散射。对于海洋来说，如果其表面的波浪谱包括与入射电磁波有特定关系的波长成分时，将发生布拉格共振散射。

图 2.3.10 所示为海洋表面的布拉格散射示意图，发生布拉格散射需要满足下列公式：

$$2\lambda_{\mathrm{w}}\sin\theta = n\lambda \tag{2.3.28}$$

式中，λ_{w} 为海洋表面的海浪波长，也称为布拉格波长；λ 为入射电磁波的波长；n 为整数；θ 为入射角。当入射角 $\theta>15°$并满足式（2.3.28）时，从两个相邻海洋表面波波峰反射到天线的能量具有相同的相位，因此，海洋表面的后向散射能量能够相互叠加而得到较强的回波信号。

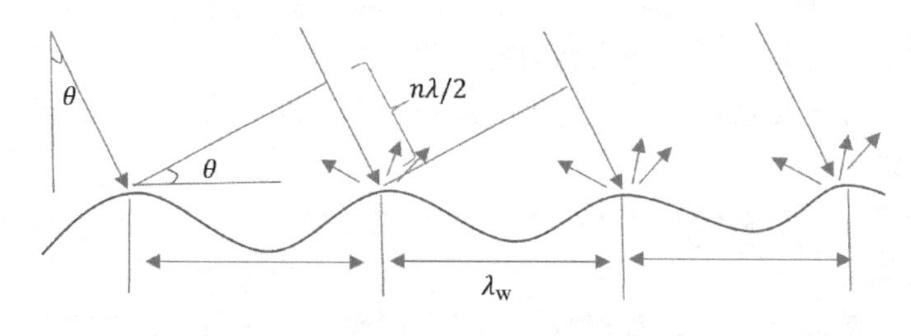

图 2.3.10　海洋表面的布拉格散射示意图

对真实的海洋表面而言，海洋表面的波浪通常是大的波浪上面覆盖着小的风浪和毛细波，即由大尺度重力波和小尺度短重力波或张力波组成，因而可以将海洋表面简化为两种尺度粗糙度模型的组合，即大尺度粗糙度模型和小尺度粗糙度模型，并且小尺度粗糙度模型的斜率与大尺度粗糙度模型的斜率分布一致。

一般而言，海洋表面的后向散射可描述成组合表面模型，即镜面散射和布拉格共振散射模型的叠加，接近垂直入射时，镜面散射模型起主导作用，大角度入射时，布拉格共振散射模型起主导作用。

习题

1. 解释麦克斯韦方程组各方程的物理含义。
2. 论述辐亮度与辐照度的区别与联系。
3. 论述普朗克黑体辐射定律与斯特藩-玻耳兹曼定律的区别与联系。
4. 列举遥感中常用的大气窗口。
5. 试分析二类水体大气校正的难点并列举其常用方法。
6. 论述大气对热红外辐射的影响及常用校正方法。
7. 论述大气对微波辐射的影响并列举微波遥感数据的大气校正方法。
8. 请解释入射辐射在水-气界面上的折射聚焦和散焦现象。
9. 论述离水辐亮度与遥感反射比的区别与联系。
10. 论述微波后向散射的影响因素。
11. 解释布拉格散射，并分析其在海洋遥感中的意义。
12. 与光学遥感相比，微波遥感有哪些独特的优势和特点？
13. 论述海洋表面微波辐射的发射和散射特性及在海洋微波遥感中的意义。

参考文献

[1] 白玄．十九世纪最深刻数学物理学家—麦可斯韦 [M]．北京：中央文献出版社，2000．

[2] 陈俊华．关于麦克斯韦方程组的讨论 [J]．物理与工程，2002，12（4）：18-20．

[3] 杜延磊，马文韬，杨晓峰，等．无云情况下 L 波段微波辐射计快速大气校正方法 [J]．物理学报，2015，64（7）：1-8．

[4] 冯士筰，李凤岐，李少菁．海洋科学导论 [M]．北京：高等教育出版社，1999．

[5] 郭华东，董庆．合成空径雷达海洋遥感：原理与应用 [M]．北京：科学出版社，2005．

[6] 李四海．海洋水色遥感原理与应用 国际海洋水色协调工作组（IOCCG）报告 [M]．北京：海洋出版社，2002．

[7] 李铜基．中国近海海洋：海洋光学特性与遥感 [M]．北京：海洋出版社，2012．

[8] 李召良，唐伯惠，唐荣林，等．地表温度热红外遥感反演理论与方法 [J]．科学观察，2017，12（6）：57-69．

[9] 林敏基．海洋与海岸带遥感应用 [M]．北京：海洋出版社，1991．

[10] 刘良明．卫星海洋遥感导论 [M]．武汉：武汉大学出版社，2005．

[11] 刘玉光．卫星海洋学 [M]．北京：高等教育出版社，2009.
[12] 王松皋，胡筱欣，王维和，等．遥感的物理学和技术概论 [M]．北京：气象出版社，1995.
[13] 吴骅，李秀娟，李召良，等．高光谱热红外遥感：现状与展望 [J]．遥感学报，2021，25（8）：1567-1590.
[14] 肖志俊．对麦克斯韦方程组的探讨 [J]．通信技术，2008，41（9）：81-93.
[15] 赵英时．遥感应用分析原理与方法 [M]．北京：科学出版社，2003.
[16] He X, Bai Y, D Pan, et al. Atmospheric correction of satellite ocean color imagery using the ultraviolet wavelength for highly turbid waters [J]. Optics Express, 2012, 20(18): 20754-20770.
[17] T Lillesand, RW Kiefer, J Chipman. Remote Sensing and Image Interpretation, 6th Edition [J]. John Wiley & Sons, 2004.
[18] Mao Z, Chen J, Hao Z, et al. A new approach to estimate the aerosol scattering ratios for the atmospheric correction of satellite remote sensing data in coastal regions [J]. Remote Sensing OF Environment, 2013, 132: 186-194.
[19] 马丁．海洋遥感导论 [M]．北京：海洋出版社，2008.
[20] Shen S, Narayanaswamy A, Chen G. Surface phonon polaritons mediated energy transfer between nanoscale gaps [J]. Nano Letters, 2009, 9(8): 2909-2913.

第3章

海洋遥感平台和传感器

海洋遥感平台是搭载传感器的工具。根据运载工具的类型，可分为航天平台、航空平台和地面平台。航天平台的高度在 150 km 以上，静止卫星位于赤道上空 36000 km 的高度上；Landsat、SPOT、MOS 等地球观测卫星距离地面高度在 700～900 km 范围内；航天飞机的高度在 300 km 左右。航空平台包括低、中、高空飞机，以及飞艇、气球等，高度在 100m～10km 范围内。地面平台包括车、船、塔等，高度均在 0～50 m 范围内。

在海洋遥感平台中，航天遥感平台目前发展最快，应用最广。根据航天遥感平台的观测对象和服务领域，可以将其分为气象卫星系列、陆地卫星系列和海洋卫星系列等遥感平台。本章重点介绍海洋卫星系列遥感平台和传感器的相关知识。

§3.1 卫星轨道

卫星飞行的水平速度称为第一宇宙速度，即环绕速度。卫星只要获得第一宇宙速度后，不需要再加动力就可以环绕地球飞行，这时卫星的飞行轨迹称为卫星轨道。

人造地球卫星轨道按离地面的高度，可分为低轨道（飞行高度小于 1000 km）、中轨道（飞行高度范围在 1000～20000 km）和高轨道（飞行高度大于 20000 km）；按形状可分为圆轨道和椭圆轨道；按飞行方向可分为顺行轨道（与地球自转方向相同）、逆行轨道（与地球自转方向相反）、赤道轨道（在赤道上空绕地球飞行）和极地轨道（经过地球南北极上空）。除此之外，地球观测卫星还有几种特殊轨道，如太阳同步轨道、地球同步轨道，另外还有因特殊需求而采用的低倾角轨道和高度计卫星轨道。如果地球同步轨道卫星正好在地球赤道上空离地面 36000 km 的轨道上绕地球运行，由于它绕地球运行的角速度与地球自转的角速度相同，因此从地面看上去它好像是静止的，这种卫星轨道称为地球静止卫星轨道（简称地球静止轨道）。地球静止卫星轨道是地球同步轨道的特例，只有 1 条。

卫星轨道的选择取决于卫星的应用。用于广播电视的卫星，如卫星电视和许多通信卫星，通常使用地球静止卫星轨道；其他，如用于卫星电话的卫星系统，可能使用低轨道；用于导航的卫星系统，如全球定位系统（Global Positioning System，GPS）卫星，则使用高轨道中相对较低的地球轨道（高度约为 20200 km）。

地球观测卫星根据其任务和应用要求来选择不同的轨道类型。例如，对地面摄影的地球资源卫星、照相侦察卫星，常采用圆形低轨道；若为了尽量扩大空间环境探测的范围，卫星可采用扁长的椭圆形轨道；为了节省发射卫星的能量，卫星常采用赤道轨道和顺行轨道；对固定地区进行长期连续观测的气象卫星，常采用地球静止卫星轨道；需对全球进行反复观测的卫星可采用极地轨道；要使卫星始终在同一时刻飞过地球某地上空，也就是说要使卫星始终在相同的光照条件下经过同一地区时，则需要采用太阳同步轨道。

人造地球卫星绕地球运行时，遵循开普勒行星运动三定律。

（1）卫星轨道为椭圆形，地球在椭圆的一个焦点上。其长轴的两个端点分别是卫星离地球最近和最远的点，分别称作远地点和近地点。

（2）人造地球卫星在椭圆轨道上绕地球运行时，其运行速度是变化的，在远地点时运行速度低，在近地点时运行速度高。运行速度的变化服从面积守恒规律，即卫星的向径（卫星至地球的连线），在相同的时间内扫过的面积相等。

（3）人造地球卫星在椭圆轨道上绕地球运行时，其运行周期取决于轨道的半长轴（与其半长轴的二分之三次方成正比）。不管轨道形状如何，只要其半长轴相同，它们就有相同的运行周期。人造地球卫星轨道的形状和大小由它的半长轴和半短轴的数值来决定。半长轴和半短轴的数值越大，轨道越高，半长轴和半短轴相差越多，轨道的椭圆形越扁长，半长轴和半短轴相等则为圆形轨道。

卫星环绕地球飞行，所受的天体引力主要是地球引力，受月球和太阳的引力较小，可以看作卫星是在地球引力场中运动的。卫星环绕地球的运动可以用 6 个参数来描述，其中 5 个参数描述轨道的大小、形状和在空间的方位，另外 1 个参数描述运行时间的起点。有了这 6 个参数，可以计算出卫星在任何时刻相对于地球的空间位置和速度。

通常遥感不是研究卫星在轨道上的位置的，而是研究卫星在地面的轨迹的。人造地球卫星在地面的投影点（或卫星和地心连线与地面的交点）称为星下点，用地理经、纬度表示。卫星运动和地球自转使星下点在地球表面移动，形成星下点轨迹。对于位于星下点的地面观察者来说，卫星就在天顶。卫星经过升交点时，星下点在赤道上。将星下点轨迹画在地图上便是星下点轨迹图。没有一种轨道类型可以覆盖所有的时间和空间，不存在完美的卫星轨道系统。因此，应该根据对地观测的目标和任务性质选取合适的卫星轨道。

3.1.1 地球同步轨道

地球同步轨道（Geosynchronous Orbit）是运行周期等于地球自转周期（23h56min4s）的顺行人造地球卫星轨道。不考虑轨道摄动时，在地球同步轨道上运行的卫星每天相同时刻经过地球上相同地点的上空，图 3.1.1 所示为地球同步轨道示意图。对地面观测者而言，每天在相同时刻，卫星出现在相同的方向上。

地球同步轨道位于大约 36000 km 的高度。轨道倾角 I 为地轴与轨道面法线方向之间的夹角，轨道倾角为 0 的圆形地球同步轨道，称为地球静止卫星轨道，它是地球同步轨道的 1 个特例，只有 1 条。地球静止卫星轨道位于赤道面上，卫星保持在 1 个固定的赤道上空的位置，因此可以连续观测同一区域。1928 年赫尔曼·波托西尼克首次提出了地球静止卫星轨道的理论，在地球静止卫星轨道上的卫星或人造卫星的星下点轨迹始终位于地球表面的同一位置，相对于地球表面是静止的，且覆盖面积大，1 颗卫星可覆盖约 40%的地球表面积，位于地球静止卫星轨道的卫星简称 GEO 卫星。

地球静止卫星轨道的轨道高，影像覆盖范围大，时间分辨率可实现亚小时级别，但同时存在空间分辨率低的问题，图 3.1.2 所示为地球静止卫星轨道示意图。目前，为使 GEO 卫星的可见光达到 1～3 m 的空间分辨率，欧美提出了多种技术途径，例如，欧洲通过大口径单体反射镜成像技术来提高地球静止卫星轨道卫星的空间分辨率；美国则提出了大口径单体反射镜成像、空间分块可展开成像、光学合成孔径成像、薄膜衍射成像、在轨装配成像等多种技术同步发展。另外，GEO 卫星还存在发射困难、技术复杂的问题。自 1963 年第一颗 GEO 卫星发射升空以来，地球静止卫星轨道上的卫星逐年增多，因为 GEO 卫星的定点精度为±0.1°，理论上地球静止卫星轨道最多能容纳 1800（360°/0.2°）颗卫星，因此地球静止卫星轨道的资源是极其有限的，着力保护宝贵而有限的地球静止卫星轨道资源，已成为国际社会的共识。

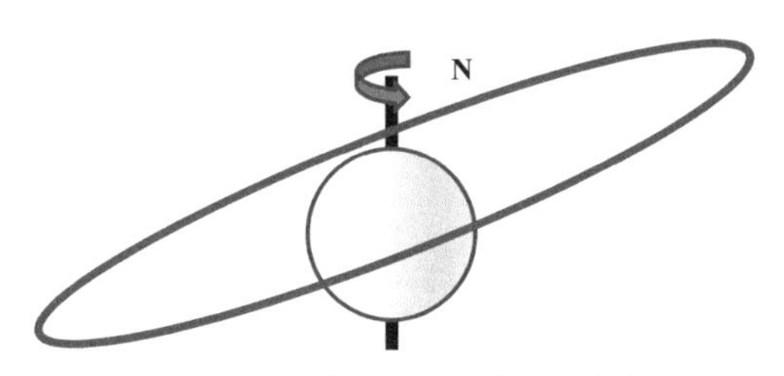

图 3.1.1　地球同步轨道示意图

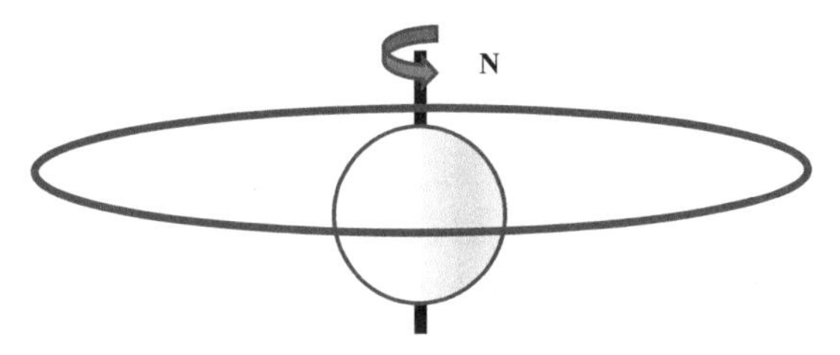

图 3.1.2　地球静止卫星轨道示意图

除地球静止卫星轨道外，还有轨道倾角不为 0 的地球同步轨道，即其相对赤道是倾斜的，此时卫星的平均位置是不变的，它的星下点轨迹为 1 个“8”字形，相比之下，地球静止卫星轨道的星下点轨迹为 1 个“点”。我国于 2010 年 8 月 1 日凌晨 5 时 30 分发射的北斗卫星导航系统第 5 颗卫星采用的就是地球同步轨道。

3.1.2　太阳同步轨道

太阳同步轨道（Sun-synchronous Orbit）：由于地球扁率（地球不是圆球形的，而是在赤道部分隆起的），卫星轨道平面绕地球自转轴旋转，图 3.1.3 所示为太阳同步轨道示意图。如果卫星轨道平面绕地球自转轴的旋转方向和角速度与地球绕太阳公转的方向和平均角速度相同，则这种卫星轨道称为太阳同步轨道，即卫星轨道平面和太阳照射地球光线的夹角始终保持不变，遥感卫星在地球同一纬度星下点成像时，太阳光的入射角在一年内的变化最小，即太阳光照条件基本不随时间变化。这对于遥感数据的实际应用是十分必要的。经过理论分析，太阳同步轨道卫星的轨道高度不会超过 6000 km。

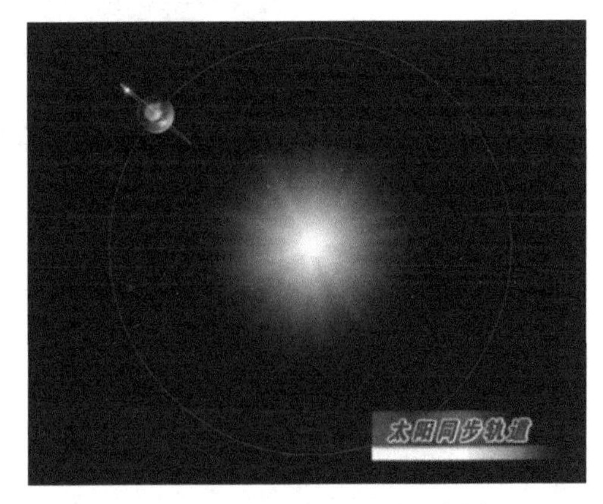

图 3.1.3　太阳同步轨道示意图

太阳同步轨道有一个重要的参数是降交点地方时，即卫星由北向南降轨飞行时，其星下点经过赤道的地方时刻。太阳同步轨道遥感卫星的降交点地方时是由遥感任务决定的。对于可见光成像遥感，卫星的降交点地方时一般选择在上午 10:30 左右。为了获得同一地区不同降交点地方时的地物信息，可以采用多颗遥感卫星组网的方法，每颗遥感卫星可选择不同的降交点地方时。由于太阳同步轨道的高度距离地球表面较近，可以获得很高的遥感图像的空间分辨率，有的光学遥感卫星获得的遥感图像的空间分辨率可以达到 0.1 m。太阳同步轨道遥感卫星可以实现全球范围的对地观测，但对同一地区的重访时间一般较长。我国的“资源”系列卫星、“遥感”系列卫星、“海洋”系列卫星、风云一号气象卫星、风云三号气象卫星、“高分一号”卫星、“高分二号”卫星和“高分三号”卫星等绝大多数都采用的是太阳同步轨道。

3.1.3 近赤道低倾角轨道

虽然太阳同步轨道允许卫星以恒定的光照条件和全球覆盖范围的对地进行观测，被证明是大多数遥感应用的良好候选轨道。但是近赤道低倾角轨道以长地面轨迹为特点，特别适合关注目标区域有水平矩形边界的情况。与太阳同步轨道相比，近赤道低倾角轨道可能会提高卫星成像对目标区域的每日可达性，或减少卫星的重访时间。

用于热带降雨测量任务（Tropical Rainfall Measuring Mission，TRMM）的近赤道低倾角轨道，图 3.1.4 所示为热带降雨测量任务的近赤道低倾角轨道的示意图，它是轨道高度为 350 km 的圆形轨道，倾角为 35°。近赤道低倾角轨道覆盖了全球大约一半的区域，运行周期是 1 个月，可 1 天 24 h 观测任何目标区域，其在热带的采样率大致是极地轨道的两倍。选用近赤道低倾角轨道的优点在于利用 TRMM 每个白天的观测来确定热带降雨量。

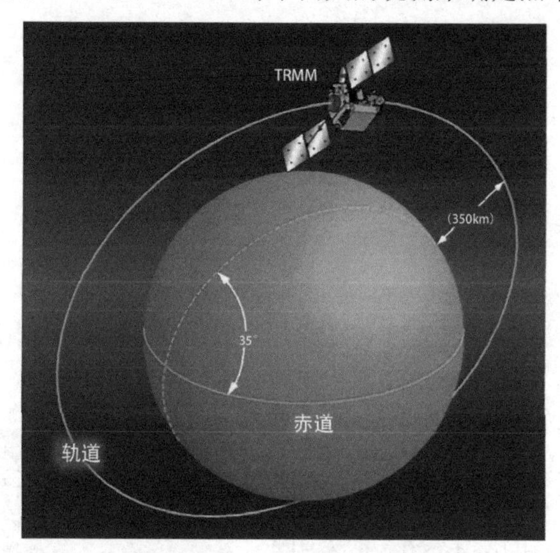

图 3.1.4　热带降雨测量任务的近赤道低倾角轨道的示意图

3.1.4 高度计卫星轨道

高度计卫星轨道主要用于海洋表面高度的相关观测。太阳同步轨道与全日潮和半日潮同时相，因此高度计卫星轨道普遍采用高度范围在 1200～1400 km，较高的非太阳同步轨道，使高度计卫星的轨道周期与潮汐不同时相，并且卫星受大气的阻力小。典型的高度计卫星有美国-法国的 TOPEX/POSEIDON 卫星和 JASON-1 卫星等，表 3.1.1 所示为部分高度计卫星的参数。

表 3.1.1 部分高度计卫星的参数

卫星名称	参数名称	技术参数
GEOS-3	轨道参数	近地点轨道高度为 840 km，远地点轨道高度为 860 km，轨道倾角为 115°，周期为 102 min
	仪器参数	雷达高度计：可测量卫星到星下点海洋表面的距离，测量精度为 60 cm，为海洋大地水准面的测量提供数据，定轨精度约为 5 m
SAESAT	轨道参数	轨道高度为 800 km，轨道倾角为 108°，周期为 101 min，每天绕地球运行 14 圈，每 36 h 对全球 95%的海洋区域覆盖观测
	仪器参数	雷达高度计：用于测量海洋流场、海洋表面风速和有效波高。工作频率为 13.56 GHz，地面分辨率为 1.6 km，定轨精度约为 1 m L 频段合成孔径雷达：采用“水平水平”极化，视角为 20°，分辨率为 25 m，刈幅为 100 km
Geosat	轨道参数	卫星分为“测地”和“精确重复轨道任务”两种，应用在不同的轨道高度，轨道倾角为 108.1°，周期为 100.6 min。精确重复轨道的周期为 17.05 d，用于海洋地形的测量
	仪器参数	单频雷达高度计：工作频率为 13.5 GHz，测高精度为 5 cm，定轨精度为 30～50 cm
TOPEX/POSEIDON	轨道参数	轨道高度为 1336 km，倾角为 66.039°，周期为 112.4 min，轨道精确重复周期为 10 d
	仪器参数	Ku 波段雷达高度计：由 JPL 研制，是第 1 个双频高度计，频率分别为 13.6 GHz 和 5.3 GHz，测高精度为 2.4 cm
SeaStar	轨道参数	太阳同步轨道，轨道高度为 705 km，轨道周期为 99 min，重访周期为 1 d
	仪器参数	海视宽视场传感器（SeaWiFS）：观测刈幅为 1502 km，空间分辨率为 1.1 km/4.5 km，8 个波段，能够观测海洋表面温度和叶绿素浓度等海洋水色要素
QuikSCAT	轨道参数	太阳同步轨道卫星，轨道高度为 803 km，倾角为 98.6°，重访周期为 1～2d
	仪器参数	工作频率为 13.4 GHz，空间分辨率为 25 km，入射角为 46°和 54°，使用圆锥扫描式笔形天线进行“水平水平”和“垂直垂直”极化方式测量
HY-2A	轨道参数	雷达高度计：工作频率为 13.58 GHz 和 5.25 GHz，空间分辨率为 2 km
	仪器参数	太阳同步轨道，轨道高度为 973 km，倾角为 99.34°
JASON-1	轨道参数	卫星高度为 1336km，倾角为 66.038°，轨道精确回归周期为 9.9 d
	仪器参数	Poseidon-2/3 雷达高度计：工作频率为 13.575 GHz 和 5.3 GHz，测高精度为 4.2 cm
ERS-1/2	轨道参数	太阳同步近圆形轨道，轨道高度为 785 km，周期为 100 min，轨道倾角为 98.52°
	仪器参数	雷达高度计-1：工作频率为 13.8 GHz，工作模式有海洋模式和冰模式
Envisat-1	轨道参数	太阳同步轨道，轨道高度为 800 km，轨道倾角为 98.5°
	仪器参数	雷达高度计-2：Ku 波段（13.575 GHz）和 S 波段（3.2 GHZ），用于确定海洋表面风速和提供海洋动力环境信息

在高度计卫星的地面轨迹模式中，轨迹倾角是 1 个重要概念，它代表地面轨迹与纬度的夹角。高度计卫星需要 1 个完全重复的轨迹，对应的卫星轨道被称为循环轨道或重复轨道，对应的周期被称为循环周期或重复周期。对于 ERS-1/2，重复周期 T=35 d，节点周期 t=100.5 min，在 1 个重复周期内卫星环绕地球的圈数 N=501。对于 Geosat 任务的第二阶段，重复周期 T=17.05 d，节点周期 t=100.6 min，N=244。

对于 TOPEX/POSEIDON 卫星，重复周期 T=9.9155 d（9 days，21 hours，58 minutes，31.3 seconds）≈10 d，节点周期 t=112.4 min，N=127。TOPEX/POSEIDON 卫星地面轨迹的图片大约每 10 天重复 1 次，地面轨迹可到达南北纬 66.04°。每 10 天，TOPEX/POSEIDON 卫星在海洋表面上测量多达 40 万的数据。

§3.2 卫星传感器分类

卫星遥感中需要使用不同类型的传感器，检测从地球表面反射/发射的能量，从而提供有关地球特征的信息。大多数传感器是用来测量光子的。它根据光电效应来测量辐射（一束光子）。当光敏材料受到一束光子的照射时，就会释放出电能，电能与入射的辐射量成正比，这种探测方式利用的是电磁波的粒子性。另外，对于微波波段，多数传感器需要利用微波天线接收电磁波来获取地球表面反射/发射的微波波段的能量，这种探测方式利用的是电磁波的波动性。

根据卫星传感器的工作方式和获取数据的特点，分为很多类型。图 3.2.1 所示为传感器的分类，根据传感器获取数据的运动方式的不同，又可以将其分为扫描方式传感器和非扫描方式传感器，根据传感器获取的数据是否为图像，可以进一步将其分为成像方式传感器和非成像方式传感器。

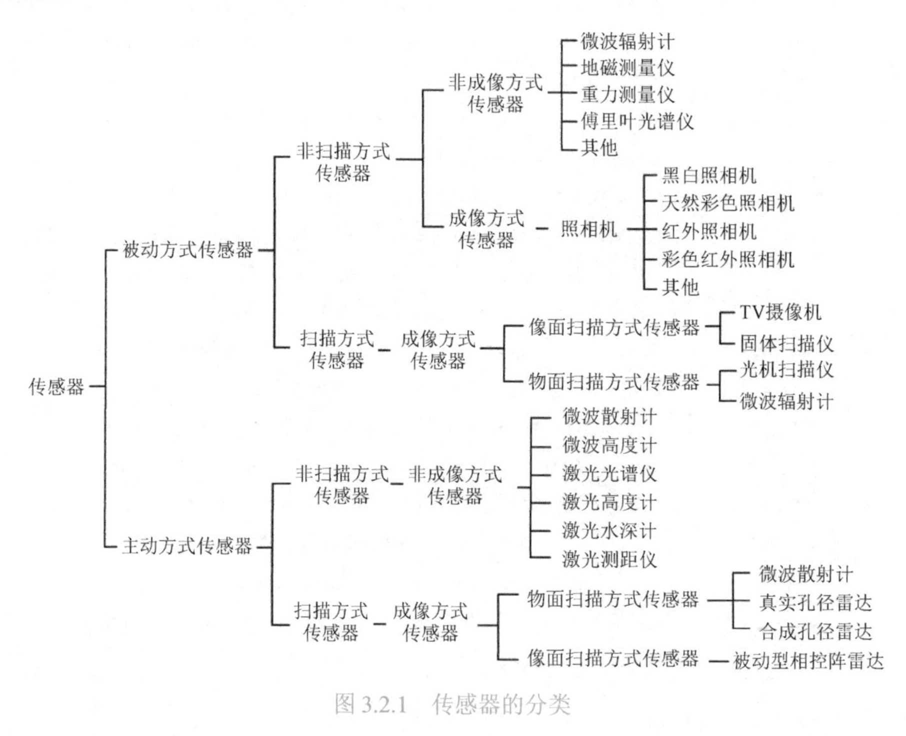

图 3.2.1 传感器的分类

3.2.1 主动与被动传感器

遥感包括主动和被动遥感两种方式，因此卫星遥感传感器也有两类，图 3.2.2 所示为主、被动传感器示意图。

主动传感器能够通过自己的能源来照亮他们观察到的物体。主动传感器首先向被测目标方向发射辐射，然后检测和测量从被测目标反射或背向散射的辐射。

被动传感器可以探测被观察物体或场景发射或反射的自然能量（辐射）。反射太阳光是被动传感器测量最常见的辐射源。

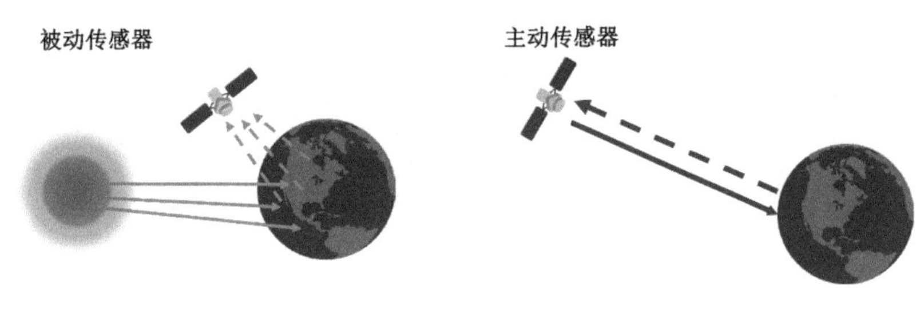

图 3.2.2　主、被动传感器示意图

3.2.1.1　主动传感器

主动传感器也称为有源传感器，通常在电磁波谱的微波部分工作，这使它们能够在大多数条件下穿透大气层。常见的主动传感器如下。

激光高度计——利用激光雷达测量平台（航天器或飞行器）表面高度的仪器。激光雷达测量平台相对于地球平均表面的高度被用来确定下垫面的地形。

激光雷达——一种光探测和测距传感器，它使用激光（受激辐射产生的光放大）雷达发射光脉冲和带有敏感探测器的接收器来测量背向散射或反射光。到目标物体的距离是通过记录发射光脉冲和接收后向散射脉冲之间的时间来确定的，并使用光速来计算移动的距离。

雷达——一种主动的无线电探测和测距传感器，它能够提供自己的电磁能量来源。无论是机载传感器，还是太空传感器，都是通过天线以一系列脉冲的形式发射微波辐射的。当电磁能量到达目标物体时，部分电磁能量会反射回传感器。这种反向散射微波辐射被探测、测量和计时。电磁能量移动到目标物体和返回传感器所需的时间决定了到目标物体的距离或范围。通过记录传感器经过时，从所有目标物体反射的电磁能量的范围和大小，可以生成目标物体表面的二维图像。

测距仪——测量仪器与目标物体之间距离的装置。一种技术是利用雷达高度计，其工作原理是确定发射脉冲（微波或光）从目标物体反射到测量仪器的时间。另一种技术是在两个平台上使用相同的微波仪器。信号从一个微波仪器发送到另一个微波仪器，两者之间的距离由接收信号相位和发送（参考）信号相位的差来确定。这些都是主动传感器的例子，主动传感器是从已知长度基线的任意一端查看目标物体的。视方向（视差）的变化与微波仪器和目标物体之间的绝对距离有关。

散射计——专为测量后向散射辐射而设计的高频微波雷达。在海洋表面，测量微波光谱区域的后向散射辐射可用于导出表面风速和方向图。

测深仪——测量降水和其他大气特征的仪器，如温度、湿度和云。

3.2.1.2　被动传感器

被动传感器也称为无源传感器，主要指不同类型的辐射计和光谱仪。用于遥感的被动传感器可工作在电磁波谱的可见光、红外、热红外和微波部分。具体包括如下。

高光谱辐射计——一种先进的多光谱传感器，可以探测电磁光谱的可见光、近红外和中红外部分的数百个非常狭窄的光谱波段。该传感器有非常高的光谱分辨率，有助于根据不同目标在每个狭窄光谱波段的光谱响应进行精细区分。

成像辐射计——具有扫描功能的辐射计，可提供二维像素阵列，并由此产生图像。扫描功能可以通过使用一组探测器，采用机械或电子的方式，运行并实现。

辐射计——定量测量光谱中某些波段电磁辐射强度的仪器。通常，辐射计可根据它所覆盖光谱的某些波段进一步确定此波段的电磁辐射强度，如可见光、红外或微波波段。

测深仪——通过多光谱信息测量大气参数，如温度、压力和大气成分。

分光计——用来探测、测量和分析入射电磁辐射的光谱含量的装置。传统的分光计使用光栅或棱镜来分散电磁辐射以进行光谱鉴别。

光谱辐射计——测量多波段（即多光谱）辐射强度的辐射计。许多时候，这些波段是高光谱分辨率的，专为遥感特定的地球物理参数而设计。

3.2.2 成像与非成像传感器

非成像传感器测量从被感知目标的所有点接收的辐射，将其积分并记录为一个单一的响应值，这样的数据不是图像，而被认为是一种“点”数据，因为对于单个观察点，只能获得单个响应值，如用来测量车辆速度的手持式多普勒雷达，是一种主动的非成像传感器，它虽然发射脉冲辐射（即提供能源），但是读数只是车辆的速度（没有图像）。

成像传感器能够测量目标上不同点的辐射，并对这些信息进行处理以获得图像。当需要关于目标的空间信息（以地图的形式）时，成像传感器是必要的。

成像传感器又可以分为以下几种类型。

（1）光学摄影成像传感器：画幅式（分幅式、框幅式）、缝隙式、全景式、多光谱、数码式成像传感器。

（2）光学扫描成像传感器：掸扫式（光机扫描、物面扫描）、推扫式（固体扫描、像面扫描）扫描传感器。

（3）微波扫描成像传感器：真实孔径雷达（RAR）、合成孔径雷达、微波散射计。

3.2.3 扫描与非扫描方式传感器

根据传感器系统工作时是否进行扫描操作，传感器可进一步分为扫描与非扫描方式传感器。

卫星一般利用多种扫描方式生成图像数据。通过带有狭窄瞬时视场角传感器的扫描，建立不同位置的一系列读数。传感器的扫描可以从机载或星载平台（飞机或卫星）进行，主要有三种扫描运动方式的传感器。

3.2.3.1 垂直轨道（掸扫式）扫描传感器

在垂直轨道（掸扫式）扫描传感器扫描方式下，扫描线垂直于传感器平台的运动方向（轨道方向）。传感器通过一个来回旋转镜面实现扫描操作，当它旋转时，将目标表面不同点的辐射聚焦到探测器上。传感器的组件主要包括：

（1）集光望远镜。

（2）光路内合适的光学元件（如透镜）。

（3）通常在小角度上摆动的镜子。

（4）分光镜（将入射辐射分成光谱间隔的装置）。

（5）将分散的光线定向到一组探测器上的装置。

（6）其他存储数据的电子设备。

3.2.3.2 沿轨道（推扫式）扫描传感器

在沿轨道（推扫式）扫描传感器扫描方式下，扫描线与传感器平台的运动方向（轨道方向）平行。取而代之的是一排并排排列的小型灵敏传感器，每个传感器都是电荷耦合器件（CCD）。该传感器阵列中的每个元素都记录一个独特的地面分辨率元素的数据，因此可以同时记录多个观测数据。阵列中的不同传感器可以记录同一地面分辨单元的不同波段的辐射。

与垂直轨道扫描传感器相比，沿轨道扫描传感器使用一个长的线性阵列传感器观测垂直轨道的地面。其中，每个传感器或对于多个波段的每套传感器聚焦在卫星下特定的轨道上，图 3.2.3 所示为两种不同扫描方式的传感器示意图。沿轨道扫描传感器星下点的视场是圆形的，离开星下点的视场是椭圆形的。该技术的优点是，沿轨道扫描传感器聚焦在地面的时间或时间间隔比垂直轨道扫描传感器长。沿轨道扫描传感器比垂直轨道扫描传感器有更大的信噪比和更高的空间分辨率，扫描方式增加的停留时间是沿轨道扫描传感器最有用的特点。

例如，安装在 Landsat-7 上分辨率为 30 m 的增强型专题制图仪（Enhanced Thematic Mapper，ETM+）、印度 IRS-P3 上的模块化光电扫描仪（Modular Optoelectronic Scanner，MOS）和 Envisat 上的中分辨率成像光谱仪（Medium Resolution Imaging Spectrometer，MERIS）。沿轨道扫描传感器的优点是具有更长的扫描时间和更高的空间分辨率；缺点是多个传感器可能失去相对定标，降低了传感器的精确度。另外，对于宽刈幅、高分辨率传感器来说，需要在垂直轨道方向上安置更长的线性阵列传感器。

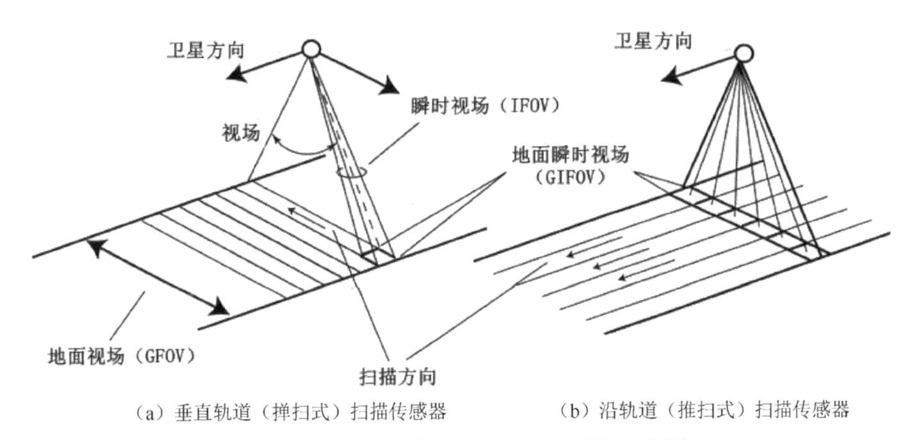

（a）垂直轨道（摆扫式）扫描传感器　　（b）沿轨道（推扫式）扫描传感器

图 3.2.3　两种不同扫描方式的传感器示意图

3.2.3.3 混合垂直轨道扫描传感器

对宽刈幅和高分辨率扫描传感器的需求促进了混合垂直轨道扫描传感器的发展。混合垂直轨道扫描传感器结合了垂直轨道（摆扫式）扫描和沿轨道（推扫式）扫描传感器的特点。混合垂直轨道扫描传感器使用线性传感器阵列，其长轴向着沿轨道方向进行观测，线性传感器阵列沿轨道方向的长度比它垂直轨道方向的长度大，可以接收大面积椭球视场的辐射。混合垂直轨道扫描传感器的优点是增加了传感器的停留时间，获得高分辨率图像的同时还在旋转方向上保持传感器的定标。例如，Terra 和 Aqua 卫星上的 MODIS（图 3.2.4 所示为 MODIS 混合垂直轨道扫描传感器示意图），它有 2300 km 的刈幅。另外，研究中的 VIIRS 有 3000 km 的刈幅。MODIS 星下点的视场是在沿轨道方向 10 km 和垂直轨道方向 1 km 的范围内。在沿轨道方向上，根据观测的波长，探测元分别是 10、20 或 40，对应星下点沿轨道方向的视场分别是 1.0 km、0.5 km 和 0.25 km。混合垂直轨道扫描传感器扫描技术的优点是能够扫描宽刈幅和高分辨率图像，如果用沿轨道扫描传感器代替混合垂直轨道扫描传感器，则驻留时间将缩短，噪声将增大 10 倍。获得同样的空间分辨率，沿轨道扫描传感器的扫描镜需要比混合垂直轨道扫描传感器的扫描镜旋转快 10 倍。

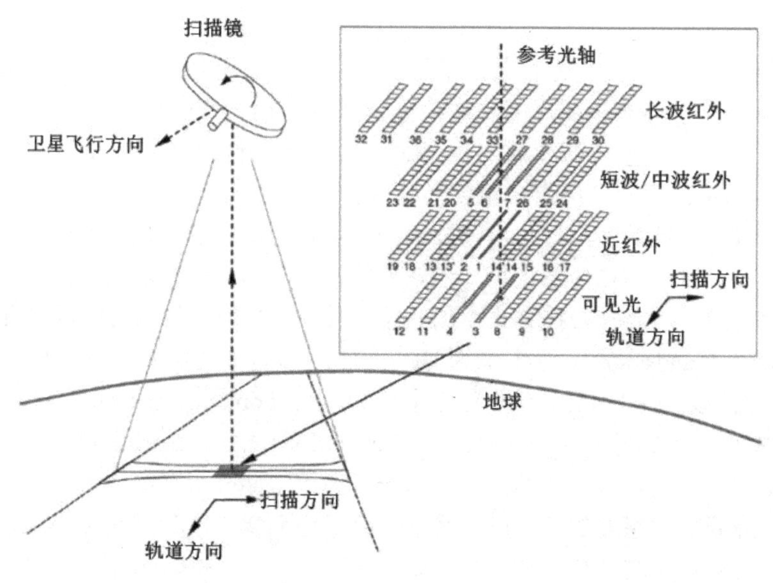

图 3.2.4　MODIS 混合垂直轨道扫描传感器示意图

§3.3　卫星分辨率

卫星分辨率通常指卫星遥感影像的地面分辨率，即在遥感影像上能够分辨地面最小地物的大小，一般以 1 个像素代表地面的大小，通常所讲的 1 m 分辨率是指 1 个像素表示地面大约 1 m×1 m 的面积。

本节讲述的卫星分辨率指以下 4 种不同类型的分辨率，其会决定传感器的性能。

（1）空间分辨率是指地面上可以探测到的物体的大小。

（2）光谱分辨率是指能被探测到的电磁辐射的最小部分。

（3）辐射分辨率是指区分地物辐射能量信号的水平。

（4）时间分辨率是指传感器访问同一区域的时间间隔。

3.3.1　光学遥感分辨率

光学遥感分辨率描述了光学遥感成像系统解析物体细节的能力。在遥感方面，光学传感分辨率的描述包括空间分辨率、光谱分辨率、时间分辨率和辐射分辨率。

（1）空间分辨率是指遥感图像上能够详细区分的最小单元的尺寸或大小，用来表征影像分辨地面目标细节的指标。通常用像元大小、像解率或瞬时视场角来表示。空间分辨率是评价传感器性能和遥感信息的重要指标之一，也是识别地物形状大小的重要依据。对于扫描影像，通常用瞬时视场角的大小来表示空间分辨率，即像元，像元是扫描影像中能够分辨的最小面积，瞬时视场角越小，空间分辨率越高。瞬时视场角是指传感器内单个探测元件的受光角度或观测视野，又称为传感器的角分辨率，单位为毫弧度（mrad）或微弧度（μrad）。瞬时视场角 β 与波长 λ 和收集器的孔径 D 有关：$\beta=\lambda/2D$。

空间分辨率通常用地面分辨率和影像分辨率来表示。地面分辨率是指影像能够详细区分的最小单元（像元）所代表的地面实际尺寸的大小。对于某特定的传感器，地面分辨率是不变的定值。影像分辨率是指地面分辨率在不同比例尺的具体影像上的反映。遥感影像的比例尺可以放大或缩小，影像分辨率会随遥感影像比例尺的变化而变化。只有当生成硬拷贝遥感图像时，才使用影像分辨率，计算机屏幕上的影像没有影像分辨率之说。

空间分辨率的大小反映了图像的空间详细程度,空间分辨率越高，其识别物体的能力越强。但是实际上，每一目标在图像上的可分辨程度并不完全取决于空间分辨率的具体数值，与目标的形状、大小及它与周围物体的亮度、结构的相对差异有关。

（2）光谱分辨率是指传感器所选用的波段数量的多少、各波段的波长位置及波段间隔的大小，即传感器选择的通道数、每个通道的中心波长（遥感器最大光谱所对应的波长）、带宽（用最大光谱响应的半带宽来表示），这 3 个因素共同确定光谱分辨率。狭义的光谱分辨率仅指波段宽度（带宽）。例如，多光谱扫描仪 MSS 的波段数为 5（指有 5 个通道），波段宽度为 100～2000 nm，而成像光谱仪的波段数可达几十个至几百个，波段宽度为 5～10 nm。

不同地物的敏感波段不同，一般来说，传感器的波段数越多，波段宽度越窄，针对性越强，地面物体的信息越容易区分和识别，尤其是对地质岩层化学成分分析和植被识别等具有重要意义。

对于特定的目标，并非波段越多，光谱分辨率越高，效果就越好，而要根据目标的光谱特性和必需的地面分辨率来综合考虑。波段分得越细，各波段数据间的相关性可能越大，数据冗余量增加。波段越多，数据量越大，给数据传输、处理和鉴别带来了新的困难。传感器接收的信息量太大，反而会掩盖地物的辐射特性，不利于快速探测和识别地物。所以要根据需要，恰当地利用光谱分辨率。

（3）时间分辨率是关于遥感影像时间间隔的一项性能指标。遥感探测器按照一定的时间周期重复采集数据，这种重复周期又称为回归周期。回归周期是由飞行器的轨道高度、轨道倾角、运行周期、轨道间隔、偏移系数等参数决定的，其重复观测的最小时间间隔称为时间分辨率。

时间分辨率的大小除取决于飞行器的回归周期外，还与遥感的设计因素相关。以法国的 SPOT 卫星为例，卫星的回归周期为 26d，但 SPOT/HRV 遥感器具有倾斜观测能力，这样便可以从不同轨道，以不同角度观察同一点。在 26d 的回归周期内，传感器可以观测中纬度地区约 12 次，可以观测赤道地区约 7 次，可以观测纬度 70°处约 28 次。

根据回归周期的长短，时间分辨率可分为 3 种类型。

① 超短/短周期时间分辨率，主要指气象卫星系列，可以观测 1 天之内的天气变化，以小时为单位。

② 中周期时间分辨率，主要指对地观测的资源环境卫星系列，可以观测 1 年或 1 个月内的资源环境变化，以天为单位。

③ 长周期时间分辨率，主要指时间间隔较长的各类遥感信息，一般观测以年为单位的变

化，如湖泊消长、河道迁移、城市扩张。

时间分辨率在遥感中意义重大，利用时间分辨率可以对地物进行动态监测和预报，如可以进行植被的动态监测、土地利用的动态监测，还可以通过预测，发现地物的运动规律，总结出模型或公式，为实践服务。利用时间分辨率可以进行自然历史变迁和动力学分析，如可以观察河口主角洲、城市变迁的趋势，并进一步研究为什么这样变化，以及有什么动力学机制等问题。

（4）辐射分辨率（Radiometric Resolution）是指传感器区分地物辐射能量细微变化的能力，即传感器的灵敏度。传感器能分辨的目标反射或辐射的电磁辐射强度的最小变化量，一般用灰度的分级来表示，即最暗-最亮灰度值间分级的数目——量化级数，在热红外波段用噪声等效温差、最小可探测温差和最小可分辨温差表示。例如，Landsat/MSS 传感器起初采用 6-bit（取值范围为 0～63）的量化级数；而 Landsat/TM 传感器，采用 6 个波段 8-bit（取值范围为 0～255）的量化级数，显然，TM 比 MSS 的辐射分辨率要高，图像的信息量增加。

对空间分辨率和辐射分辨率来说，一般瞬时视场越大，最小可分辨像素越大，空间分辨率越低；但是瞬时视场越大，光通量即瞬时获得的入射能量越大，辐射测量越敏感，辐射分辨率越高。

光学遥感器辐射特征一般用以下特征描述。

① 遥感器的测量精度包括测量精度的绝对精度和两点间亮度差的相对精度。

② 探测器的灵敏度通常用噪声等效功率（NEP）来表示，指信号输出与噪声输出相等时的输入信号的大小，即探测器产生数值为 1 的信噪比的功率。NEP 越小，探测器性能越好。

③ 动态范围即遥感器可检测的最大信号和可检测的最小信号之比。低于最小信号的弱信号输入不会引起感应，称为无感应区；高于最大信号的信号输入，无论多强相应感应也无变化，称为饱和区。

④ 信噪比（S/N）指有效信号功率与噪声等效功率的比。

3.3.2 微波遥感分辨率

雷达图像的空间分辨率主要由雷达系统和遥感器所决定，雷达遥感可获得高分辨率的雷达图像主要有 3 方面原因。

① 雷达以时间序列来记录数据：成像雷达反射和接收信号的时延与到目标的距离成正比，因此，只要精准地获取回波信号的时间关系，即可获得高分辨率的雷达图像。

② 地球表面自身的微波辐射：地物目标对微波的散射性能好，地球表面自身的微弱微波辐射对雷达系统的回波散射干扰较少。

③ 大气的衰减作用：除个别特定频率对水汽和氧分子吸收外，大气对微波的散射和吸收均较小。

雷达图像的分辨率=距离分辨率×方位分辨率，可称为面分辨率。代表地面分辨单元的大小，只要分辨单元的面积相同，无论组成分辨单元的两个方向的分辨率是否相同，对雷达图像的分辨率效果总体来说都是相同的。

（1）距离分辨率是指沿距离向可分辨的两点间的最小距离。脉冲的带宽（持续时间）是决定脉冲分辨相邻目标能力的关键。雷达距离分辨率与雷达发射信号脉冲宽度有直接关系，雷达发射信号脉冲宽度越窄，雷达距离分辨率越高，图 3.3.1 所示为雷达距离分辨率示意图。

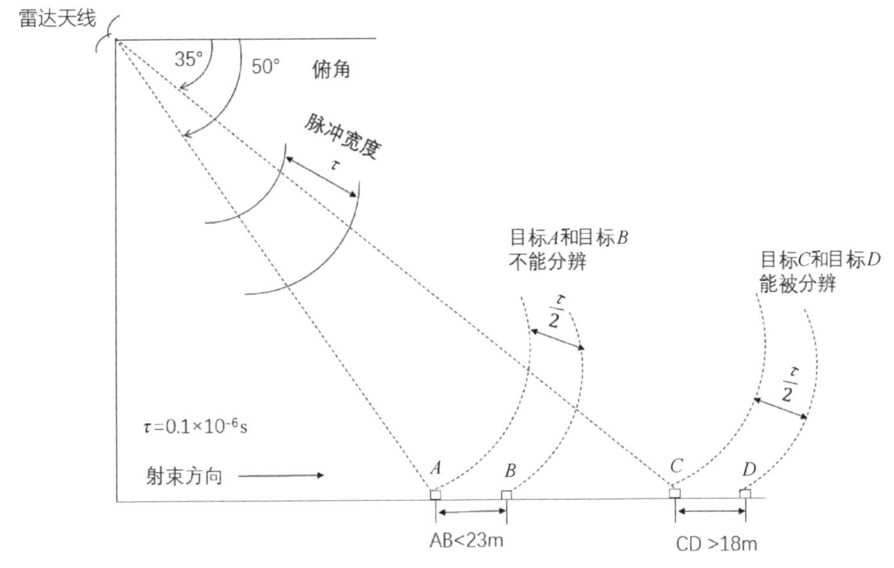

图 3.3.1 雷达距离分辨率示意图

脉冲宽度与雷达波长是完全不同的概念。例如，X 波段的雷达波长为 3 cm，而脉冲宽度为几米。脉冲的不同部分被不同位置的目标反射，脉冲宽度由雷达发射机所决定。雷达发射机以一定时间间隔，发射一定波长的雷达脉冲。要提高距离分辨率，就必须要求雷达发射机发射的是很窄的雷达脉冲。只有这样才能使两个靠得很近的物体的回波在显示器上不至于重叠。距离分辨率 R_r 可表示为

$$R_r = \frac{\tau c}{2\cos a} \tag{3.3.1}$$

式中，τ 为脉冲宽度；c 为光速；a 为雷达天线的俯角。

脉冲宽度 τ 越短，距离分辨率 R_r 的值越小，距离向的分辨能力越强。但 τ 过小时，发射功率下降，发射脉冲的信噪比降低。为保证有足够能量的回波，目前采用了线性调频调制的“脉冲压缩”技术，即通过脉冲压缩和频率调制，改变振幅和脉冲宽度，使距离分辨率 R_r 和信噪比均有提高，这种方法称为“距离压缩”，在真实孔径雷达和合成孔径雷达中均用来提高距离分辨率。

（2）方位分辨率（azimuth resolution）又称航向、纵向或几何分辨率，是指沿一条航向线（方位线）可以分辨的两点间的最小距离。在航向上，只有当目标在波束内才能接收目标的回波能量。两个目标间的距离必须大于一个波束宽度，才能记录为两个点。方位分辨率 R_a 取决于雷达波束照射的地面条带的角宽度，即波束宽度 β，波束宽度与波长成正比，与天线尺寸 D（雷达孔径）成反比，即 $\beta=\lambda/D$。方位分辨率 R_a 越小，分辨能力越强。雷达波束为扇状波束，近距点的波束宽度小于远距点的波束宽度，因而近距点较远距点的方位分辨能力强。

对于真实孔径雷达而言：

$$R_a = \beta R_s = \frac{R_s \lambda}{D} \tag{3.3.2}$$

从式（3.3.2）可知，真实孔径雷达的方位分辨率 R_a 与观测距离（斜距 R_s）和波长 λ 成正比，与雷达孔径 D 成反比。

若要提高方位分辨率，须获得较窄的波束宽度，即增大雷达孔径 D、限制斜距 R_s 及采用

波长较短的电磁波λ。对于真实孔径雷达采用的是真实的大尺度天线；对于合成孔径雷达，采用的是线性调频调制的“方位压缩”技术，构成“合成天线”。它如同一个沿直线运动的线列小天线，首先移动到每个位置（或时间）发射一个信号，接收并分别存储没电的目标回波信号的振幅和相位信息，然后把存储在不同时刻的全部回波信号进行方位、方向的合成处理，从而得到地面的真实图像。

合成孔径雷达的方位分辨率是雷达天线实际孔径长度的 1/2，与距离、波长、平台飞行高度无关，所以，雷达孔径越小，方位分辨率的值越小，分辨能力越强。

§3.4 典型用于海洋遥感的卫星与传感器

海洋遥感利用传感器对海洋进行远距离非接触观测，以获取海洋景观和海洋要素的图像或数据资料。根据卫星设计的观测目标侧重点，通常分为陆地卫星、大气卫星、海洋卫星等几大类，虽然早期的气象卫星、陆地卫星的观测目标重点并不侧重于海洋，但是却依然可以为海洋遥感提供宝贵的数据和信息，尤其在早期缺乏专门的海洋卫星时，发挥了不可忽视的作用。

目前，海洋遥感技术是海洋环境监测的重要手段。海洋遥感技术的突飞猛进，为人类提供了从空间观测大范围海洋现象的可能性。美国、日本、俄罗斯等国已发射了 10 多颗专用海洋卫星，为海洋遥感技术提供了坚实的支撑平台。

本节将重点介绍典型的海洋遥感卫星及传感器，并选择性地介绍可用于海洋遥感的典型陆地卫星、气象卫星及传感器。

3.4.1 海洋遥感卫星的分类

海洋遥感卫星是用于海洋水色、水温要素、海洋地形、海洋动力环境等探测的专用卫星，为海洋生物资源开发利用、海洋污染监测与防治、海岸带资源开发、海洋科学研究等领域服务。另外，还有主要用于海上作战、海上恐怖主义活动等海洋活动监视的海洋监视卫星，海洋监视卫星上装载了电视摄像、雷达、无线电侦测机、红外探测器、高灵敏度红外相机等侦察设备，可以探测水面舰船与潜艇；能够利用蓝-绿激光穿透云层和海水，探测高速潜航的导弹和潜艇；可以用来判定舰艇的准确位置及航向数据，往往作为军事或战备使用，也可以作为民用海洋监视。本书不做重点介绍。

海洋遥感卫星一般由平台和有效载荷组成，通常装载光学和微波遥感载荷。光学遥感载荷一般包括水色水温仪、海岸带成像仪等，主要用于水色、水温探测，主要特点是窄谱段、高信噪比、低偏振、大视场等。微波遥感载荷包括散射计、辐射计、高度计、合成孔径雷达等，高度计需要具有较高的海洋表面测高精度，其他载荷具有大视场、全天候等特点，合成孔径雷达还具有高空间分辨率的特点。

海洋遥感卫星根据用途可分为 3 类，分别是海洋水色卫星、海洋地形卫星及海洋动力环境卫星，表 3.4.1 所示为海洋遥感卫星的分类。

表 3.4.1　海洋遥感卫星的分类

卫星类名	主要用途	探测器	卫星要求	代表卫星
海洋水色卫星	探测叶绿素、悬浮泥沙、可溶有机物、海洋表面温度（可选）、污染、海冰、海流等	水色仪、CCD 相机、中分辨率成像光谱仪	太阳同步轨道；降交点地方时为中午；全球覆盖周期为 2～3d；前后倾角可调；姿态测轨精度较高	NOAA 系列气象卫星、索米 NPP 卫星、Nimbus-7 卫星、高级对地观测卫星、SeaStar、Terra 和 Aqua 卫星、IRS 卫星、韩国"千里眼"卫星
海洋地形卫星	探测海洋表面高度、有效波高、海洋表面风速、海洋重力场、冰面拓扑、大地水准面、潮汐洋流、大气水汽等	雷达高度计、微波辐射计	太阳同步轨道；精密轨道测定；姿态控制精度高；全球覆盖周期为 1～2d	Geosat、TOPEX/ POSEIDON 卫星、JASON 卫星、GRACE 卫星、ICESat 卫星
海洋动力环境卫星	探测海洋风速和风向、海洋表面高度、冰面拓扑、波高、波向和波谱、海洋重力场、大地水准面、海流潮汐、内波、海岸带地下水形、污染等	合成孔径雷达、微波散射计、雷达高度计、微波辐射计、红外辐射计	太阳同步轨道；全球覆盖周期为 1～2d；精密轨道测定；姿态控制精度高	Seasat、ERS、Envisat-1、RadarSat、QuikSCAT 卫星、SMOS 卫星

3.4.2　海洋水色/水温卫星

3.4.2.1　SeaStar 及传感器

美国海洋水色卫星 SeaStar 发射于 1997 年，是继 1978 年发射 Nimbus-7 卫星后国际上第 2 颗海洋水色专用卫星。其搭载了唯一、有效的科学传感器 SeaWiFS。SeaStar 每天在全球范围内提供海洋辐射的高精度、中等分辨率、多光谱观测数据，用于生物、地球、化学过程，气候变化和海洋学研究。

SeaWiFS 从 1997 年 9 月开始收集数据，直到 2010 年 12 月结束任务。SeaWiFS 在波长 402～885 nm 有 8 个光谱波段。它以 4 km 分辨率收集全球数据，以 1 km 分辨率收集本地数据（有限的机载存储和直接广播）。具体 SeaStar 及传感器的参数如表 3.4.2 所示。

表 3.4.2　SeaStar 及传感器的参数

传感器参数		卫星轨道参数	
波段	波长/nm		
1	402～422	轨道类型	太阳同步轨道（705km）
2	433～453	赤道穿越时间	正午+20min，下降
3	480～500	轨道周期	99 min
4	500～520	刈幅	2801km LAC/HRPT（58.3°）
5	545～565	刈幅	1502km GAC（45°）
6	660～680	空间分辨率	1.1km LAC，4.5km GAC
7	745～785	重访时间	1 d
8	845～885	量化等级	10 位

SeaWiFS 的业务管理部门为用户提供了 13 种数据产品。

（1）叶绿素 *a* 浓度（单位是 mg/m^3）。

（2）波长 490nm 处的漫射衰减系数（单位是 m^{-1}）。

（3）悬浮物浓度。

（4）气溶胶指数。

（5）波长 865nm 处的气溶胶光学厚度。

（6）云覆盖度。

（7）海洋表面荧光。

（8）溶解有机物碎屑的吸收系数。

（9）颗粒物有机碳。

（10）颗粒物无机碳。

（11）粒子后向散射系数。

（12）光合有效辐射。

（13）归一化差值陆地植被指数。

3.4.2.2 Terra/Aqua 卫星及 MODIS 传感器

Terra（也被称为 EOS-AM1）卫星，于 1999 年 12 月 18 日发射升空，是 EOS 计划发射的第一颗卫星。Terra 卫星上共有 5 种传感器，能同时采集地球、大气、陆地、海洋和太阳能量平衡等信息，包括云与地球辐射能量系统（CERES）、中分辨率成像光谱仪（MODIS）、多角度成像光谱仪 (Multi-angle Imaging SpectroRadiometer，MISR)、先进星载热辐射与反射辐射计（Advanced Spaceborne Thermal Emission and Reflection Radiometer，ASTER）和对流层污染物测量（Measurements Of Pollution In The Troposphere，MOPITT）仪。Terra 卫星是美国、日本和加拿大联合研制的卫星，美国提供了卫星和 3 种仪器：CERES、MISR 和 MODIS，日本的国际贸易和工业部门提供了 ASTER，加拿大的多伦多大学（机构）提供了 MOPITT。Terra 卫星沿地球近极地轨道航行，高度是 705 km，在早上同一地方时经过赤道。Terra 卫星的轨道基本与地球自转方向垂直，所以它的图像可以拼接成一幅完整的地球图像。

Aqua 卫星于 2002 年 4 月 22 日发射升空，卫星共载有 6 种传感器，分别是 CERES、MODIS、大气红外探测器（Atmosphere Infrared Sounder，AIRS）、先进微波探测装置（Advanced Microwave Sounding Unit-A，AMSU-A）、巴西湿度探测器（Humidity Detector for Brazil）、地球观测系统先进微波扫描辐射计（Advanced Microwave Scanning Radiometer-EOS，AMSR-EOS）。Aqua 卫星保留了 Terra 卫星上已经有的 CERES 和 MODIS 传感器，并在数据采集时间上与 Terra 卫星形成补充。它也是太阳同步轨道卫星，每日下午地方时过境，因此被称为地球观测第一颗下午星（EOS-PM1）。

MODIS 是 Terra/Aqua 卫星上最重要的传感器之一，并可用于全球的海洋水色遥感。具体 Terra-MODIS 传感器的技术指标表如表 3.4.3 所示，Terra-MODIS 传感器的波段参数及用途如表 3.4.4 所示。

表 3.4.3　Terra-MODIS 传感器的技术指标表

项目	指标
轨道	高度为 705 km，降轨上午 10:30、升轨下午 1:30、过境两次，太阳同步、近极地圆轨道

续表

项目	指标
扫描频率	20.3 转/min，与轨道垂直
测绘带宽	2330 km×10 km
望远镜	直径为 17.78 cm
体积	1.0 m×1.6 m×1.0 m
质量	250 kg
功耗	225 W
数据率	11 Mbps
量化	12 bit
空间分辨率	250 m、500 m、1000 m
设计寿命	5 年

表 3.4.4　Terra-MODIS 传感器的波段参数及用途

波段号	主要应用	分辨率/m	波段范围/μm	信噪比
1	植被叶绿素吸收	250	0.620～0.670	128
2	云和植被覆盖变换	250	0.841～0.876	201
3	土壤植被差异	500	0.459～0.479	243
4	绿色植被	500	0.545～0.565	228
5	叶面/树冠差异	500	1.230～1.250	74
6	雪/云差异	500	1.628～1.652	275
7	陆地和云的性质	500	2.105～2.155	110
8	叶绿素	1000	0.405～0.420	880
9	叶绿素	1000	0.438～0.448	838
10	叶绿素	1000	0.483～0.493	802
11	叶绿素	1000	0.526～0.536	754
12	沉淀物	1000	0.546～0.556	750
13	沉淀物、大气层	1000	0.662～0.672	910
14	叶绿素荧光	1000	0.673～0.683	1087
15	气溶胶性质	1000	0.743～0.753	586
16	气溶胶/大气层性质	1000	0.862～0.877	516
17	云/大气层性质	1000	0.890～0.920	167
18	云/大气层性质	1000	0.931～0.941	57
19	云/大气层性质	1000	0.915～0.965	250
20	海洋表面温度	1000	3.660～3.840	0.05
21	森林火灾/火山	1000	3.929～3.989	2
22	云/地表温度	1000	3.929～3.989	0.07
23	云/地表温度	1000	4.020～4.080	0.07
24	对流层温度/云片	1000	4.433～4.498	0.25
25	对流层温度/云片	1000	4.482～4.549	0.25
26	红外云探测	1000	1.360～1.390	150
27	对流层中层湿度	1000	6.535～6.895	0.25
28	对流层中层湿度	1000	7.175～7.475	0.25

续表

波段号	主要应用	分辨率/m	波段范围/μm	信噪比
29	表面温度	1000	8.400～8.700	0.05
30	臭氧总量	1000	9.580～9.880	0.25
31	云/表面温度	1000	10.780～11.280	0.05
32	云高和表面温度	1000	11.770～12.270	0.05
33	云高和云片	1000	13.185～13.485	0.25
34	云高和云片	1000	13.485～13.785	0.25
35	云高和云片	1000	13.785～14.085	0.25
36	云高和云片	1000	14.085～14.385	0.35

MODIS 官方数据部门提供了海洋 2、3 级标准数据产品，数据集包括了 MOD18～MOD32 的数据，涵盖了海洋叶绿素、色素浓度、悬浮物浓度、海洋初级生产力等 15 种数据产品，成为全球海洋遥感研究中最重要的数据集之一。

3.4.2.3 NOAA 卫星及 AVHRR 传感器

NOAA 系列卫星是美国国家海洋和大气管理局的第三代实用气象观测卫星，应用目的是预报日常的气象业务。NOAA 系列卫星是近极地、与太阳同步的卫星，高度为 833～870 km，轨道倾角为 98.7°，成像周期为 12h。目前，NOAA 系列卫星采用双星运行，同一地区每天可有 4 次过境机会。NOAA 系列卫星装载有许多传感器，其中包括可用于水色遥感的 AVHRR 传感器。

AVHRR 传感器是 NOAA 系列卫星的主要探测仪器，它是 1 种五光谱通道的扫描辐射仪，AVHRR 传感器的波段参数（各光谱通道的波长范围及地面分辨率）如表 3.4.5 所示。

表 3.4.5 AVHRR 传感器的波段参数

通道	波长范围/μm	对应的波段	地面分辨率/km（星下点）
AVHRR-1	0.550～0.680	可见光	1.1
AVHRR-2	0.725～1.100	近红外	1.1
AVHRR-3	3.550～3.930	中红外	1.1
AVHRR-4	10.500～11.300	热红外	1.1
AVHRR-5	11.500～12.500	热红外	1.1

AVHRR 传感器热红外通道提供的全球海洋表面温度产品是海洋遥感研究中最重要的数据集之一。

3.4.2.4 FY 系列卫星

我国的气象卫星发展较晚，风云气象卫星是我国于 1977 年开始研制的气象卫星系列，我国的气象卫星分为两个系列。极轨系列气象卫星以“风云一、三、五号……”等奇数排列，静止系列气象卫星以“风云二、四、六号……”等偶数排列。其中，1988 年 9 月发射的“风云一号”气象卫星（FY-1）是我国发射的第一代极轨气象卫星。虽然其主要任务是获取全球的昼夜云图资料，但是也兼有进行空间海洋水色遥感实验的能力。

风云气象卫星搭载的可见光传感器可以用于海洋学研究。如 FY-3 VIRR 和 MRSI 传感器可以用于海洋遥感方面的研究。

可见光红外辐射计（Visible and Infrared Radiometer，VIRR）主要用途是监测全球云量；判识云的高度、类型和相态；监测植被的生长状况和类型；监测高温火点；识别地表积雪覆盖，也可以用来探测海洋水色、海洋表面温度等。VIRR 传感器的波段参数如表 3.4.6 所示。

表 3.4.6　VIRR 传感器的波段参数

通道	波段范围/μm	噪声等效反射率 ρ/%、噪声等效温差（300k）/k	动态范围（最大反射率/%、最大温度/k）
1	0.580～0.680	0.10%	0～100%
2	0.840～0.890	0.10%	0～100%
3	3.550～3.930	0.30k（FY-3A0.4k）	180～350 k
4	10.300～11.300	0.20k	180～330 k
5	11.500～12.500	0.20k	180～330 k
6	1.550～1.640	0.15%	0～90%
7	0.430～0.480	0.05%	0～50%
8	0.480～0.530	0.05%	0～50%
9	0.530～0.580	0.05%	0～50%
10	1.325～1.395	0.19%	0～90%

中分辨率光谱成像仪（MRSI）可以探测来自地球大气系统的电磁辐射，得到 20 个通道的多光谱信息。通过成像，可以实现植被、生态、地表覆盖分类，以及积雪覆盖等陆表特性的全球遥感监测。MRSI 传感器的波段参数如表 3.4.7 所示。MRSI 第 8～16 短波通道为高信噪比窄波段通道，能够实现水体中的叶绿素、悬浮泥沙和可溶黄色物质浓度的定量反演；MRSI 第 20 通道对气溶胶相对透明，结合可见光通道，可实现陆地气溶胶的定量遥感；MRSI 第 16 通道为近红外水汽吸收带通道，可增强对大气水汽特别是低层水汽的探测能力；250 m 空间分辨率的可见光三通道真彩色图像，可实现多种自然灾害和环境影响的图像监测，监测中、小尺度强对流云团和地表精细特征。MRSI 能高精度定量遥感云特性、气溶胶、陆地表面特性、海洋水色、低层水汽等地球物理要素，实现对大气、陆地、海洋的多光谱连续综合观测。

表 3.4.7　MRSI 传感器的波段参数

通道序号	中心波长/μm	光谱带宽/μm	空间分辨率/m	噪声等效反射率 ρ、温差（300K）/K	动态范围（最大反射率 ρ/%、最大温度/k）
1	0.470	0.05	250	0.45	100%
2	0.550	0.05	250	0.40	100%
3	0.650	0.05	250	0.30	100%
4	0.865	0.05	250	0.30	100%
5	11.250	2.50	250	0.40 K	330k
6	0.412	0.02	1000	0.10	80%
7	0.443	0.02	1000	0.10	80%
8	0.490	0.02	1000	0.05	80%
9	0.520	0.02	1000	0.05	80%
10	0.565	0.02	1000	0.05	80%
11	0.650	0.02	1000	0.05	80%
12	0.685	0.02	1000	0.05	80%

续表

通道序号	中心波长 /μm	光谱带宽 /μm	空间分辨率 /m	噪声等效反射率 ρ、温差（300K）/K	动态范围（最大反射率 ρ/%、最大温度/K）
13	0.765	0.02	1000	0.05	80%
14	0.865	0.02	1000	0.05	80%
15	0.905	0.02	1000	0.10	90%
16	0.940	0.02	1000	0.10	90%
17	0.980	0.02	1000	0.10	90%
18	1.030	0.02	1000	0.10	90%
19	1.640	0.05	1000	0.05	90%
20	2.130	0.05	1000	0.05	90%

3.4.2.5 陆地卫星及传感器

陆地卫星的主要任务是调查地下矿藏、海洋资源和地下水资源，监视和协助管理农、林、畜牧业和水利资源的合理使用，预报和鉴别农作物的收成，研究自然植物的生长和地貌，考察和预报各种严重的自然灾害（如地震）和环境污染，拍摄各种目标的图像，借以绘制各种专题图等。陆地卫星通常搭载可见光近红外及热红外波段的多光谱传感器，可以用于海洋遥感应用。

1. Landsat 系列卫星

Landsat 是美国地球资源卫星系列的一类卫星，是美国陆地卫星计划中运行时间最长的地球观测卫星之一，已经完成发射了 Landsat 1～8 卫星。Landsat 搭载的传感器所具有的空间分辨率在不断提高，由 80 m 提高到了 30 m，Landsat-7 的 ETM+又提高到了 15 m。表 3.4.8～表 3.4.10 所示为 Landsat 4-5TM、Landsat 7 ETM+、Landsat 8 OLI 和 TIRS 传感器的参数。

表 3.4.8 Landsat 4-5 TM 传感器的参数

波　段	波长/μm	分辨率/m
Band 1-Blue	0.45～0.52	30
Band 2-Green	0.52～0.60	30
Band 3-Red	0.63～0.69	30
Band 4-NIR	0.76～0.90	30
Band 5-Shortwave Infrared（SWIR）1	1.55～1.75	30
Band 6 - Thermal	10.40～12.50	120
Band 7 - SWIR 2	2.08～2.35	30

表 3.4.9 Landsat 7 ETM+传感器的参数

波　段	波长/μm	分辨率/m
Band 1-Blue	0.45～0.52	30
Band 2-Green	0.52～0.60	30
Band 3-Red	0.63～0.69	30
Band 4-NIR	0.77～0.90	30
Band 5-SWIR1	1.55～1.75	30

续表

波　　段	波长/μm	分辨率/m
Band 6-Thermal	10.40～12.50	60
Band 7-SWIR 2	2.09～2.35	30
Band 8-Panchromatic	0.52～0.90	15

表 3.4.10　Landsat 8 OLI 和 TIRS 传感器的参数

波　　段	波长/μm	分辨率/m
Band 1-Ultra Blue	0.435～0.451	30
Band 2-Blue	0.452～0.512	30
Band 3-Green	0.533～0.590	30
Band 4-Red	0.636～0.673	30
Band 5-NIR	0.851～0.879	30
Band 6-SWIR1	1.566～1.651	30
Band 7-SWIR 2	2.107～2.294	60
Band 8-Panchromatic	0.503～0.676	15
Band 9-Cirrus	1.363～1.384	30
Band 10-Thermal 1	10.600～11.190	100
Band 11-Thermal 2	11.500～12.510	100

2. SPOT 卫星

SPOT 卫星是由法国国家空间研究中心设计制造的，1986 年发射了第一颗卫星，到 2014 年共发射了 7 颗卫星。SPOT 卫星的轨道是太阳同步圆形近极地轨道，轨道高度为 830 km 左右，卫星的覆盖周期为 26d，重复观测能力一般为 3～5d，部分地区可达 1d。SPOT 卫星的数据特点如表 3.4.11 所示。较之陆地卫星其最大的优势是最高空间分辨率可达 10m，并且 SPOT 卫星的传感器带有可定向的发射镜，使仪器具有偏离天底点（倾斜）观察的能力，可获得垂直和倾斜的图像。因而其覆盖周期由 26d 提高到了 1～5d，并可在不同轨道扫描重叠产生的立体像对，可以提供立体观测地面、描绘等高线，进行立体测图和立体显示的可能性。

表 3.4.11　SPOT 卫星的数据特点

SPOT 1-3		SPOT 4			SPOT 5			
波段/μm	HRV/m	波段/μm	HRG/m	VEG/km	波段/μm	HRG/m	VEG/km	HRS/m
0.51～0.73	10	0.49～0.73	10		PA：0.49～0.69	2.5 或 5		10
		0.43～0.47		1.15	B：0.43～0.47		1	
0.50～0.59	20	0.50～0.59	20	1.15	VIS：0.49～0.61	10		
0.61～0.68	20	0.61～0.68		1.15	R：0.61～0.68	10	1	
0.79～0.89	20	0.78～0.89	20	1.15	NIR：0.78～0.89	10	1	
		1.58～1.78	20	1.15	SWIR：1.58～1.75	20	1	

注：HRV 代表（High Resolution Visible）传感器，刈幅为 60km；HRG 代表(High Resolution Geometry)传感器，刈幅为 60km；VEG 代表 vegetation 传感器，刈幅为 2250km；HRS 代表高分辨率立体成像装置传感器，刈幅为 120km

3. 哨兵卫星

“哨兵”系列卫星由欧洲委员会投资，欧空局研制。主要包括两颗 Sentinel-1 卫星、两颗

Sentinel-2 卫星、两颗 Sentinel-3 卫星、两颗 Sentinel-4 载荷卫星、两颗 Sentinel-5 载荷卫星、1 颗 Sentinel-5 的先导星 Sentinel-5P，以及 1 颗 Sentinel-6 卫星等。

Sentinel-1A 卫星是太阳同步轨道卫星（极轨卫星），于 2014 年 4 月 3 日发射升空，重访周期为 12d；搭载了 C 波段合成孔径雷达，具有全天候成像能力，能够提供高分辨率和中分辨率陆地、沿海及冰的测量数据。

Sentinel-2 卫星是一个极轨多光谱高分辨率成像卫星，用于陆地监测，以提供如植被、土壤和水覆盖的内陆水道和沿海地区的图像。Sentinel-2 卫星还可以提供紧急服务信息。Sentinel-2A 卫星于 2015 年发射升空，Sentinel-2B 卫星于 2017 年发射升空。除监视植物生长外，Sentinel-2 卫星还可以用于绘制土地覆盖变化图并监视世界森林。它还能够提供有关湖泊和沿海水域污染的信息。洪水、火山喷发和山体滑坡的图像有助于绘制灾害图，并有助于人道主义救济工作。Sentinel-2 卫星传感器的参数如表 3.4.12 所示。

表 3.4.12 Sentinel-2 卫星传感器的参数

Sentinel-2 波段	Sentinel-2A		Sentinel-2B		
	中心波长/nm	波段宽度/nm	中心波长/nm	波段宽度/nm	空间分辨率/m
Band 1-Coastal aerosol	442.7	21	442.2	21	60
Band 2-Blue	492.4	66	492.1	66	10
Band 3-Green	559.8	36	559.0	36	10
Band 4-Red	664.6	31	664.9	31	10
Band 5 Vegetation red edge	704.1	15	703.8	16	20
Band 6 Vegetation red edge	740.5	15	739.1	15	20
Band 7 Vegetation red edge	782.8	20	779.7	20	20
Band 8-NIR	832.8	106	832.9	106	10
Band 8A-Narrow NIR	864.7	21	864.0	22	20
Band 9-Water vapor	945.1	20	943.2	21	60
Band 10-SWIR-Cirrus	1373.5	31	1376.9	30	60
Band 11-SWIR	1613.7	91	1610.4	94	20
Band 12-SWIR	2202.4	175	2185.7	185	20

Sentinel-3 卫星是全球海洋和陆地监测卫星，主要用于全球陆地、海洋和大气环境的监测，其有效载荷包括光学仪器和地形学仪器两类。该卫星支持海洋预报系统及环境和气候监测。Sentinel-3A 卫星于 2016 年发射升空，Sentinel-3B 卫星于 2018 年发射升空。

Sentinel-4 载荷卫星搭载在欧空局第三代气象卫星-S（MTG-S）上，于 2019 年发射升空。载荷为 1 台紫外-可见光-近红外（UVN）扫描光谱仪，光谱覆盖紫外（305～400 nm）、可见光（400～500 nm）和近红外（750～775 nm）谱段，空间分辨率为 8 km，光谱分辨率为 0.12～0.5 nm。Sentinel-4 载荷卫星是静止轨道卫星，主要用于大气化学成分的监测，对臭氧、二氧化氮、二氧化硫、氧化溴、乙二醛、甲醛和气溶胶等进行观测，能以 1h 的高时间分辨率对整个欧洲地区的空气质量进行监测和预测。

Sentinel-5P 卫星于 2017 年发射，用于减小欧洲“环境卫星”（Envisat）和 Sentinel-5 载荷之间的数据缺口，其携带了对流层监测仪（TROPOspheric Monitoring Instrument，TROPOMI）。该仪器能在较高时间分辨率和空间分辨率情况下进行大气化学元素的测量，特别是对臭氧、二氧化氮、二氧化硫、一氧化碳和气溶胶的测量。

Sentinel-5 载荷主要用于监测大气环境，搭载在欧洲第二代“气象业务”（Metop）卫星上，于 2020 年发射。Sentinel-5 载荷是一个极轨气象载荷，它配合 Sentinel-4 载荷用于全球实时动态的环境监测。

Sentinel-6 卫星于 2020 年发射，执行杰森-3（JASON-3）海洋卫星的后续任务，其携带的雷达高度计，用于测量全球海洋表面高度，主要用于海洋科学和气候研究。

4. 我国陆地资源卫星系列

我国陆地资源卫星系列最早起步于 1999 年发射的中巴地球资源卫星（CBERS-1），也称为资源一号 01 卫星，卫星搭载的 3 种遥感相机可昼夜观测地球；2011 年 12 月发射的资源一号 02C 卫星（简称 ZY-1 02C），搭载有全色多光谱相机和全色高分辨率相机；2000 年 9 月和 2002 年 10 月分别发射了资源二号 01 卫星和 02 卫星；2012 年发射的资源三号卫星（ZY-3），可获得高精度的立体影像及高分辨率的多光谱图像。

我国陆地资源卫星通常搭载多光谱遥感设备，可用于海洋遥感应用。以 CBERS 为例，卫星上载有 3 种遥感器：高分辨率 CCD 相机；两个红外多光谱扫描仪；3 个宽视场成像仪（WFI）。CBERS-01/02/02B 的技术参数如表 3.4.13 所示。

表 3.4.13　CBERS-01/02/02B 的技术参数

平台	有效载荷	波段号	光谱范围/μm	空间分辨率/m	刈幅/km	侧摆能力/（°）	重访时间/d
CBERS-01/02	高分辨率 CCD 相机	B01	0.45～0.52	20.00	113.0	±32	26
		B02	0.52～0.59	20.00			
		B03	0.63～0.69	20.00			
		B04	0.77～0.89	20.00			
		B05	051～0.73	20.00			
	红外多光谱扫描仪	B06	0.50～0.90	78.00	119.5	无	26
		B07	1.55～1.75	78.00			
		B08	2.08～2.35	78.00			
		B09	10.40～12.50	156.00			
	宽视场成像仪	B10	0.63～0.69	258.00	890.0	无	5
		B11	0.77～0.89	258.00			
CBERS-02B	高分辨率 CCD 相机	B01	0.45～0.52	20.00	113.0	±32	26
		B02	0.52～0.59	20.00			
		B03	0.63～0.69	20.00			
		B04	0.77～0.89	20.00			
		B05	0.51～0.73	20.00			
	高分辨率相机	B06	0.50～0.80	2.36	27.0	无	104
	宽视场成像仪	B07	0.63～0.69	258.00	890.0	无	5
		B08	0.77～0.89	258.00			

5. 其他卫星

近年来，高空间分辨率陆地卫星发展迅速，如 IKONOS 拥有全景图像和多光谱波段；几乎与 IKONOS 同时发射的卫星还出现了载有高分辨率传感器的快鸟（Quickbird）和轨道观察3号（OrbView-3）等卫星。其传感器的光谱波段都与IKONOS相同，只是在图像覆盖尺度和传感器倾斜角度上有些差别。我国也发展了高分系列卫星，具有类似的全色和多光谱传感器成像功能，也可以用于部分海洋遥感的研究。另外，在过去的发展过程中，许多航天器都具有进行地球资源监测的功能，属于陆地观测卫星系列，如美国1973年发射的天空实验室（Skylab）、1978年发射的热容量制图卫星（HCMM），印度发射的地球资源卫星、欧空局发射的空间实验室（Spacelab）等。虽然他们都以陆地观测为主要任务，但是也不排除用于海洋遥感的研究。

3.4.3 海洋地形卫星

海洋地形卫星，狭义上是指与海洋表面地形相关的探测卫星，主要用于探测海洋表面拓扑，即海平面高度的空间分布。此外，还可以探测海冰、有效波高、海洋表面风速和海流等。著名的海洋地形探测卫星有1992年8月发射的TOPEX POSEIDON卫星等。此外，美国国家航空航天局于2003年1月12日发射了激光测高卫星——冰、云和陆地高程卫星（Ice，Cloud and land Elevation Satellite，ICESat）。

3.4.3.1 TOPEX/POSEIDON卫星

TOPEX/POSEIDON卫星于1992年8月10日发射升空，其作用是对海洋表面地形进行观测，是海洋学的革命，也证明了海洋卫星观测的价值。TOPEX/POSEIDON卫星是目前精度很高的海洋测高卫星，利用卫星激光测距（SLR）技术确定的TOPEX/POSEIDON卫星轨道的径向精度达到了2.8 cm，使它可以有效地监测全球的海洋地形。TOPEX/POSEIDON卫星主要用于全球的海洋表面变化和洋流研究。利用TOPEX/POSEIDON卫星的资料可以得到新的地球引力场、海洋大地水准面和海潮模型。

TOPEX/POSEIDON卫星轨道倾角为66°，高度为1366 km，重复周期为10d。装有多个传感器，主要有效载荷为双频NASA雷达高度计（NASA Radar Altimeter，NRA），它的工作原理是向地球发射13.6 GHz和5.3GHz的无线电脉冲，并测量回波的特性。通过结合微波辐射计的测量数据，以及航天器和地面的其他信息，科学家能够将海平面的高度计算到4.3 cm以内。TOPEX/ POSEIDON卫星高度计的参数如表3.4.14所示。

表3.4.14 TOPEX/POSEIDON卫星高度计的参数

名称	参数	名称	参数
轨道高度/km	1336±60	发射峰功率/W	20
测高精度	2.4cm（对应于2 m有效波高）	采样点数	128
工作频率/GHz	Ku波段：13.6 C波段：5.3	数据率/（KB/s）	9.8
带宽/MHz	Ku波段：320 C波段：320或100	功耗/W	232
脉冲长度/μs	102.4	质量/kg	219
脉冲重复频率/MHz	Ku波段：4200 C波段：1220		

3.4.3.2　JASON 卫星

JASON 卫星是法国国家空间研究中心和美国国家航空航天局联合研制的海洋地形卫星，主要用于测量海洋表面地形和海平面变化。JASON 卫星共发射了 3 颗（JASON-1/2/3），卫星上的有效载荷主要为雷达高度计和微波辐射计。

JASON 卫星和 TOPEX/POSEIDON 卫星一前一后运行于同一轨道，高度为 1336 km，倾角为 66.038°，轨道重复周期为 9.9 d。JASON-1 卫星主要携带有效载荷为 POSEIDON-2 和 JASON 微波辐射计；JASON-2 卫星进行了改进，主要携带载荷为 POSEIDON-3 和先进微波辐射计。POSEIDON-2 和 POSEIDON-3 均为 C 频段（5.3 GHz）和 Ku 频段（13.575 GHz）双频天底点雷达高度计，用于测量海洋表面高度。两台雷达高度计发射脉冲宽度均为 105.6 μs，带宽为 320 MHz（C 频段）和 320/100 MHz（Ku 频段），脉冲重复频率为 1800Hz（Ku 频段）和 300Hz（C 频段），瞬时视场角为 20°，测高精度为 4.2 cm。此外 POSEIDON-3 还增加了试验模式，可对臭氧层、湖泊和河流进行测量。

JASON 微波辐射计和先进微波辐射计均为 3 个波段（18.7 GHz、23.8 GHz 和 34 GHz）无源微波辐射计，用于测量大气水汽和液态水含量。两台微波辐射计的质量均为 27 kg，温度分辨率优于 1 K。

3.4.3.3　ICESat

美国国家航空航天局的科学家为了更准确地掌握气候变化产生的影响，观测地球上海冰的融化情况，了解气候变化的过程和驱动因素，更好地预测海平面上升，于 2003 年启动了 EOS 中的世界上首颗激光测高试验卫星，第一代冰、云和陆地高程卫星，并搭载了世界上第一个能够进行全球连续观测的地球科学激光测高系统（Geoscience Laster Altimeter System，GLAS）。搭载 GLAS 的主要科学目的是测量两极冰原高度和海冰变化，测量海冰物质平衡、云和气溶胶的高度，以及地形和植被的特征参数。由于激光器故障及其他多种原因，ICESat 于 2010 年 2 月结束了科学任务，停止了采集数据，在轨运行 7 年。ICESat 不仅为极地变化研究提供了支持，而且为全球高程变化探测提供了近 2 亿个激光点的数据。

虽然第一代 ICESat 提前停止工作，但是其采集的数据仍然具有很高的研究价值，研究地球上的冰层变化对全球海平面平衡及气候变化有着重要意义，于是美国国家航空航天局开始了 ICESat 系列卫星，第二代冰、云和陆地卫星的研究，即 ICESat-2 的研究任务，并于 2018 年发射升空。ICESat-2 搭载了先进地形激光测高系统（Advanced Topographic Laser Altimeter System，ATLAS），并于 2018 年 9 月 15 日发射升空，其主要任务是继续执行 ICESat 未完成的观测任务，对极地冰盖、海冰高程变化及森林冠层覆盖进行长期科学研究。

3.4.3.4　Cryosat

“冷卫星”（Cryosat）是“欧洲地球探测者计划”的一颗卫星。该卫星采用了雷达高度计测量地球陆地和海洋冰盖的厚度变化，尤其是对极地冰层和海洋浮冰进行精确监测，研究全球气候变暖造成的影响。2005 年 10 月 8 日，Cryosat-1 因运载火箭分离故障而发射失败。2010 年 4 月 8 日，Cryosat-2 成功发射升空。

Cryosat 搭载了合成孔径雷达/干涉雷达高度计（SAR Interferometric Radar Altimeter，SIRAL），主要用于监测极地的冰层厚度和海冰厚度变化，进而研究极地冰层的融化对全球海平面上升的影响，以及全球气候变化对南极冰厚的影响。合成孔径雷达/干涉雷达高度计工作在 Ku 波段，工作频率为 13.575GHz，包括 3 种测量模式：一是指向星下点的低分辨率模式（Low Resolution Mode，LRM），可获得陆地、海洋和冰盖的所有表面观测值，它的处理过程与 Envisat/RA-2 类似，沿轨分辨率为 5～7 km；二是合成孔径雷达测量模式，主要为了提高海冰观测精度和分辨率，可使沿轨分辨率达到 250 m 左右；三是合成孔径雷达干涉测量（Synthetic Aperture Radar Interferometry，SARIn）模式，主要为了提高冰盖或冰架边缘等地形复杂区域的精度。

除海洋表面地形外，海洋学还研究水覆盖之下的固体地球表面形态，因此，海洋水下地形遥感卫星及海底地形探测与测绘卫星近年来也得到了发展与重视。海底地形测量是一项基础性海洋测绘工作，海底地形反映了海床的起伏变化，在海底板块运动、沉积物迁移变化、水面/水下载体安全航行、水下匹配导航、水下管节安放、沉船打捞、油气勘探和环境监测等海洋科学研究、海洋军事和海洋工程中发挥着重要作用。

虽然 Cryosat 主要为了测量北极海冰厚度，但是其收集到的数据也可用于其他研究中。最新研究表明，Cryosat 可用于高分辨率海底地形测绘。Cryosat 搭载的雷达测高仪不仅能够探测冰的厚度的微小变化，而且可以测量海平面高度。由于引力的作用，海洋表面地形会模拟海底上升和下降，在大片的海域，如海底的山脉，会产生强大的引力，吸引更多的水并在海平面高度上产生一个微小的增加。因此，用仪器测量海洋表面高度，便可绘制海底在以前未经勘测的区域的地形。Cryosat 雷达测高仪不仅可以感知海洋表面的地心引力，而且可以揭示 5～10 km 尺度的海底特征。美国圣迭戈斯克利普斯海洋研究所的研究发现，Cryosat 测量范围精度至少比美国的 Geosat 或欧空局的 ERS-1 高 1.4 倍。若结合 3 年或更多年的海洋测绘数据，Cryosat 带来的全球海底地形的深海测量数据比目前可用的测量数据更准确 2～4 倍。

3.4.3.5 GRACE 卫星

GRACE 卫星于 2002 年 3 月发射升空，2017 年成功退役。GRACE 卫星是 EOS 计划的第 2 颗卫星，轨道高度为 500 km，用于测绘地球重力场的变化。GRACE 卫星由两颗同样的卫星组成，两者相距约 220 km。在绕地飞行过程中，使用 K 波段测距仪精确测量卫星间的距离变化，其测量误差小于 0.1 μm——相当于人类头发丝的百分之一。通过毫厘之间的微弱变化，GRACE 卫星就能够感知到地球重力的变化，从而实现地球重力场的测量。

GRACE 卫星重力场的测量还可以监测冰架变化与全球海平面变化。两极冰盖面积的增加或减小对全球气候有着十分重要的影响。随着两极冰盖面积的减小，导致热量吸收增加，融化的冰雪会导致全球海平面上升。由 GRACE 卫星提供的数据可以帮助科学家更好地认识两极冰盖的物质是如何变化的，以及评估这种变化对全球海平面的影响。GRACE 卫星的数据结合了地表、航空及卫星测量的高程数据之后，还可以修正冰盖质量平衡的计算模型。此外，将 GRACE 卫星重力场的测量与地表高程的测量（如雷达高度）相结合，科学家能够更好地区分由于水体热胀冷缩引起的平均海平面变化和由于水体实际质量改变引起的平均海平面变化。

GRACE 卫星是一项开拓性工程，推动了我们对于地球系统——陆地、海洋、冰川的理解，是人类的一项伟大创造。GRACE 卫星的继任卫星“GRACE-FO”已于 2018 年 5 月 22 日发射升空，执行新一代的地球水资源动态观测任务。

3.4.4 海洋动力环境卫星

海洋动力环境卫星通常采用的是微波遥感技术，可全天时、全天候对海洋表面风场、海流、海浪和温度等海洋要素进行监测，直接为海洋减灾、防灾，海上交通运输，海洋工程和海洋科学研究等工作提供技术支持。微波传感器按照工作方式分为主动型传感器和被动型传感器，表 3.4.15 所示为微波传感器的分类。

表 3.4.15　微波传感器的分类

传感器种类	工作方式	观测对象
微波辐射计	被动型传感器	海洋表面状态、海洋表面湿度、海风、海水盐分浓度、海冰水蒸气量、云层含水量、降水强度、天气湿度、风、臭氧、气溶胶、氧化氮等
微波散射计	主动型传感器	土壤水分、地表面的粗糙度、海水分布、积雪分布、植被密度、海浪、海风、风向、风速
降雨雷达	主动型传感器	降水强度
雷达高度计	主动型传感器	海洋表面形状、大地水准面、海流、中规模旋涡、潮汐、风速
成像雷达、合成孔径真实雷达	主动型传感器	地表影像、海浪、海风、地形、地质、海冰和雪的监测

1）微波传感器——微波辐射计

微波辐射计的应用始于 1962 年美国发射的“水手 2 号”卫星，之后美国、苏联、日本、印度、欧洲等国家搭载微波辐射计的卫星相继发射。主要的微波辐射计如下。

（1）SSM/I（Special Sensor Microwave/Image）微波成像仪。

由 7 个不同功率的微波辐射计构成，具有 4 个频率的工作波段，可形成 7 个不同的辐射通道。可获得海洋表面发射的微波辐射、大气发射的微波辐射和海洋表面反射的大气向下的辐射等。

（2）先进的微波扫描辐射计。安装在 ADEOS-2 上，主要观测对象为海冰、海风、海洋表面温度等。

2）微波传感器——微波散射计

微波散射计对有起伏的物体表面发射电磁波，并测量从物体表面发射或散射回来的接收功率。卫星搭载微波散射计始于 1978 年美国发射的 Seasat 上的 SASS（Seasat-A Scatterometer System）微波散射计。主要的微波散射计有①SeaWinds 微波散射计：安装在 ADEOS-2 和 QuikSCAT 卫星上，用于测量海风的速度和方向。②AMI 测风仪和 NSCAT：前者安装在 ERS-1 上，后者搭载在 ADEOS 上，用于测量海风矢量。

3）微波传感器——雷达高度计

雷达高度计主要用于海洋表面高度、海洋表面风速与浪高、海冰的形状观测等，对本身精度、飞行器轨道和大地水准面高程的精度都有要求。雷达高度计主要有①ALT 双频雷达高度计：采用 Ku 波段（13.8 GHz）和 S 波段（3.2 GHz），用于绘制海洋表面形态（分辨率为 25 km，高度精度为 5 cm）、冰层地形图（分辨率为 15 km，高度精度为 50cm）、海潮模型（高度精度为 20 cm），测量海洋表面浪高（精度为 50 cm 或 1%）和风速（精度为 2 m/s），从而提供海流速度；②TOPEX/POSEIDON 雷达高度计；③ERS-RA 雷达高度计：采用 Ku 波段（13 GHz），用于测量海洋波高、风向、风速和海洋表面高程，也可用于洋流、潮汐和全球椭球体的研究，确定海冰地形、类型和海冰界面。

4）微波传感器——成像雷达

成像雷达主要有以下几种。

（1）EOS-SAR：多波段（L、C、X）、多极化（L:4 极化，其他两波段 HH、VV 极化）、多波束入射角（15°～50°任选）、多模态操作（局部高分辨率为 20～30 m；区域成像模式分辨率为 50～100 m；全球成像模式分辨率为 250～500 m）。可用于海冰、洋流、内波、海洋表面风场、海洋表面波高等海洋参数的探测。

（2）SIR-C/X-SAR：L、C、X 3 个波段同时多视角成像，前两者可同时进行多极化组合，还有获得干涉雷达数据的能力。

（3）先进的合成孔径雷达：搭载在 Envisat-1 上，工作在 C 波段，操作模态有成像、宽刈幅、轮流极化、海浪、全球监视 5 种模态。可用于海浪特征、中等比例尺的海洋特征、海冰分布与运动监测。

3.4.4.1 Seasat

Seasat 是遥感技术用于海洋研究的里程碑，第一颗卫星于 1978 年 6 月 28 日发射升空，主要有 5 种类型的海洋遥感探测器：合成孔径雷达、雷达高度计、微波散射计、多通道扫描微波辐射计、可见光红外辐射计。它是首次利用合成孔径雷达对地球、海洋进行遥感的卫星，证明了全球卫星监测海洋现象的可行性，并帮助确定可运作的海洋遥感卫星系统的需求。运行目的是收集有关海洋表面风、海洋表面温度、波高、内部波、大气、水、海冰特征和海洋地形的数据。遗憾的是，由于电力系统故障，Seasat 在 1978 年 10 月 10 日停止工作。虽然历时短暂，但是证明了使用微波传感器监测海洋状况的可行性，并为未来的合成孔径雷达任务奠定了基础。

3.4.4.2 ERS

ERS 是由欧空局发射的研究地球陆地、大气和海洋的系列极轨卫星。ERS-1 在 1991 年发射升空，ERS-2 在 1995 年发射升空。ERS-1/2 携带有多种有效载荷，包括侧视合成孔径雷达和风向散射计等装置，采用了先进的微波遥感技术来获取全天候、全天时的图像，与传统的光学遥感图像相比有独特的优点。ERS-1/2 合成孔径雷达的工作模式参数如表 3.4.16 所示。ERS 是为海洋资源开发和海洋科研提供实时数据的，进行全球环境监测，同时兼顾陆地资源探测的多功能卫星。

表 3.4.16　ERS-1/2 合成孔径雷达的工作模式参数

工作模式参数	参数值
工作波段	C
工作频率/GHz	5.3
极化方式	VV
空间分辨率/m	30
入射角/（°）	23
带宽/MHz	15.55
刈幅/km	100

3.4.4.3 Envisat-1

Envisat-1 于 2002 年 3 月 1 日发射升空，是欧空局的对地观测卫星系列的卫星。该卫星是欧洲迄今建造的最大的环境卫星之一，载有 10 种探测设备，其中 4 种探测设备是 ERS-1/2

所载设备的改进型，所载的最大设备是先进的合成孔径雷达，可生成海洋、海岸、极地冰冠和陆地的高质量、高分辨率图像，来研究海洋的变化。Envisat-1 先进的合成孔径雷达传感器的 5 种工作模式参数如表 3.4.17 所示。

表 3.4.17 Envisat-1 先进的合成孔径雷达传感器的 5 种工作模式参数

模式	图像	交替极化	宽幅扫描	全球监测	海浪
成像宽度/km	最大 100	最大 100	约 400	约 400	5
下行数据率/（Mbit/s）	100	100	100	0.9	0.9
极化方式	VV 或 HH	VV/HH 或 VV/VH 或 HH/HV	VV 或 HH	VV 或 HH	VV 或 HH
分辨率/m	30	30	150	1000	10

3.4.4.4 Radarsat

Radarsat 是加拿大空间局帮助出资建造和发射的第 1 批商业雷达成像卫星，Radarsat 的成功发射，使加拿大在地球雷达观测方面处于国际领先地位。目前包括 Radarsat-1 和 Radarsat-2 两颗卫星。

Radarsat-1 发射于 1995 年，搭载了新一代遥感传感器 C 波段合成孔径雷达。Radarsat-2 发射于 2007 年，是 Radarsat-1 的后继卫星。相比 Radarsat-1 的设计，Radarsat-2 更加灵活，可根据指令在左视和右视之间切换，不仅缩短了重访周期，而且增加了获取立体成像的能力；而实施这种切换只是通过简单地滚动操作，大约 10min 就可以完成。另外，对所有波束模式，都可以在左视和右视之间切换。除重访间隔缩短，数据接收更有保证和图像处理更加快速外，Radarsat-2 可以提供 11 种波束模式。表 3.4.18 所示为 Radarsat-2 波束模式的特征，包括两种高分辨率模式、3 种极化模式、增宽的扫幅及大容量的固态记录仪等，使 Radarsat-2 的工作更加灵活和便捷。

表 3.4.18 Radarsat-2 波束模式的特征

波束模式	运行模式	极化模式	入射角 /（°）	标称分辨率/m	分辨率范围（标称）/m	方位方向分辨率（标称）/m	视数（距离×方位）	景大小（距离/km ×方位/km）
Spotlight	Spotlight	SS	20～49	1	2.1～3.3	0.8	1×1	20×8
超精细	Stripmap	SS	30～40	3	2.5～3.4	3.0	1×1	20×20
多视精细	Stripmap	SS	30～50	8	7.4～9.1	7.9	2×2	50×50
精细	Stripmap	SS&Dual	30～50	8	7.4～9.1	7.9	1×1	50×50
标准	Stripmap	SS&Dual	20～49	25	19.2～29.2	25.6	1×4	100×100
宽	Stripmap	SS&Dual	20～45	30	20.6～42.8	25.6	1×4	150×150
四极化精细	Stripmap	Quad	20～41	8	8.4～16.0	7.9	1×1	25×25
四极化标准	Stripmap	Quad	20～41	25	22.3～28.6	7.9	1×4	25×25
高入射角	Stripmap	Single	49～60	25	16.9～19.4	25.6	1×4	75×75
窄幅扫描	ScanSAR	SS&Dual	20～47	50	43.0～91.0	46.0～77.0	2×2	300×300
宽幅扫描	ScanSAR	SS & Dual	20～49	100	82.0～183.0	90.0～113.0	4×2	500×500

注：1、极化模式如下：

S=single 单极化　　HH

SS=Select Single 可选单极化　　HH、VV、HV、VH

Dual（双极化）　　HH&HV 或者 VV&VH

Quad（四极化）　　HH&HV&VV&VH

2、所列分辨率及景大小都是标称值（实际上它们是随着入射角的变化而变化的）

3.4.4.5 QuikSCAT 卫星

快速散射计（Quick Scatterometer）卫星，简称 QuikSCAT 卫星，发射于 1999 年，隶属于 EOS 计划。卫星上搭载有 1 台 SeaWinds 微波散射计，主要用来全天候连续、准确地测量、记录全球的海洋风速和风向数据。QuikSCAT 卫星的总体目标是重启美国国家航空航天局“海洋风测量”计划，以满足天气预报和气候研究的需要。

2002 年发射的 ADEOS-2 搭载了 SeaWinds 微波散射计，还搭载了与海洋有关的有效载荷：先进的微波扫描辐射计和全球成像仪。

SeaWinds 微波散射计与印度的 Oceansat-2 和后继卫星 ScaTsat-1 上的散射计 OSCAT-1/2、我国的 HY-2A 卫星上的散射计的差异对比如表 3.4.19 所示。

表 3.4.19 三种典型微波散射计的差异对比

参数	SeaWinds	OSCAT	HY-2A
轨道高度/km	800	720	971
轨道倾角/（°）	98.60	98.28	99.34
轨道升交点时间	6:00 am ± 30 min	12:00 midnight ± 30 min	6:00 pm
轨道周期/min	101.00	99.31	104.46
日轨道数（大约）	14.25	14.50	13.78
轨道重访周期/d	4	2	14（前期）&168（后期）
赤道处卫星高度/km	803	720	971
频率/GHz	13.402	13.515	13.256
波长/cm	2.24	2.21	2.26
天线旋转速度/rpm	18.0	20.5	18.0
脉冲重复频率/Hz	92.5	96.5	100～200
脉冲长度/ms	1.00	1.50	0.65～1.20
名义发射功率/W	110	120	100
在轨工作时长	QuikSCAT: 1999.6—2009.11 ADEOS-2: 2002.12—2003.10	Oceansat-2: 2009.9—2014.2 ScaTsat-1: 2016.9 至今	2011.8 至今
内波束极化方式	HH	HH	HH
内波束入射角/（°）	46	49	41
内波束斜视距离/km	1100	1031	
内波束刈幅/km	1400	1400	1350
内波束记录切片	8	7	N/A
内波束宽度（方位角/（°）、高度角/（°））	1.60 by 1.80	1.47 by 1.62	1.02 by 1.10
内波束椭圆足迹分辨率（方位向/km、距离向/km）	24.0 by 31.0	26.8 by 45.1	33.0 by 26.0
外波束极化方式	VV	VV	VV
外波束入射角/（°）	54.1	57	48
外波束斜视距离/km	1245	1208	
外波束刈幅/km	1800	1836	1700

续表

参数	SeaWinds	OSCAT	HY-2A
外波束记录切片	8	12	N/A
外波束宽度（方位角/（°）、高度角/（°））	1.40 by 1.70	1.39 by 1.72	1.18 by 1.10
外波束椭圆足迹分辨率（方位向/km、距离向/km）	26.0 by 36.0	29.7 by 68.5	37.0 by 26.0

3.4.4.6　SMOS 卫星

2009 年发射的欧空局土壤湿度和海洋盐深度（Soil Moisture and Ocean Salinity，SMOS）卫星是世界上第一颗专用于提供全球土壤湿度及海水盐度的卫星。该卫星首次采用干涉式成像辐射计（综合孔径辐射计）技术，实现了常规微波辐射计技术无法达到的高空间分辨率。该卫星唯一的载荷是基于孔径综合技术的微波成像仪（Microwave Imaging Radiometer with Aperture Synthesis，MIRAS），工作于 L 波段，适合进行土壤湿度和海水盐度观测，地面（海洋表面）分辨率能达到 30～50 km。MIRAS 传感器的参数如表 3.4.20 所示。SMOS 卫星绘制了最精确的陆地湿度变化图和海洋盐度分布图，是低频段被动微波遥感的里程碑，对全球气象、海洋和环境的研究与遥感应用带来强大的推动和新的生命力。我国科学院空间科学与应用中心在 SMOS 卫星的研制过程中曾参与了部分测试工作，并承担了利用我国塔克拉玛干大沙漠为 SMOS 卫星进行星-地定标的任务。

表 3.4.20　MIRAS 传感器的参数

工作参数	参数值		
测量产品	土壤水分 SM（Soil Moisture）	海洋表面盐度 SSS	
覆盖范围	全球	全球	全球
任务持续时间/years	3～5	3～5	3
频率	L-band	L+C-Band	L-band
极化方式	H+V	—	H+V
空间分辨率/km	10	20	50
重访时间/d	1～3	1～10	3
辐射测量精度/K	1	0.5	2
辐射灵敏度/K	1	0.25	3

习题

1．太阳同步轨道与地球同步轨道的区别是什么？
2．什么是卫星轨道，如何选择合适的对地观测卫星轨道呢？
3．扫描传感器有几种扫描方式，简述其优缺点。
4．简述光学遥感分辨率包括哪些方面？其内涵是什么？
5．简述海洋遥感卫星的分类并列举代表卫星。

6．列举可用于海洋水色/水温遥感的卫星及传感器。
7．列举可用于海洋地形遥感的卫星及传感器。
8．列举可用于海洋动力环境遥感的卫星及传感器。

参考文献

[1] 程乾．城乡环境遥感技术及应用 [M]．长春：东北师范大学出版社，2016．
[2] 郭理桥．城市精细化管理遥感应用 [M]．北京：中国建筑工业出版社，2013．
[3] 何兴伟，冯小虎，韩琦，等．世界各国静止气象卫星发展综述 [J]．气象科技进展，2020，10（1）：22-29．
[4] 刘良明．卫星海洋遥感导论 [M]．武汉：武汉大学出版社，2005．
[5] 梅安新．遥感导论 [M]．北京：高等教育出版社，2001．
[6] 申广荣．资源环境信息学 [M]．上海：上海交通大学出版社，2008．
[7] 师艳子，李云松，郑毓轩．国内外卫星遥感数据源综述 [J]．卫星与网络，2018，181（4）：54-58．
[8] 徐文．我国陆地观测卫星现状及发展战略思考 [J]．中国科学：信息科学，2011，（S1）：6-14．
[9] Wulder M, T Loveland, D Roy, et al. Current status of Landsat program, science, and applications [J]. Remote Sensing OF Environment, 2019, 225(5): 127-147.

第4章 海洋水色遥感

地球作为一个有机的整体是充满生机的，随着对地球的不断深入了解，海洋的重要作用越来越被人们所认识。海洋不仅是人类最大的财富，而且在整个地球环境变化中起着主要的作用。海洋环境对全球碳循环和气候变化的作用十分重要，因此人们采用各种手段对海洋进行观测和研究。水体生物光学特性（Bio-Optical Properties）变化是海洋环境变化的重要指征，可通过水色遥感（Ocean Color Remote Sensing）进行观测和研究，即主要利用可见光至近红外光谱段对海洋进行遥感探测。按照研究对象的不同，可将水色遥感分为内陆（Inland）水体、近岸（Coastal）水体、海洋开阔水体（Open Sea 或 Case I Water）等遥感。本章将介绍海洋水色遥感的目标特性、生物-光学（Bio-Optical）模型及水色遥感资料的处理方法。4.1 节介绍水体光学特性；4.2 节介绍水体生物-光学模型；4.3 节介绍水色遥感资料的处理。

§4.1 水体的光学特性

任何目标的光学遥感都需要深入研究其光学特性。在海洋水色遥感中，传感器接收的总信号中水体信号贡献相对较小，通常低于 10%，另外水色反演算法往往对离水辐亮度的误差比较敏感，因此水体光学特性的研究尤其重要，主要包括水体的表观光学特性、固有光学特性或水体中重要的光学组分几个方面。

4.1.1 表观光学特性

所谓表观光学特性（AOPs）是随光照条件的变化而变化的量，如向下辐照度 E_d、向上辐照度 E_u、离水辐亮度 L_W、遥感反射比 R_{rs}、漫反射比 R（Diffuse Reflectance）等，以及这些量的漫射衰减系数 K_d、K_l。这些参数必须归一化，才有可能对不同时间、不同地点的测量结果进行比较。

海洋水色遥感就是利用表观光学特性来反演水体成分的浓度的，其基本物理量是离水辐亮度 L_W（Water-Leaving Radiance）。反演模型采用的辐射参量有离水辐亮度 L_W、归一化离水辐亮度 L_{WN}、刚好在水面以下的（Just Beneath Water Surface）辐照度比（或漫反射比）$R(0^-)=E_u(0^-)/E_d(0^-)$、遥感反射比 $R_{rs}=L_W/E_d(0^+)$等。

4.1.1.1 遥感反射比

遥感反射比 $R_{rs}(\lambda)$是主要的水体表观光学参数之一，也是众多海洋水色遥感算法中的一个基础物理量，定义为离水辐亮度（L_w）与海洋表面以上的辐照度（E_d^+）之比。

$$R_{rs} = \frac{L_w}{E_d^+} \tag{4.1.1}$$

式中，L_w 为离水辐亮度；E 表示辐照度、下标 d 表示下行的物理量、$^+$表示在水面以上的物理量。

4.1.1.2 漫射衰减系数

漫射衰减系数 $K(z)$是水体光学研究中反映水质信息的重要光学参数。现以无限深水体的向下辐照度 E_d 为例，刚好在水表面下的 $E_d(0^-)$与某一深度 z 处的辐照度 $E_d(z)$的关系为

$$E_d(z) = E_d(0^-)\exp\left(-\int_0^z K_d(z)\mathrm{d}z\right) \tag{4.1.2}$$

式中，$K_d(z)$为 E_d 在深度 z 处的漫射衰减系数，

因此有

$$K_d(z) = -\frac{\mathrm{d}\left(\ln E_d(z_n)\right)}{\mathrm{d}z_n} \tag{4.1.3}$$

4.1.2 固有光学特性

光在传输过程中，往往与介质相互作用而发生吸收和散射。其中与介质自身性质紧密相关的光谱吸收系数（Absorption Coefficient）$a(\lambda)$、散射系数（Scattering Coefficient）$b(\lambda)$、散射相函数（Scattering Phase Function）P 和光束衰减系数（Beam Attenuation Coefficient）$c(\lambda)$等都称为固有光学特性（IOPs）。在海洋水色遥感中，这些只与水体及其内部成分有关而不随光照条件变化而变化的量，具体包括如下：

（1）水分子的吸收系数 a_w、散射系数 b_w、散射相函数β_w；

（2）叶绿素 a 的吸收系数 a_C、比吸收系数（Specific absorption coefficient）a_c，散射系数 b、单位散射系数 b_c、后向散射系数 b_b、前向散射系数 b_f、散射相函数β;

（3）黄色物质的比吸收系数 a_y;

（4）其他成分，包括无机物（Inorganic Matter）、碎屑（Detritus）等的吸收、散射特性。

其中，固有光学物理量中最重要的是比吸收系数和体散射相函数。

4.1.2.1 吸收系数

在给定波长、溶剂和温度条件下，吸光物质在单位浓度、单位液层厚度的吸收度称为吸收系数。

设有一个介质薄层，其厚度为 dr，入射光束的辐射通量为Φ，在没有散射的情况下，经过该介质薄层后，该光束的辐射通量损失为 dΦ_a，则吸收系数 a 定义为

$$a = -\frac{\mathrm{d}\Phi_a}{\Phi\mathrm{d}r} \tag{4.1.4}$$

吸收系数 a 的单位为 m^{-1}。

4.1.2.2　体散射相函数与散射系数

体散射相函数（Volume Scattering Phase Function）或其归一化后的散射相函数，是固有光学特性的另外一个重要参数，该参数决定了光场强度的角度分布。所谓体散射相函数是指单位体积上单位入射辐照度在特定方向上的辐射强度。

考虑介质的一个很小的体积 $\mathrm{d}V$，一入射光束的辐照度为 E_{in}，从该体积介质散射出来的（θ,ϕ）方向上的光，可以看作是点光源发射出来的辐射强度 $\mathrm{d}J(\theta,\phi)$。则体散射相函数$\beta(\theta,\phi)$为

$$\beta(\theta,\varphi)=\frac{\mathrm{d}J(\theta,\varphi)}{E_{\text{in}}\mathrm{d}V} \tag{4.1.5}$$

其单位为 $m^{-1}sr^{-1}$。图 4.1.1 所示为体散射相函数的定义示意图。

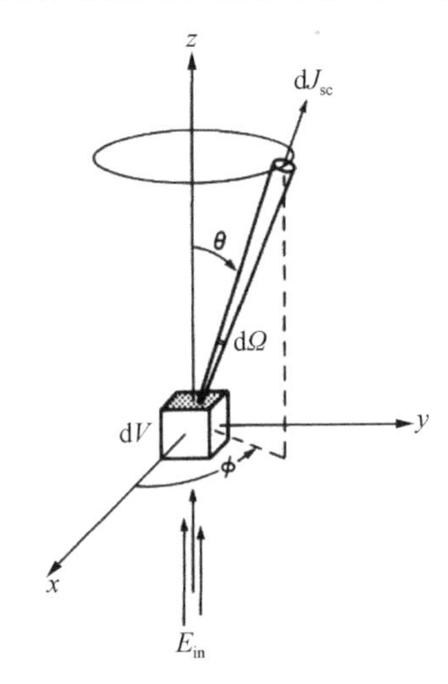

图 4.1.1　体散射相函数的定义示意图

由体散射相函数导出散射系数 b：

$$b=\int_0^{4\pi}\beta\mathrm{d}\Omega=\int_0^{2\pi}\int_0^{\pi}\beta(\theta,\varphi)\sin\theta\mathrm{d}\theta\mathrm{d}\varphi \tag{4.1.6}$$

图 4.1.1 中，由于散射强度与方位角无关，因此，

$$b=2\pi\int_0^{\pi}\beta(\theta)\sin\theta\mathrm{d}\theta \tag{4.1.7}$$

散射相函数 $P(\theta,\phi)$的定义为

$$P(\theta,\varphi)=4\pi\beta(\theta,\varphi)/b \tag{4.1.8}$$

P 的单位为 sr^{-1}。由此可得 $\int_{4\pi}P(\theta,\varphi)\,\mathrm{d}\Omega=4\pi$ 。

不同粒子的散射相函数示意图如图 4.1.2 所示。

很多时候，我们用到单次散射反照率（Single Scattering Albedo）$\omega_0=b/c$，c 为消光效率因子。

根据光束衰减系数，可以定义几何厚度为 z、光束方向与法线方向夹角为θ的介质光学厚度（Optical Thickness）τ 为

$$\tau=\int_0^{z}c(r)\sec\theta\mathrm{d}r \tag{4.1.9}$$

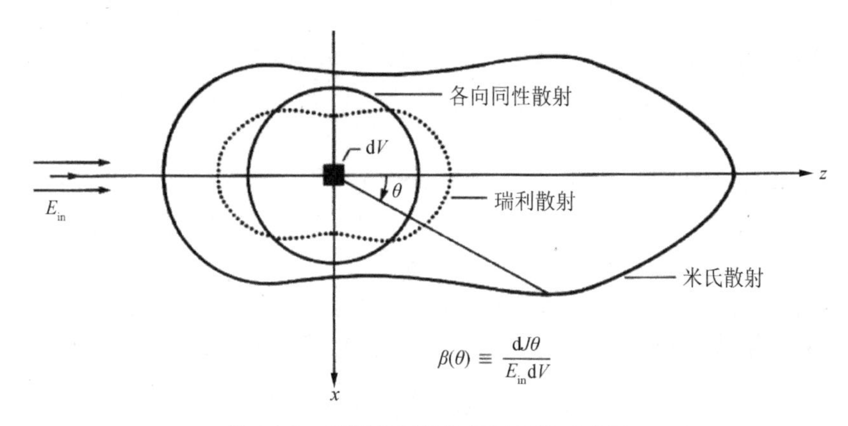

图 4.1.2　不同粒子的散射相函数示意图

散射系数又可以分为前向散射系数 b_f 和后向散射系数 b_b，并可由此定义前向和后向散射的比例。

4.1.2.3　分布函数与平均余弦

分布函数（Distribution Function，DF）是概率统计中重要的函数，正是通过它，可以用数学分析的方法来研究随机变量。它是随机变量最重要的概率特征，分布函数可以完整地描述随机变量的统计规律，并且决定随机变量的一切其他概率特征。

平均余弦（Average Cosine）是指通过某一面元的净辐照度与标量辐照度之比，用于描述光场的方向特性。

4.1.3　水体中重要的光学组分

一般水体可能含有以下 7 种成分（Morel 1977，Gordon & Morel 1983）。

（1）活的藻类细胞：其浓度可以有很大变化。

（2）连带的碎屑：即由浮游生物的自然死亡降解和浮游动物的消化排泄产生的碎屑。

（3）溶解有机质：由藻类和它们的碎屑释放出来的物质（黄色物质）。

（4）再次悬浮的泥沙：沿岸海底和浅海区因海流等作用而搅起的泥沙。

（5）陆源颗粒（Terrigenous Particles）：河流、冰川带入的矿物颗粒等。

（6）陆源有色可溶性有机物。

（7）人类活动产生并进入海洋的颗粒和溶解物。

4.1.3.1　浮游植物色素

浮游植物色素是浮游植物的重要组成部分，不同种类的浮游植物往往含有不同成分及比例的色素，浮游植物不仅是初级生产过程的核心，也是海洋生物地球化学循环的主要组成成分，其色素组成是用于区分浮游植物种群结构的重要指标，因此对浮游植物色素的研究可以更好地描述浮游植物种群的变化。

4.1.3.2　悬浮颗粒物

悬浮颗粒物（Suspended Particulate，SP）是指悬浮在空气中或掺杂在水中，空气动力学当量直径小于等于 100 μm 的颗粒物，悬浮颗粒物的含量和分布是衡量大气和水体质量评价体系的重要指标。

4.1.3.3 有色可溶性有机物

有色可溶性有机物（Chromophoric Dissolved Organic Matter，CDOM）又称黄色物质，是海水中溶解有机物（DOM）中的主要成分，它能吸收蓝色的光而散射黄色的光，从而使水色呈现黄色，故被称为黄色物质。它是参与海洋中碳循环十分重要的动态因子，是一种性能较好的海水固有示踪物。

§4.2 水体生物-光学模型

海洋水体的光学特性主要由水分子和浮游生物决定，因此在海洋光学中，把水体光学模型一般称为生物-光学（Bio-Optical）模型（Smith & Baker，1978），此概念目前也用于二类水体。水体生物-光学特性的研究包括水体成分的固有光学特性、表观光学特性的定量描述，表观光学特性与固有光学特性之间的关系及反演算法等。

在未来几年内，将以归一化离水辐亮度 L_{WN} 为基本量的统计模型、以基于辐照度比 R 和遥感反射比 R_{rs} 的半分析模型为主要方向。而在海洋水色遥感中，通常把海水分为两类——一类水体和二类水体，典型的一类水体是海洋开阔水体，典型的二类水体是近岸、河口区域的水体。一类水体光谱模型的奠基工作是 Morel 等人在 1977 年完成的，后经过 Morel、Sathyendranath&Preiur 和 Bricaud 等众多科学家的不断努力，已基本成熟。但随着技术手段的进步，如高压液体色谱（HPLC）技术的广泛采用、固有参数测量仪器的进步等，会进一步提高一类水体固有光学特性的精度。

4.2.1 水体成分的固有光学特性及模型

水体各成分的散射与其浓度有关，其中可将后向散射表示为体散射（Volume Scattering）与后向散射的比例（Backscattering Ratio）系数的乘积：

$$b_b = \tilde{b}_{b_w} b_w + \tilde{b}_{b_c} b_c + \tilde{b}_{b_x} b_x \tag{4.2.1}$$

式中，b_w 为纯（海）水的散射系数；$\tilde{b}_{b_w}$ 为水的后向散射的比例；b_c 为浮游生物（叶绿素）的散射系数；$\tilde{b}_{b_c}$ 为叶绿素的后向散射的比例；b_x 为悬浮泥沙的散射系数；$\tilde{b}_{b_x}$ 为悬浮泥沙的后向散射的比例。

4.2.1.1 水体各成分的后向散射

1. 海水分子的散射

$$b_w(500) = 0.00288\ \text{m}^{-1},\quad \tilde{b}_{b_w} = 0.5,\quad \frac{b_w(\lambda_1)}{b_w(\lambda_2)} = \left(\frac{\lambda_1}{\lambda_2}\right)^{-4.3} \tag{4.2.2}$$

2. 叶绿素的散射

$$b_c(550)=0.12C^{0.63},\ b_c(\lambda)=b_c(550)\frac{a_c(550)}{a_c(\lambda)},\ \tilde{b}_{b_c}=0.005 \tag{4.2.3}$$

3. 悬浮泥沙（无机颗粒）的散射

为简化计算，定义 $X(\mathrm{m}^{-1})=b_X(550)$，实测时，可用 $b_X(550)=b(550)-b_c(550)$，以免除麻烦的水体过滤。如果要确定 $X(\mathrm{m}^{-1})$ 与 mg/m^3 的单位换算关系，可首先进行一系列不同浓度的水体配比测量，然后回归确定二者的关系。一般认为，泥沙的光谱散射满足下列关系：

$$\frac{b_x(\lambda_1)}{b_x(\lambda_2)}=\left(\frac{\lambda_1}{\lambda_2}\right)^{-n} \tag{4.2.4}$$

随水体的不同，$\tilde{b}_{b_x}$ 与 n 有以下规律：

（1）对于二类水体（如近岸），n=0～1.0，$\tilde{b}_{b_x}$ 取值为 0.01～0.033；对于黄海、东海浑浊水体，n=0.8。

（2）对于高叶绿素浓度的一类水体，n=1 或 2，$\tilde{b}_{b_c}\leqslant 0.005$。

（3）对于贫瘠的一类水体，n=2，$\tilde{b}_{b_c}$ 取值为 0.01～0.025。

4.2.1.2 水体成分的吸收特征

1. 叶绿素的吸收

叶绿素的吸收随着总叶绿素浓度、叶绿素 a（Chl-a）、Chl-b 与 Chl-c 相对比例的不同、不同浮游生物组分和光照条件的不同有一定的差别。但总的规律满足：

$$a_C(\lambda)=0.06a_c^n(\lambda)C^{0.602} \tag{4.2.5}$$

关键问题是归一化比吸收系数 a_c^n 的测算。

一般先采用 $\overset{*}{a}_c(440)$=0.05m^{-1}/(mg/m^3)，再采用 $\overset{*}{a}_c(\lambda)=a_c^n\,\overset{*}{a}_c(440)$。

但实际上 $\overset{*}{a}_c(440)$随水体的变化很大。对于叶绿素比吸收系数的变化及其参数化，Bricaud 等人利用 815 个测点的数据得出了结果，结果表明，随叶绿素浓度的不同，比吸收系数有一个数量级的差别，例如，在 440 nm 处，Chl-a 的浓度为 0.02～20 mg/m^3，比吸收系数的变化为 0.148～0.0149 m^2/mg。Bricaud 等人的实验表明，叶绿素的比吸收系数 $\overset{*}{a}_c(\lambda)$随叶绿素浓度的变化而变化，叶绿素的浓度增大，$\overset{*}{a}_c(\lambda)$减小。他们利用 815 个测点数据得到的结果是

$$\overset{*}{a}_c(\lambda)=A(\lambda)<\text{Chl-a}>^{-B(\lambda)} \tag{4.2.6}$$

式中，$A(\lambda)$、$B(\lambda)$为随波段变化的系数；<Chl-a>为叶绿素的浓度，该公式及其系数的适用范围为 0.02～25 mg/m^3。

2. 黄色物质的吸收

一般定义黄色物质的浓度为 $Y(\mathrm{m}^{-1})=a_Y(440)$，研究表明，黄色物质的吸收满足下述指数规律：

$$a_Y(\lambda)=a_Y(\lambda_0)\exp[-S(\lambda-\lambda_0)] \tag{4.2.7}$$

式中，λ_0=440 nm；S 随水体的不同在 0.011～0.018 变化，通常取 S=0.014。

因此其比吸收系数 $\overset{*}{a}_Y(\lambda)=\exp[-0.014(\lambda-440)]$，且 $\overset{*}{a}_Y(\lambda)=a'_Y$（归一化比吸收系数）。

3. 悬浮泥沙的吸收

在不同的近岸河口地区，悬浮泥沙的矿物质组成不一样，其光谱吸收也有很大的差别，因此，需要测量典型海区悬浮泥沙的光谱吸收系数。一些科学家的研究结果表明，不同区域悬浮泥沙的吸收散射特性有一定的共性。在近岸水体，一般蓝色波段的吸收散射特性较强，从而呈现出黄色的泥沙。

4.2.2　二类水体的固有光学特性

二类水体的固有光学特性包括以下 3 类。

（1）区域性悬浮泥沙的吸收与散射特性。

（2）在高泥沙含量区的叶绿素吸收特性，与海洋水体的叶绿素有一定差异。

（3）黄色物质光谱吸收特性有很强的陆源变化。

§4.3　水色遥感资料的处理

水色遥感数据的精度要求很高，遥感器的偏差和大气校正的 5%误差可导致水体成分浓度反演的误差极大，且 5%的误差已接近遥感器采用传统方法进行辐射校正、仪器漂移等误差的极限。应该说明的是，精确控制各种输入条件、考虑多次散射和偏振的大气校正算法的误差可以达到 1%～3%，而不同的大气校正算法之间的误差也可达到 2%～4%。

水色信息波段的水色信号——离水辐亮度占总信号的 10%左右，因此，如果遥感器与大气校正的总误差是 5%，离水辐亮度的误差就是 50%，远远高于离水辐亮度 5%～10%误差的水色应用要求。因此，水色遥感器的辐射校正需要特别的思路才可能满足应用目标的要求。

4.3.1　水色遥感资料的预处理

水色遥感资料预处理是指将 L0（Level 0）级数据经过数据解包、几何定位和辐射定标等步骤，制作 L1 级数据的过程，也称为 L1 级（Level 1）处理过程。L1 级处理过程也可以进一步细分为 L1A 级和 L1B 级两个子过程，L1A 级数据的处理主要包括将空间数据系统协商委员会（Consultative Committee for Space Data System，CCSDS）建议格式的 L0 级数据解包处理为 HDF 格式数据，并对其进行验证，同时生成地理定位数据，并结合其他辅助信息，生成 EOS 标准格式的数据产品。L1B 级数据处理是对 L1A 级数据进行进一步校正与辐射定标形成 HDF-EOS 格式的数据，用于下一步数据处理。本节内容以 MODIS 数据资料预处理为例展开，包括数据解包、几何校正与辐射定标 3 个基本过程。

4.3.1.1 数据解包

数据解包是将 CCSDS 格式的 L0 级数据解包处理为 L1A 级 HDF 格式的数据，从而提取 L0 级数据的时间、扫描线、各种视场数据帧、丢失包、遥测数据、工程数据、卫星姿态信息、星历信息及各种分辨率的探测数据等，并将这些信息按 HDF 格式分层、分类存放的过程。数据解包后的 L1A 级数据信息主要由以下 5 部分组成：①定位信息，包含每 1km 分辨率像素中心的经纬度；②定标信息，包含在轨定标信息；③250m 分辨率瞰视图，包含 250m 分辨率波段；④500m 分辨率瞰视图，包含 500m 分辨率波段；⑤1km 分辨率瞰视图，包含反射波段和发射波段。L1A 级数据同时还包括 250 m 和 500 m 波段重采样到 1 km 波段重采样。

L1A 数据 HDF 格式的描述分为 6 个部分：全局元数据（Global Metadata）、扫描级元数据（Scan-level Metadata）、像元质量数据（Pixel Quality Data）、扫描数据（Scan Data）、丢弃包（Discarded Packets）和工程数据（Engineering Data）。

（1）全局元数据。全局元数据用来对 MODIS 数据进行搜索、归类、提取。全局元数据包括 ECS 亚元数据和 MODIS L1A 亚元数据。ECS 亚元数据包括 ECS 清单元数据和 ECS 文档元数据。ECS 清单元数据中包含数据名称、时间范围、白天/黑夜标识、轨道数、穿越赤道经度、穿越赤道时间、边界经纬度等信息。ECS 文档元数据中当前尚不包含任何信息。MODIS L1A 亚元数据包含扫描数、白天方式扫描数、黑夜方式扫描数、最大帧、最大 Earth 帧、最大 SD 帧、最大 SRCA 帧、最大 BB 帧、最大 SV 帧、扫描类型、不完全扫描、丢失包数、CRC 错误包数、丢弃包数等信息。

（2）扫描级元数据。扫描级元数据能提供 MODIS 数据每条扫描线的相关信息。这些信息包含扫描数、扫描中的总帧数、Earth 帧数、SD 帧数、SRCA 帧数、BB 帧数、SV 帧数、扫描类型、SD 开始时间、SRCA 开始时间、BB 开始时间、SV 开始时间、EV 开始时间、SRCA 定标模式等。

（3）像元质量数据。像元质量数据能提供瞬时视场的质量信息。

（4）扫描数据。存储扫描数据，丢失的数据填充为-1。Current/Prior S/C Ancill 和 Command Parameters 数据也保留在这个部分。

（5）丢弃包。对包进行 L1A 级数据处理时，如果发现其 CCSDS 或 MODIS 的头信息与预期不符，这个包将被放入丢弃包。

（6）工程数据。用于存储 MODIS 的工程数据。

4.3.1.2 几何校正

几何校正是指遥感成像过程中，受多种因素的综合影响，原始图像上地物的几何位置、形状、大小、尺寸、方位等特征与其对应的地面地物的特征是不一致的，这种不一致就是几何变形，也称为几何畸变。一般是指通过一系列的数学模型来改正和消除遥感影像成像时，因摄影材料变形、物镜畸变、大气折光、地球曲率、地球自转、地形起伏等因素导致的原始图像上各地物的几何位置、形状、尺寸、方位等特征与在参照系统中的表达要求不一致时产生的变形。几何校正主要分为几何粗校正和几何精校正。

几何粗校正（Roughly Geometric Correction）有时也称为几何或像元定位（Pixel Location）过程。几何粗校正需要完成以下工作：

（1）由轨道预报确定任意时刻的卫星位置。

（2）根据卫星姿态、轨道信息，获得任意扫描行、任意像元的地理经纬度。

（3）确定像元的观测天顶角、方位角。

（4）结合时间信息，确定像元位置的太阳天顶角、方位角。

几何粗校正一般可以满足大面积应用的需求，目前我国有关卫星遥感器的几何粗校正可以做到星下点 1～10 个像元，对于 HY-1 水色扫描仪（COCTS）的几何粗校正为 1～10 km。几何粗校正除包括定位算法外，还包括轨道误差、姿态的测量误差等算法，误差不可能减到很小的程度。对于地理制图，一般需要更精确的定位，就必须对图像进一步进行几何精校正。

几何精校正可以分为两种：一种是根据精确的地标位置，对卫星的轨道和姿态信息进行反算，重新按照几何粗校正的算法进行像元定位，简称地标导航；另一种是利用地面控制点对像元的几何位置重新进行计算。

常用的几何精校正是指利用地面控制点（Ground Control Point，GCP）进行图像几何校正的算法。首先它通过 GCP 数据对卫星图像的几何畸变过程进行数学模拟，建立原图像空间与地理制图的标准空间之间的对应关系；然后利用这种对应关系把有畸变的图像空间的像素变换到校正图像空间中。在我国校正图像空间为高斯－克吕格（Gauss-Krüger）投影空间。

在几何精校正或投影空间变换中，需要将两个空间点建立对应关系，而在 1 个空间内 1 组均匀分布的点，在另 1 个空间就不是均匀分布的，必须对像元值进行重采样（Resampling）。本节仅就利用 GCP 直接进行几何位置计算的方法进行描述。

几何位置计算又有以下几种方法。

1. 平移法

平移法一般只适用于局部地区，假设在此区域内，卫星图像几何粗校正后的畸变是固定偏移的。将原图像的像元位置(X,Y)变为$(X+\Delta X,Y+\Delta Y)$即可。

2. 三角形线性法

图像的几何失真一般是非线性的，但是在 1 个小区域内可以认为是线性失真的。基于这一假设，我们可以利用 GCPs 构成一系列小的三角形区域，并使它们覆盖整个待校正区域；利用原始空间和校正空间的每个三角形区域的 3 个 GCPs，求出三角形范围内的转换关系。

设原始图像像元空间坐标为(X,Y)，校正后的图像像元空间坐标为(ξ,η)，则三角形线性法的数学模式为

$$X = a\xi + b\eta + c \tag{4.3.1}$$

$$Y = d\xi + e\eta + f \tag{4.3.2}$$

式中，a、b、c、d、e、f 为 6 个待定系数。

根据每个三角形的 3 个 GCPs 的坐标点，可以建立以下 6 个方程：

$$\begin{cases} X = a\xi_1 + b\eta_1 + c \\ X = a\xi_2 + b\eta_2 + c \\ X = a\xi_3 + b\eta_3 + c \\ Y = d\xi_1 + e\eta_1 + f \\ Y = d\xi_2 + e\eta_2 + f \\ Y = d\xi_3 + e\eta_3 + f \end{cases} \tag{4.3.3}$$

解之，即可得到 6 个系数 a、b、c、d、e、f。

因此可以利用 N 个小三角形内部小范围的线性失真假设，解决大范围的失真问题。

3. 二元多项式法

一般图像的几何失真是非线性的，因此需要更高次数的方程来表达失真或校正的数学模型：

$$X = \sum_{i=0}^{n}\sum_{j=0}^{n-i} a_{ij}\xi^i\eta^j \tag{4.3.4}$$

$$Y = \sum_{i=0}^{n}\sum_{j=0}^{n-i} b_{ij}\xi^i\eta^j \tag{4.3.5}$$

式中，a_{ij} 和 b_{ij} 为待定系数；n 为二元多项式的次数。

用最小二乘法通过 GCP 数据进行系数拟合，可令

$$\varepsilon = \sum_{l=1}^{L}(X_l - \sum_{i=0}^{n}\sum_{j=0}^{n-i} a_{ij}\xi_l^i\eta_l^j)^2 = \min \tag{4.3.6}$$

即，使 ε 的导数等于 0：

$$\frac{\partial\varepsilon}{\partial a_{\mathrm{st}}} = \sum_{l=1}^{L} 2(\sum_{i=0}^{n}\sum_{j=0}^{n-i} a_{ij}\xi_l^i\eta_l^j - X_l)\xi_l^s\eta_l^t = 0 \tag{4.3.7}$$

简化可得

$$\sum_{l=1}^{L}(\sum_{i=0}^{n}\sum_{j=0}^{n-i} a_{ij}\xi_l^i\eta_l^j)\xi_l^s\eta_l^t = \sum_{l=1}^{L} X_l\xi_l^s\eta_l^t \tag{4.3.8}$$

同理可得 b_{ij} 的拟合方程：

$$\sum_{l=1}^{L}(\sum_{i=0}^{n}\sum_{j=0}^{n-i} b_{ij}\xi_l^i\eta_l^j)\xi_l^s\eta_l^t = \sum_{l=1}^{L} Y_l\xi_l^s\eta_l^t \tag{4.3.9}$$

式中，s=0,1,2,…,n、t=0,1,2,…,n−s、s+t≤n；L 为 GCP 数据的个数。在解两组 M 个方程 M 个未知数的线性方程组时，M=(n+1)(n+2)/2。利用通用线性方程组的解法，即可得到相应的系数。

以二元二次方程组为例进行说明，M=(2+1)(2+2)/2=6。也就是说，至少需要 6 个 GCPs，才可以进行二元二次方程组的求解。式（4.3.8）的方程组为

$$\begin{cases} a_{00}\Sigma 1 + a_{01}\Sigma\eta_1 + a_{02}\Sigma\eta_1^2 + a_{10}\Sigma\xi_1 + a_{11}\Sigma\xi_1\eta_1 + a_{20}\Sigma\xi_1^2 = \Sigma X_1 \\ a_{00}\Sigma\eta_1 + a_{01}\Sigma\eta_1^2 + a_{02}\Sigma\eta_1^3 + a_{10}\Sigma\xi_1\eta_l + a_{11}\Sigma\xi_1\eta_1^2 + a_{20}\Sigma\xi_1^2\eta_1 = \Sigma X_1\eta_1 \\ a_{00}\Sigma\eta_1^2 + a_{01}\Sigma\eta_1^3 + a_{02}\Sigma\eta_1^4 + a_{10}\Sigma\xi_1\eta_1^2 + a_{11}\Sigma\xi_1\eta_1^3 + a_{20}\Sigma\xi_1^2\eta_1^2 = \Sigma X_1\eta_1^2 \\ a_{00}\Sigma\xi_1 + a_{01}\Sigma\xi_1\eta_1 + a_{02}\Sigma\xi_1\eta_1^2 + a_{10}\Sigma\xi_1^2 + a_{11}\Sigma\xi_1^3\eta_1 + a_{20}\Sigma\xi_1^3 = \Sigma X_1 x_l \\ a_{00}\Sigma\xi_1\eta_1 + a_{01}\Sigma\xi_1\eta_1^2 + a_{02}\Sigma\xi_1\eta_1^3 + a_{10}\Sigma\xi_1^2\eta_1 + a_{11}\Sigma\xi_1^2\eta_1^2 + a_{20}\Sigma\xi_1^3\eta_1 = \Sigma X_1\xi_1\eta_1 \\ a_{00}\Sigma\xi_1^2 + a_{01}\Sigma\xi_1^2\eta_1 + a_{02}\Sigma\xi_1^2\eta_1^2 + a_{10}\Sigma\xi_1^3 + a_{11}\Sigma\xi_1^3\eta_1 + a_{20}\Sigma\xi_1^4 = \Sigma X_1\xi_1^2 \end{cases} \tag{4.3.10}$$

写为矩阵方程式：

$$\boldsymbol{A}\boldsymbol{U}_a=\boldsymbol{B}_a \tag{4.3.11}$$

式中，$\boldsymbol{A}=[\sum\xi_1^s\eta_1^t]$、$s$=0,1,2、t=0,1,2,⋯,2−$s$；$\boldsymbol{U}_a=[a_{00}\ a_{02}\ a_{10}\ a_{11}\ a_{20}]^{\mathrm{T}}$；$\boldsymbol{B}_a=[\sum X_1\ \sum X_1\eta_1\ \sum X_1\eta_1^2\ \sum X_1\xi_1\ \sum X_1\xi_1\eta_1\ \sum X_1\xi_1\eta_1^2]^{\mathrm{T}}$。

同理可得：

$$\boldsymbol{A}\boldsymbol{U}_b=\boldsymbol{B}_b \tag{4.3.12}$$

解方程（4.3.10），可得系数 a_{00}、a_{01}、a_{02}、a_{10}、a_{11}、a_{20}。同理可得系数 b_{00}、b_{01}、b_{02}、b_{10}、b_{11}、b_{20}。

关于 GCP 的几个关键问题：

（1）GCP 的选取原则。可精确且长期变化的很小的点，需要根据不同分辨率图像选取不同目标。低分辨率图像包括岛屿、港口、岸线等；高分辨率图像包括桥梁、机场、铁路、公路岔口、水库、河流交叉等。

（2）GCP 的定位。一是选取的波段为近红外波段，因为近红外波段受大气散射影响小，且水陆交界非常明显；二是用大比例尺的底图，确定小比例尺的底图像点；三是积累 GCP 的坐标点，建立 GCP 库。

（3）GCP 的数量。对于三角形线性法，三角形越小越接近实际，因此校正精度随 GCP 个数的增加而增加；对于二元多项式法，多项式的次数不同，要求的 GCP 个数也不同，最低为 $(n+1)(n+2)/2$，但当 $L=(n+1)(n+2)/2$ 时，拟合多项式要通过每个 GCP 点，因此个别点的误差将影响总体精度；如果 $L>(n+1)(n+2)/2$ 时，拟合多项式不是严格地通过每个 GCP 点，而是反映一种趋势，因此，个别点的误差不影响总体精度。

（4）GCP 的分布。要求 GCP 均匀分布于校正图像。GCP 密集区校正精度高，GCP 稀疏区校正精度低。

在另一个校正空间内，像元亮度插值或重采样具体内容如下。

校正空间的像元值应该等于原图像空间的共轭点的亮度，即

$$g(\xi,\eta)=f(X,Y) \tag{4.3.13}$$

而共轭点(X,Y)一般很难与原始图像的某一点重合，一般是落在 4 个像元的中间。通常有 3 种方法确定像元值：邻近点法、双线性插值法、三次多项式法。

1）邻近点法

邻近点法简单，但校正后的图像生硬，不连续。

2）双线性插值法

假设点$f(X,Y)$落在$f(x_i,y_i)$、$f(x_i,y_{i+1})$、$f(x_{i+1},y_i)$、$f(x_{i+1},y_{i+1})$4 个点之间，令

$$U=(X-x_i)/(x_{i+1}-x_i),\quad V=(Y-y_i)/(y_{i+1}-y_i) \tag{4.3.14}$$

依据“距离权重”反比规律或分步线性内插整理，可得

$$f(X,Y)=(1-U)(1-V)f(x_i,y_i)+U(1-V)f(x_{i+1},y_i)+(1-U)Vf(x_i,y_{i+1})+UVf(x_{i+1},y_{i+1}) \tag{4.3.15}$$

分步线性内插是进行的加权平均的计算，具有低通滤波性质，因此图像的高频部分有损失。

3）三次多项式法

三次多项式法（墨西哥帽法）利用一个三次多项式：

$$s(w)=\begin{cases}1-2|w|^2+|w|^3 & |w|<1\\ 4-8|w|+5|w|^2-|w|^3 & 1\leqslant|w|<2\\ 0 & |w|>2\end{cases} \tag{4.3.16}$$

来近似理论上的最佳插值函数 $\mathrm{sinc}(w)=\sin(w)/w$。

4.3.1.3 辐射定标

遥感仪器（包括卫星遥感器和与遥感有关的现场观测仪器）的绝对辐射定标是定量化遥感的基础。而海洋水色遥感和红外遥感都是对定量化遥感要求非常高的。这里的定标（Calibration）是指数码值到辐射值的转换。有些科学家称其为“辐射校正”，但容易与大气修正和大气校正中的“校正”相混淆，因此本节的定标就是 Calibration，而修正和校正要看具体情况。在通常情况下，卫星遥感器的绝对辐射定标，按照习惯，也称为辐射校正。

定标（或辐射校正）是指定量地确定系统对已知受控信号响应的过程；真实性检验（Validation）或检验是指通过独立的手段来评价卫星系统所导出数据产品的质量过程。

海洋水色遥感的辐射校正，目前主要采用 3 种方法或这 3 种方法综合进行。

（1）利用星上太阳/月亮定标系统或传统替代定标方法，保证卫星遥感器的绝对辐射精度。

（2）结合水色业务化大气校正算法的系统定标。

所谓系统定标（System Calibration）是指将卫星遥感器的误差与业务化大气校正算法的误差统一校正的辐射校正方法，即把业务化大气校正算法看作是卫星遥感器性能的延伸，利用现场测量的结果，对“卫星遥感器＋业务化大气校正算法”这个系统的误差进行总的修正。

系统定标可以看作是“在轨外定标”或“替代定标”的一种，因为替代定标不要求采用业务化大气校正算法进行修正，如一般陆地资源或气象卫星遥感器的辐射校正。

主要思路是：首先将在多种条件、一定时间周期下获得的现场归一化离水辐亮度 nL_w^0 作为真值，与卫星反演得到的归一化离水辐亮度 nL_w 进行比较；然后计算得到一个系数，在进行水色反演之前，强迫将卫星遥感器的总信号 L_t 用此系数进行修正，使卫星反演的归一化离水辐亮度 $nL_w=nL_w^0$。

（3）星－星交叉定标。

星－星交叉定标不是一个独立的方法，而是系统定标的一个简便方法。利用已知准确可靠的另外一个卫星反演的归一化离水辐亮度作为真值，进行系统定标的方法，称为水色遥感的星－星交叉定标。需要满足以下条件。

① 经过验证的已知的高精度水色卫星数据，如 SeaWiFS 数据。

② 接近的过境时间、地点和大气条件；最低条件是保证气溶胶散射随波段变化的系数 ε 不变。

③ 波段差异可以忽略不计或可以修正。

辐射定标相关阅读
请扫二维码

4.3.2 水色要素反演

Gordon 等人把水色解译算法归为 3 类：①经验模型（Empirical Model），主要基于离水辐亮度与某一成分之间的统计关系；②半分析模型（Semi-analytical model），借助固有光学量与成分之间的物理关系和表观量与固有光学量之间的经验关系（如 Monte Carlo 模拟结果），导出遥感量与水体成分之间的关系；③辐射传递模型，在辐射传递方程近似解的基础上，建立反演模型。

20 世纪 90 年代中后期，出现了很多非物理模型，如半分析算法、人工神经网络算法等。特别是对于二类水体，这类算法可能会更加有效。

4.3.2.1 统计模型

典型的经验（或统计）模型是 Dennis K. Clark（1981，1995）为 CZCS、SeaWiFS 等水色遥感器提出的基于波段比值的色素算法，其形式为

$$C = A\left(\frac{L_w(\lambda_1)}{L_w(\lambda_2)}\right)^B \tag{4.3.17}$$

式中，C 为 Chl-a 的浓度；A、B 为统计回归系数；L_W 为离水辐亮度或归一化离水辐亮度。水色反演的各种统计模式如表 4.3.1 所示。

表 4.3.1 水色反演的各种统计模式

算法	类型	反演公式	对应公式涉及系数 a 或 R 的涵义
Global Processing	Power	$C_{13}=10^{(a0+a1R1)}$ $C_{23}=10^{(a2+a3R2)}$ $[C+P]=C_{13}$; if C_{13} and $C_{23}>1.5\mu g/L$ then $[C+P]=C_{23}$	R1=log(L_{wn}443/L_{wn}550) R2=log(L_{wn}520/L_{wn}550) a=[0.053, −1.705, 0.522, −2.440]
Clark 3-band	Power	$[C+P]=10^{(a0+a1R)}$	R=log((L_{wn}443+L_{wn}520)/L_{wn}550) a=[0.745, −2.252]
Aiken-C	Hyperbolic+ Power	$C_{21}=\exp(a0+a1\ln R)$ $C_{23}=(R+a2)/(a3+a4R)$ $C=C_{21}$; if $C<2.0\mu g/L$ then $C=C_{23}$	R=L_{wn}490/L_{wn}555 a=[0.696,−2.085,−5.29,0.592,−3.48]
Aiken-P	Hyperbolic+ Power	$C_{22}=\exp(a0+a1\ln R)$ $C_{24}=(R+a2)/(a3+a4R)$ $[C+P]=C_{22}$; if $[C+P]<2.0\mu g/l$ then $[C+P]=C_{24}$	R=L_{wn}490/L_{wn}555 a=[0.696,−2.085,−5.29,0.592,−3.48]
OCTS-C	Power	$C=10^{(a0+a1R)}$	R=log((L_{wn}520+L_{wn}565)/L_{wn}490) a=[−0.55006, 3.497]
OCTS-P	Multiple regression	$[C+P]=10^{(a0+a1R1+a2R2)}$	R1=log(L_{wn}443/L_{wn}520) R2=log(L_{wn}490/L_{wn}520) a=[0.19535, −2.079, −3.497]
POLDER	Cubic	$C=10^{(a0+a1R1+a2R2+a3R3)}$	R=log(R_{rs}443/R_{rs}565) a=[0.438,−2.114,0.916,−0.851]
CalCOFI 2-band Linear	Power	$C=10^{(a0+a1R)}$	R=log(R_{rs}490/R_{rs}555) a=[0.444,−2.431]
CalCOFI 2-band Cubic	Cubic	$C=10^{(a0+a1R1+a2R2+a3R3)}$	R=log(R_{rs}490/R_{rs}555) a=[0.450,−2.860, 0.996, −0.3674]

续表

算法	类型	反演公式	对应公式涉及系数 a 或 R 涵义
CalCOFI 3-band	Multiple regression	C=exp(a0+a1R1+a2R2)	R1=log(R_{rs}490/R_{rs}555) R2=log(R_{rs}510/R_{rs}555) a=[1.025, −1.622, −1.238]
CalCOFI 4-band	Multiple regression	C=exp(a0+a1R1+a2R2)	R1=log(R_{rs}443/R_{rs}555) R2=log(R_{rs}412/R_{rs}510) a=[0.753, −2.583, 1.389]
Morel-1	power	$C=10^{(a0+a1R)}$	R=log(R_{rs}443/R_{rs}555) a=[0.2492, −1.768]
Morel-2	power	C=exp(a0+a1R1)	R=log(R_{rs}490/R_{rs}555) a=[1.077835, −2.542605]
Morel-3	cubic	$C=10^{(a0+a1R1+a2R2+a3R3)}$	R=log(R_{rs}443/R_{rs}555) a=[0.20766, −1.82878, 0.75885, −0.73979]
Morel-4	cubic	$C=10^{(a0+a1R1+a2R2+a3R3)}$	R=log(R_{rs}490/R_{rs}555) a=[1.03117, −2.40134, 0.3219897, −0.291066]

4.3.2.2 基于遥感反射比的半分析算法

水体的向上辐射光场，如离水辐亮度 L_W、向上辐照度 $E_u(\lambda)$等，各成分引起的水体光谱变化可以刚好用水表面下的辐照度比 $R(\lambda)$来表征：

$$R(\lambda,0^-)=E_u(\lambda,0^-)/E_d(\lambda,0^-) \tag{4.3.18}$$

式中，0^-表示刚好处于水表面下的深度处；$E_d(\lambda,0^-)$为向下辐照度（Downwelling Irradiance）；$E_u(\lambda,0^-)$为向上辐照度。为简便起见，以下省略波长λ。

在 CZCS 水色遥感时期及其之前，许多水色反演半分析模型的形式为

$$R(0^-)=\frac{E_u(0^-)}{E_d(0^-)}=f\frac{b_b}{a+b_b} \tag{4.3.19}$$

式中，f 为随太阳高度角变化的常数；b_b 为总后向散射系数；a 为总吸收系数。利用 a、b_b 与各成分之间的关系，可得到各成分的浓度。

对于一类水体，有更简单的关系：

$$R(0^-)=0.33\frac{b_b}{a} \tag{4.3.20}$$

在海洋光学中，定义

$$E_u(0^-)=QL_u(0^-)，\quad L_w(0^+)=L_u(0^-)\,t/n^2 \tag{4.3.21}$$

式中，Q 为光场分布参数；L_w 为直接由 L_u 导出或遥感器测得的离水辐亮度，显然 L_w 携带着水体信息。（注：目前多数人仍采用 Q=4.5、$t/n^2=0.54$、n 为水体的折射率、t 为水−气界面的透过率）。

在遥感中 L_w 比 E_u 容易得到，因此定义遥感的反射比 R_{rs}：

$$R_{rs}(\lambda)=L_w(\lambda)/E_d(\lambda,0^+) \tag{4.3.22}$$

$E_d(0^+)$可由辅助数据和模型计算得到，即 $F_0\cos(\theta_0)t$，式中 F_0 为大气层外的太阳辐照度；θ_0 为太阳天顶角；t 为大气总透过率。

可将 R_{rs} 与水体的总吸收系数 $a(\lambda)$和总的后向散射系数 b_b 联系起来：

$$R_{rs}=\frac{f\ t}{Qn^2}\frac{b_b}{a+b_b} \tag{4.3.23}$$

式中，f 为经验参数，约为 0.32～0.33；Q 和 f 都为太阳天顶角的函数。Morel 和 Gentili（1993）表明，f/Q 为太阳天顶角的弱函数，Gordon 等人（1988）采用 f/Q=0.0945，又 t/n^2=0.54，则

$$R_{rs}=\text{const}\frac{b_b}{a+b_b}，\ \text{const}=0.051 \tag{4.3.24}$$

而 b_b 和 a 是各种成分贡献的线性和：

$$\begin{cases} b_b=(b_b)_w+\sum_{i=1}^{N}(b_b)_i \\ a=a_w+\sum_i a_i \end{cases} \tag{4.3.25}$$

式中，i=1,2,⋯,N，N 为成分数。

如果只考虑叶绿素 a 及其降解物褐色素 a（以 C 表示）、悬浮泥沙（以 X 表示）、黄色物质（以 Y 表示），则式（4.3.25）可表示为（忽略黄色物质的后向散射）

$$\begin{cases} b_b=b_{b_w}+b_{b_C}+b_{b_X} \\ a=a_w+a_c+a_X+a_Y \end{cases} \tag{4.3.26}$$

一种有待进一步检验的二类水体分析算法的思路是：首先由多波段的 R_{rs} 值，导出水体的固有光学参数 a 和 b_b；再由固有光学参数与成分浓度 C、X、Y 的关系，建立线性方程组；然后解出 C、X、Y 的值。由式（4.3.26）中的两式可得

$$\begin{aligned} R_{rs}(\lambda)&=\text{const}\frac{b_b(\lambda)}{a(\lambda)+b_b(\lambda)} \\ &=0.051\times\frac{b_b(\lambda)}{a(\lambda)+b_b(\lambda)} \\ &=0.051\times\frac{(\tilde{b}_{b_w}b_w+\tilde{b}_{b_C}b_C+\tilde{b}_{b_X}b_X)}{(a_w+Ca_C^*+Xa_X^*+Ya_Y^*)+(\tilde{b}_{b_w}b_w+\tilde{b}_{b_C}b_C+\tilde{b}_{b_X}b_X)} \end{aligned} \tag{4.3.27}$$

$$b_b(\lambda)=[0.5b_w(\lambda)+0.005\times0.12C^{0.63}a_C^*(550)/a_C^*(\lambda)+\tilde{b}_{b_X}X(\tfrac{\lambda}{550})^{-n}] \tag{4.3.28}$$

若 n、$\tilde{b}_{b_X}$ 通过现场测量已知的话，则式（4.3.27）中只有 C、C_e=$C^{0.63}$、X、Y 4 个未知参数。由多光谱遥感获得 4 个波段的 $R_{rs}(\lambda_i)$值（i=1,2,3,4），代入式（4.3.27），建立关于这 4 个参数的线性方程组：

$$\begin{cases} a_{11}C+a_{12}C_e+a_{13}X+a_{14}Y=k_1 \\ \cdots\cdots \\ a_{41}C+a_{42}C_e+a_{43}X+a_{44}Y=k_4 \end{cases} \tag{4.3.29}$$

式中，a_{ij} 为化简后的系数，解之则得 C、X、Y 的值。

若 n、$\tilde{b}_{b_X}$ 未知，则可取不同的值代入计算公式，结果与现场测得的值进行比较，取结果

最接近的 n、$\tilde{b}_{b_x}$ 值。

为进行模型的误差分析，首先要进行光谱合成，即给定叶绿素、悬浮泥沙、黄色物质的浓度 C、X、Y，由式（4.3.27）得到 $R_{rs}(\lambda_i)$，i=1,2,3,4，然后将 $R_{rs}(\lambda_i)$引入 5%的误差，再反演出浓度值。若模型是病态的，则遥感反射比的微小扰动将导致很大的反演误差。经分析，该模型对 R_{rs} 的误差不是很敏感。

半分析算法的优点是可以同时反演出多种水体成分的浓度；缺点是必须对相应水域的固有光学特性做大量的先期测量与分析工作。由于受测量手段和测量数据缺乏的影响，半分析算法在 CZCS 水色遥感时期及 20 世纪 90 年代初未能得到很好的应用，这期间基本以统计模型为主。从近几年成像光谱仪航空水色遥感和 SeaWiFS 最新的算法来看，半分析算法的应用已经有了很大的进展。

4.3.2.3　固有光学量的反演

固有光学量反演的目的：

（1）固有光学量与水体成分浓度有直接的关系，因此，固有光学量的反演可以作为水体成分反演的中介。

（2）由于固有光学特性的测量比较困难，特别是我国目前除有极个别的固有光学仪器外，缺少现场测量吸收系数和散射系数的仪器，吸收系数虽然可利用实验室分光光度计结合过滤系统进行测量，但是开展这方面工作的实验室很少，且在水样保存过程中会产生较大的变化，使得到的数据无法应用。因此，尽管固有光学特性的反演精度不高，精度在 10%～30%，但国际上仍有许多人对利用表观光学特性反演固有光学量的方法进行研究。

（3）固有光学特性中吸收系数 $a(\lambda)$的反演还有一个重要作用，就是对表观测量仪器的自阴影（Self-shadowing）进行校正。

4.3.2.4　人工神经网络算法

人工神经网络算法是采用多元非线性拟合方法来解决非线性问题的算法。一个标准的人工神经网络包括输入层、输出层和隐含层，输入层的众多神经元可以接收大量的非线性输入信息；输出层可以将大量信息在神经元分析后形成输出结果；隐含层存在于输入层和输出层之间，它可以有多层，且每层中的节点都连接到前一层节点的输出线上，每个节点都有对应的权值和阈值，这使每个节点的输入值可以按照非线性关系求和进入每层节点，每层节点的输出值又直接连接到下层的每个神经元，影响着下层网络，这样的网络结构使人工神经网络算法能够描述任意一种非线性关系。

在海洋水色遥感的应用方面，第一种方法首先将某个区域的总辐亮度数据作为人工神经网络的输入，可以输出需要的光学变量，像离水辐亮度、遥感反射率等，再通过该区域的光学模型反演得到海水成分的浓度数据；第二种方法直接将人工神经网络输出的光学量再次输入人工神经网络得到海水的成分浓度。人工神经网络算法能够模拟复杂的辐射传输过程，因此在大气修正和水色要素反演中应用广泛。在 20 世纪 90 年代后期，人工神经网络算法开始应用于水色遥感的研究中。Doerffer 等人利用两步反演模型将 MODIS 传感器和 MERIS 传感器的数据进行反演得到水色三要素的浓度数据。Buckton 等人使用人工神经网络算法根据 MERIS 传感器的数据估算出二类水体中的水体组分浓度，证明了人工神经网络算法不但精度高于传统的经验统计算法，而且可以得到其他参量。Schiller & Doerffer 使用人工神经网络算法，由模拟的 MERIS 传感器采集大气顶部反射率的数据集反演了气溶胶光学厚度和水色三要素浓度。

人工神经网络算法虽然对二类水体的大气修正和水体组分反演都是效率很高的算法，尤其在处理大量的卫星遥感数据方面的可靠性更为突出。但是，人工神经网络算法对于复杂模型的训练和验证时间很长，而且对于网络设计和训练过程都需要一定的经验。

多层前馈网络是当今应用最广泛的人工神经网络模型之一，其广泛应用的原因在于反向传播（Back Propagation，BP）学习算法的出现。反向传播学习算法的主要思想是把学习过程分为正向传播和反向传播两个阶段。在正向传播阶段，输入信息首先从输入层经隐含层逐层处理，然后传向输出层，每层神经元的状态只影响下层神经元的状态。如果输出层得不到期望的输出值，则转向反向传播阶段，逐层递归地计算实际输出值与期望输出值的误差，将信号误差按正向传播的连接通路返回，通过修改各层神经元的权值，使信号误差不断减小。不断重复上述过程，当信号误差达到期望的输出要求时，结束多层前馈网络的学习过程。

BP 学习算法是梯度下降法中比较简单的一种，其中心思想是调整权值使网络的总误差最小，通常使用均方差（Mean Square Error，MSE）作为网络误差的目标函数。设在第 n 次迭代中输出端的第 i 个单元的实际与期望输出值为 $y_i(n)$ 和 $d_i(n)$，则该单元的信号误差为

$$e_i(n) = d_i(n) - y_i(n) \tag{4.3.30}$$

定义其平方误差为 $\frac{1}{2}e_i^2(n)$，给定 N 个训练样本，则总误差为

$$E = \frac{1}{2N}\sum_{n=1}^{N}\sum_{j=c}e_i^2(n) \tag{4.3.31}$$

式中，c 包括所有输出单元；E 为所有权值、阈值和输入信息的函数，BP 学习算法的目的就是使其达到最小。应用梯度下降法，最后的权值修正量按以下方式更新：

$$\nabla w_i = \eta\delta_i(n)y_i(n) \tag{4.3.32}$$

式中，η 为学习步长；$\delta_i(n)$ 为局部梯度。

用 BP 学习算法训练网络有两种方式，一是每输入一个样本就修改一次权值，称为在线学习方式；二是在组成一个训练周期的全部样本依次输入后，首先计算总的平均误差，再对权值进行修正，此方式称为离线或批量学习方式。当样本较多时，离线学习方式的速度较快。

BP 学习算法的基本步骤归纳如下。

（1）设置所有权值与阈值为小的随机数。

（2）提供输入与期望输出值。

（3）计算输出层和隐含层各节点的实际输出值，并计算所有层的局部误差。

（4）根据式（4.3.32）调整权值。

（5）输入下一个学习数据并返回第二步，直到满足 BP 学习算法的终止条件。

在人工神经网络结构中，每个输入节点代表一个波段，输入层的值分发到隐含层的每个节点，并在此进行如上的运算，隐含层的输出值再次成为输出层的输入值，并再次进行运算，输出层的输出值是我们所要求的物理量。隐含层的节点数由函数的复杂程度决定。人工神经网络需要足够的节点去模拟，但多节点将导致训练时间的增加和过激。过激表示人工神经网络在训练过程中产生的信号噪声，使实际应用时性能反而降低。人工神经网络算法作为一种有效的非线性逼近算法，是一种功能强大、灵活多变的二类水体水色因子反演和大气校正算

法，可以实现最复杂的辐射传递模型。人工神经网络的输入参数是遥感反射率 R 或者大气校正后的离水辐亮度，输出参数可以是海水组分浓度或光学变量，由区域光学模式包含的遥感过程进行详细的物理描述，易于区域化，可实时应用。但必须要求在网络、方法设计和训练过程中有广泛的经验。目前，这些算法还不健全。二类水体光学特性非常复杂，不同水域所适用的算法会有所差别，应仔细研究各海区的异同，发展具有针对性的算法模式。

4.3.3 水色遥感产品的类型和级别

自 1978 年 10 月美国国家航空航天局成功发射 Nimbus-7 卫星搭载的 CZCS 以来，出现了各国竞相发射海洋水色卫星的热潮，目前，已有 10 多个海洋水色传感器同时对海洋进行探测，但这些海洋水色传感器的性能技术指标各有差异。各类数据如何进行复合以实现资源共享、优势互补，更好地为全球变化研究服务，是国际海洋水色遥感界面临的问题之一。因此，要充分了解各类海洋水色传感器的辐射和光谱探测性能，保证处理的数据有统一的格式和级别类型，并且使各类算法具有可比性。

从不同卫星传感器收集和处理的数据，被组织以不同的方式反映不同的空间、时间和性能参数。随着海洋遥感卫星的广泛使用，不同的传感器产生了不同的遥感产品，这些遥感产品可以反映不同的物理或者生化参数，并都能够通过传感器直接或者间接获取。

4.3.3.1 水色遥感产品的类型

美国国家航空航天局的海洋生物处理小组（Ocean Biology Processing Group，OBPG）对水色遥感产品的主要分类如下。

（1）叶绿素浓度（Chl-a）：叶绿素的光合色素的浓度。

（2）漫射衰减系数（Kd_490）：超过第一光学衰减层的下行辐照度的漫射衰减系数。

（3）固有光学特性（IOPs）：光谱的海洋水体成分的吸收和后向散射系数。

（4）颗粒有机碳（POC）：颗粒有机碳的浓度。

（5）颗粒无机碳（PIC）：颗粒无机碳的浓度。

（6）光合有效辐射（PAR）：入射到海洋表面的日平均光合有效辐射。

（7）瞬时光合有效辐射（iPAR）：PAR 海洋表面的卫星观测。

（8）归一化荧光行高（nFLH）：叶绿素荧光作用下离水辐亮度的相对测量。

（9）遥感反射率（R_{rs}）：表面的光谱遥感大气校正后观察到相对于红光的卫星仪器。气溶胶光学厚度数据产品也有类似描述。

（10）海洋表面温度（SST）：来源于长波热辐射（11～12 μm）的海洋表面温度

（11）4 μm 海洋表面温度（SST4）：短波（3～4 μm）热辐射的海洋表面温度。

（12）GSM IOP：Garver-Siegel-Maritorena 算法获得的固有光学特性参数。

（13）IOP（准解析算法）：Lee 光谱散射衰减和透光深度产品。

4.3.3.2 水色遥感产品的级别

按照水色遥感产品获取数据时不同的处理级别，不同处理层次的数据被组织以不同的方式反映不同的空间、时间和参数分组，以下是各个级别产品的等级。

（1）Level 0：未经加工的全分辨率卫星数据，只用于一些特定的任务。

（2）Level 1A：未经加工的全分辨率卫星数据，拥有时间参考和一些注释的辅助信息，还包括辐射、几何校正系数、平台星历数据和附加数据。如果传感器校准发生改变，数据也不需要重新获取。

（3）Level 1B：在 Level 1A 级数据的基础上经过辐射校正得到。

（4）Level 2：是由同一分辨率 Level 1 级数据基础上派生的，分为几个不同类型的产品。

（5）Level 3：数据包含了地理信息，被聚合或是投影到一个定义好的并且具有一定时间跨度的地理空间网格。

合成产品：每个 Level 3 级数据产品包括所有 Level 2 级数据产品的累积数据产品，对应于特定的传感器和分辨率及特定的时间，如每天、8d、每月等，并存储在一个全球性面积相对完整的正弦网格中。

映射产品：Level 3 级标准映射图像（SMI）产品从相应的 Level 3 级合成产品中创建而成。每个标准映射图像文件包含一个确定的投影，代表某个浮点值的固定像元网格（或按比例缩小的整数表示的值），这些单一的地理信息参数、颜色查找表也提供了为每个文件生成一个映射图像的数据。

（6）Level 4：是低级别产品数据的模型输出或结果分析数据，如来自于多种测量的变量数据、海洋初级生产力的产品数据。

习题

1. 水体中重要的光学组分都有哪些？
2. 试阐述水色遥感资料处理的步骤。
3. 试阐述人工神经网络算法的具体内容。
4. 简述水色遥感产品的类型与级别。

参考文献

[1] 陈树果．黄渤海水体光学性质变化及其影响机制 [D]．青岛：中国海洋大学，2015．

[2] 丁静，唐军武，林明森．MODIS 水色遥感数据的获取与产品处理综述 [J]．遥感技术与应用，2003，18（4）：263-268．

[3] 郭宇龙，王永波，李云梅，等．基于生物光学模型的水体多源遥感图像融合算法研究 [J]．光学学报，2015，35（4）：105-113．

[4] 韩留生，陈水森，李丹，等．近岸二类水体生物光学模型参数优化 [J]．热带地理，2014，34（3）：351-358．

[5] 黄昌春，李云梅，王桥，等．悬浮颗粒物和叶绿素普适性生物光学反演模型 [J]．红外与毫米波学报，2013，32（5）：462-467．

[6] 孔德星，杨红，吴建辉．长江口海域黄色物质光吸收特性 [J]．海洋环境科学，2008，27

（6）：629-631.
[7] 雷惠，潘德炉，陶邦一，等. 东海典型水体的黄色物质光谱吸收及分布特征 [J]. 海洋学报（中文版），2009，31（2）：57-62.
[8] 李素菊，王学军. 巢湖水体悬浮物含量与光谱反射率的关系 [J]. 城市环境与城市生态，2003，16（6）：66-78.
[9] 刘航. 基于激光雷达回波的海洋光学参数反演研究 [D]. 杭州：浙江大学，2020.
[10] 刘明亮. 太湖有色可溶性有机物吸收特性研究 [D]. 南京：南京农业大学，2009.
[11] 刘忠华，李云梅，吕恒，等. 太湖春季水体固有光学特性及其对遥感反射率变化的影响 [J]. 生态学报，2012，32（2）：438-447.
[12] 石亮亮. 基于遥感与实测资料的水体固有光学量及 CDOM 反演研究 [D]. 杭州：浙江大学，2019.
[13] 汤明光. 基于现场观测的乌梁素海湖冰光学性质研究 [D]. 大连：大连理工大学，2020.
[14] 吴永森，张绪琴，张士魁，等. 胶州湾海洋黄色物质的生化成分分析 [J]. 海洋学报，2004，26（4）：58-64.
[15] 夏达英，李宝华，吴永森，等. 海水黄色物质荧光特性的初步研究 [J]. 海洋与湖沼，1999，30（6）：719-725.
[16] 张亭禄，陈树果，薛程. 海洋水体光学性质测量技术研究进展 [J]. 大气与环境光学学报，2020，15（1）：23-39.
[17] 张运林，秦伯强. 基于水体固有光学特性的太湖浮游植物色素的定量反演 [J]. 环境科学，2006，27（12）：2439-2444.
[18] 周欢，李恋. 水中悬浮颗粒物的滤除方法研究概述 [J]. 科技视界，2019，（12）：71-72.

海洋表面温度遥感

§5.1 红外遥感概述

海洋红外遥感是最早实现定量化的“成熟”技术的。其发展历史比海洋水色遥感早了十几年。海洋红外遥感从 1960 年发射的 TIROS-2 卫星开始应用，到 1969 年发射的 Nimbus-3 卫星才开始被海洋学家所接受并开始应用于海洋表面温度遥感。海洋红外遥感成熟的标志是 1978 年发射的 TIROS-N 卫星搭载了 AVHRR，1981 年发射的 NOAA-7 卫星搭载了 AVHRR/2，到 1994 年 12 月 30 日发射的 NOAA-14 卫星搭载了 AVHRR/2，参数基本没变（但性能不断提高），成为最稳定的、连续可靠的、免费的红外资料的来源之一。从 NOAA-15 卫星开始遥感器改进为 AVHRR/3，表 5.1.1 所示为 AVHRR/2 的性能参数（NOAA-6～NOAA-14），表 5.1.2 所示为 AVHRR/3 的性能参数（NOAA-15/16/17[-KLM]）。

表 5.1.1　AVHRR/2 的性能参数（NOAA-6～NOAA-14）

通道	中心波长/μm	半高带宽/μm	S/N 或 NEΔT
1	0.630	0.580～0.680	S/N 3：1 @ 0.5 % Albedo
2	0.862	0.725～1.100	S/N 3：1 @ 0.5 % Albedo
3	3.740	3.550～3.930	0.12 K @ 300 K
4	10.800	10.300～11.300	0.12 K @ 300 K
5	12.000	11.500～12.500	0.12 K @ 300 K

表 5.1.2　AVHRR/3 的性能参数(NOAA-15/16/17[-KLM])

通道	光谱位置	S/N or NEΔT	反射率范围/%	计数值
1	0.58～0.68	9：1@0.5%	0～25 26～100	0～500 501～1000
2	0.72～1.00	9：1@0.5%	0～25 26～100	0～500 501～1000
3A	1.58～1.64	9：1@0.5%	0～12.5 12.6～100	0～500 501～1000
3B	3.55～3.93	0.12K@300K	335 K 335 K 335 K	
4	10.30～11.30	0.12K@300K	335 K	
5	11.50～12.50	0.12K@300K	335 K	

极轨卫星热红外图像每天可以覆盖地球一次，可以看到海洋热运动同时间的全景（Panoramic View），并极大地改变了人们以前靠船舶获取海洋表面温度的分布知识，如锋面、涡旋、上升流，以及洋流、沿岸流等。

20 世纪 70 年代后期，地球同步轨道卫星对地观测应用技术开始发展。地球同步轨道上 GOES 等卫星的红外仪器，可以每天提供 48 幅图像，这些图像第一次向海洋学家展示了海洋中尺度现象的运动变化比想象的要快得多。其中对于海洋表面温度红外遥感反演的精度（Precision），国际热带海洋全球大气（Tropical Ocean Global Atmosphere，TOGA）计划的要求是 0.3 K，而全球变化的要求是在 10 年尺度上为 0.1 K。

高精度的海洋表面温度观测与可见光遥感类似，依赖于大气修正的精度，包括水汽含量及其垂直分布、大气温度廓线等。因此，从 1970 年初开始，有人提出利用“分裂窗”（Split-Windows）技术来抵消大气造成的影响，这是海洋红外遥感中划时代的进步。但单通道海洋红外遥感器的海洋表面温度反演仍然需要开展大量的工作，如 GOES-9 之前的海洋红外遥感器，白天只有一个通道（10.2～11.2 μm）可用，而 GOES 在气象、气候预报、海洋渔业等应用中都具有重要的应用价值。

另外，需要解决以下 5 个方面的问题，才能更好地开展定量化红外遥感的应用。

（1）云识别。

（2）大气吸收与大气热辐射的计算。

（3）海洋表面的发射与反射（Emission and Reflection）模式。

（4）皮层效应（Skin Effect）。

（5）遥感数据的辐射校正、定位，以及与现场真值的对比检验。

§5.2 海洋表层的热结构

5.2.1 海水的红外特性

海水的红外辐射峰值，根据公式λ_{max}(μm)=2898.3/T(K)计算得出，如果温度在−40～+370℃（269～310K），则λ_{max}(μm)为 10.77～9.35 μm。大气的吸收最小处在 3.5～4.1 μm、8～9.3 μm、10～13 μm 波段。本节主要考虑 3～15 μm 波段范围海水的红外特性。

5.2.1.1 红外的穿透深度

在海洋光学－红外遥感中，有一个很重要的深度概念：1/e 衰减深度，即当光能量衰减到其刚好在 0^-深度值的 1/e 时的深度。

海水吸收系数，如图 5.2.1 所示，在海洋表面 10 μm 深度附近海水吸收系数的典型值是 10^3（cm^{-1}），根据 e^{-1}＝0.37=e−1000Z，当 z=0.01mm＝10μm 时，根据基尔霍夫定律，吸收能量等于发射能量，也就是说，63%的热辐射能量是在海洋表面 10 μm 深度内产生的，95%的热辐射能量是在海洋表面 30 μm 深度内产生的。

5.2.1.2 海洋表面红外反射率

另外，根据海水反射率，如图 5.2.2 所示，海洋表面 11 μm 深度左右处的海水反射率为 0.007，在海洋表面 3.2 μm 和 15 μm 深度左右处的反射率为 0.04 以上。这就是为什么 NOAA 卫星海洋表面温度反演在白天要去掉 3.7 μm 波段的原因之一。（注：与可见光近红外定量遥感一样，根本原因是海洋表面的随机反射，理论模型与实际情况的差异或波动，大大掩盖了有用信号。）

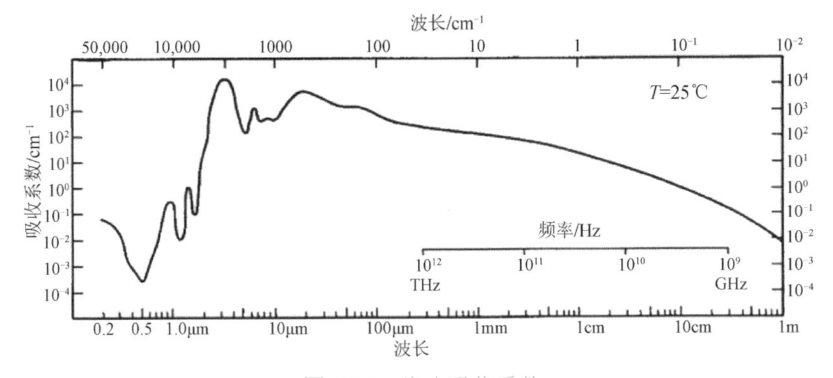

图 5.2.1 海水吸收系数

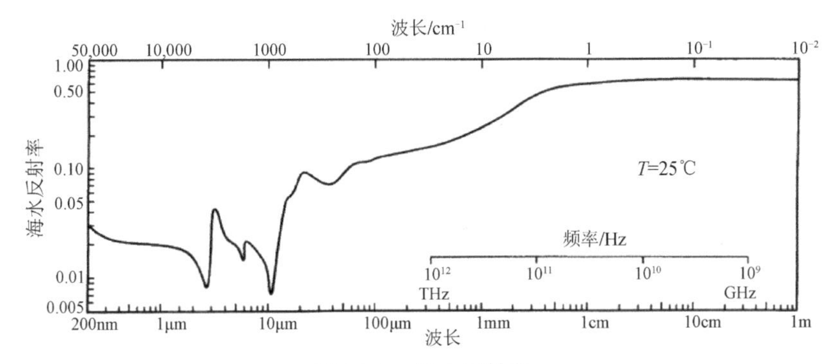

图 5.2.2 海水反射率

因此，海水在红外波段并不是理想的“黑体”，存在反射和内部辐射，理想的黑体不反射任何能量且只通过表面辐射能量。同时，海洋表面是非常复杂的能量交换区域，包括蒸发、热辐射、湍流等。海洋表面能量交换示意图，如图 5.2.3 所示。

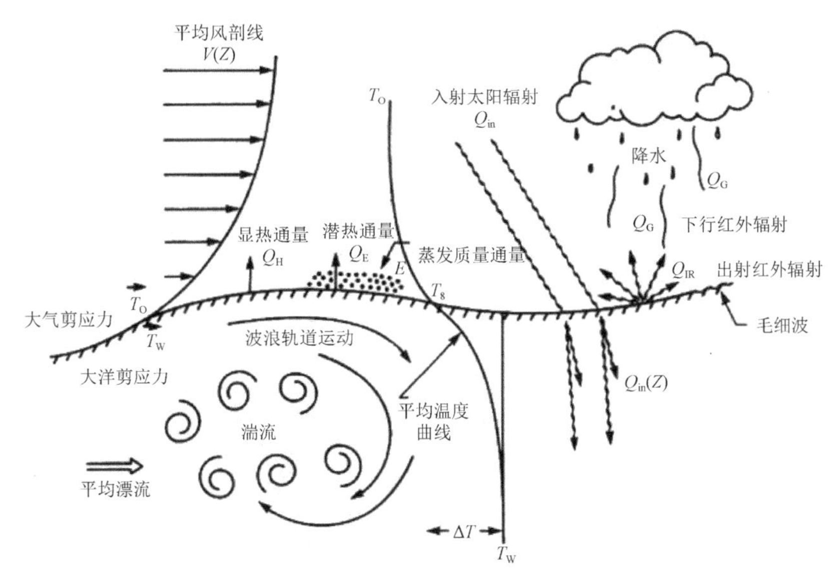

图 5.2.3 海洋表面能量交换示意图

5.2.1.3 海水比辐射率与基尔霍夫定律

在热平衡（Thermal Equilibrium）条件下，海水的出射度 I_{em} 与理想黑体在同样温度和波长下的出射度之比定义为比辐射率（Emissivity）ε。

ε与波长、温度、和观测角度有关：

$$\varepsilon(\lambda,T,\theta)=\lim_{\Delta\lambda\to 0} it\frac{\int_{\lambda-\Delta\lambda}^{\lambda+\Delta\lambda} I_{em}(\lambda,T,\theta)\mathrm{d}\lambda}{\int_{\lambda-\Delta\lambda}^{\lambda+\Delta\lambda} M(\lambda,T)\mathrm{d}\lambda} \tag{5.2.1}$$

在热平衡状态下，理想源（Ideal Source）吸收的能量与发射的能量相等：

$$I_{em}=\partial(\lambda,T,\theta)M(\lambda,T)=\varepsilon(\lambda,T,\theta)M(\lambda,T) \tag{5.2.2}$$

式中，$\partial(\lambda,T,\theta)$ 为吸收率。

基尔霍夫定律表明，物体的吸收率、透过率、反射率之和为 1，即

$$\partial(\lambda)+\tau(\lambda)+\rho(\lambda)=1 \tag{5.2.3}$$

对于海洋，10 μm 红外波段的透过率约为 0，而 10～13 μm 红外波段的反射率$\rho(\lambda)$约为 0.01，因此可以认为其比辐射率$\varepsilon(\lambda,T,\theta)$=0.99。

5.2.2 海水皮层效应与表层温度结构

海洋表面的热通量交换导致海水的皮层温度（Skin Temperature）T_s 与体温度（Bulk Temperature）T_w 有很大的差异。

图 5.2.4 所示为皮层温度与体温度的差异试验，分别用温度计测量水体温度和用红外辐射仪测量红外辐射的反演温度。当泵开始工作时，二者的温度差很快接近于 0，而当泵停止工作时，二者的温度差会慢慢达到 0.6℃。

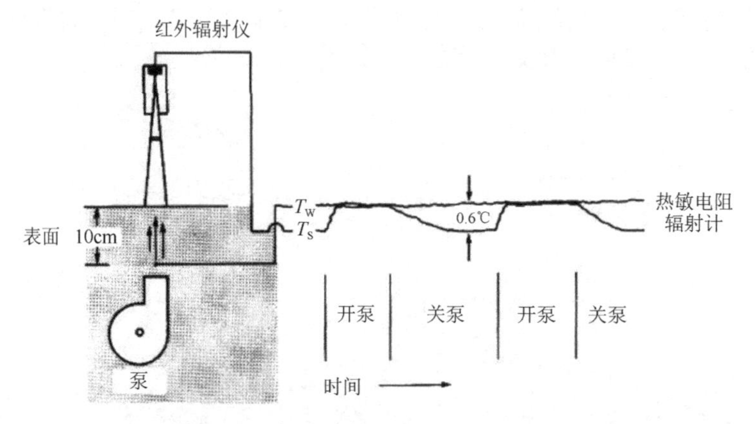

图 5.2.4 皮层温度与体温度的差异试验

一个典型的海水近表层（0～1 mm）的温度结构示意图，如图 5.2.5 所示。图中标注辐射的辐射（Radiation）区，是红外测量的有效辐射传输区；标注传导率的传导（Conduction）区，具有厚度δ，是热传导区；标注湍流的湍流（Turbulence）区是混合的水体体温度测量区。

由于导致皮层温度与体温度差异的因素很多，图 5.2.6 所示为海洋水体温度示意图，目前很难进行理论计算。目前观测到的$\Delta T=T_s-T_w$范围是+0.50～−1.50℃，通常是负的，即皮层温

度比较低。

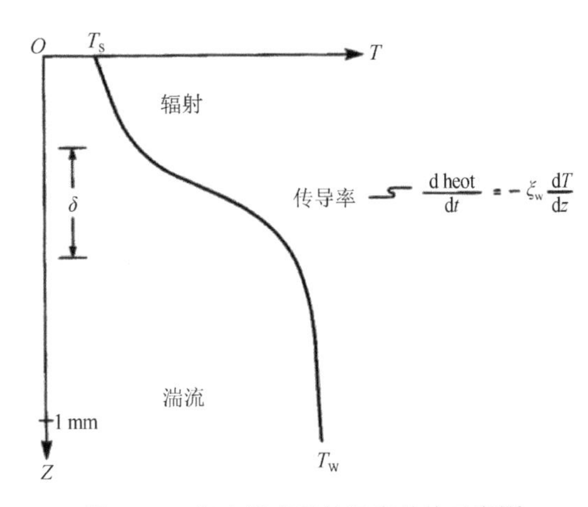

图 5.2.5 海水近表层的温度结构示意图

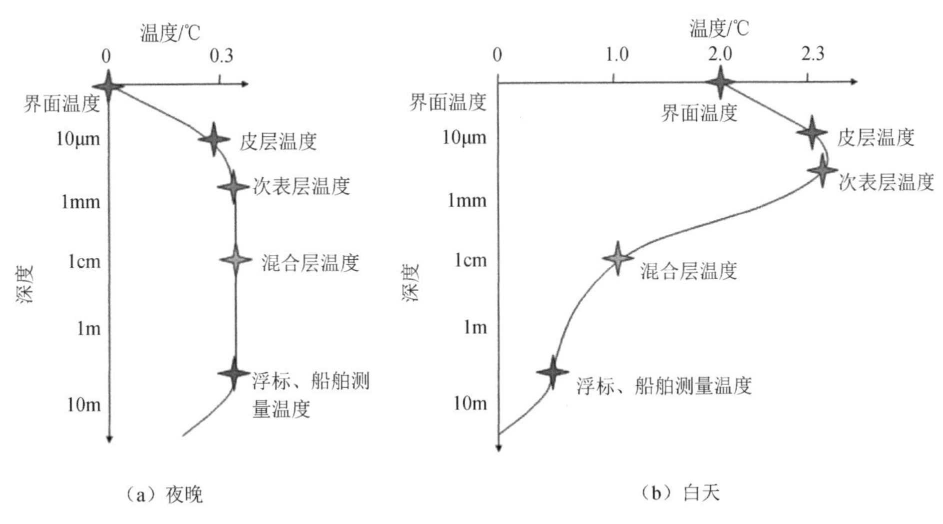

图 5.2.6 海洋水体温度示意图

§5.3 海洋-大气红外辐射传输

5.3.1 红外辐射传输方程

对于海洋红外遥感应用，红外辐射传输方程可以表示为吸收与发射方程，因为其散射可以忽略，即

$$\frac{\mathrm{d}L(\theta,\varphi)}{\sec\theta\mathrm{d}\tau}\frac{\omega_0}{4\pi}\int_0^{2\pi}\int_0^{\pi}P(\theta',\varphi',\theta,\varphi)L(\theta',\varphi')\sin\theta'\mathrm{d}\theta'\mathrm{d}\varphi'$$

$$+\frac{\omega_0}{4\pi}P(\theta_0,\varphi_0,\theta,\varphi)L_0\delta(\cos\theta-\cos\theta_0)(\varphi-\varphi_0)\exp[-\tau(z)\sec\theta_0]+(1-\omega_0)E_{\mathrm{m}}(T_z)/\pi$$

可以简化为

$$\frac{\mathrm{d}L(\tau,\theta,\varphi)}{\sec\theta\mathrm{d}\tau}=-L(\tau,\theta,\varphi)+L_{\mathrm{em}}(\tau) \tag{5.3.1}$$

式中，$L_{\mathrm{em}}=E_{\mathrm{m}}(T_{\mathrm{z}})/\pi$为大气红外辐射；$L$ 中的τ表示大气光学厚度τ处的值，$\tau=\int_0^z c(z)\sec\theta\mathrm{d}z$ 为光学厚度。大气顶层的大气光学厚度为 0，海洋表面的大气光学厚度为τ_{s}。

将方程（5.3.1）两边乘以 $\exp(-\tau\sec\theta)$，并利用分部微分公式 $\mathrm{d}(uv)=v\mathrm{d}u+u\mathrm{d}v$，求积分可得

$$\mathrm{d}L\exp(-\tau\sec\theta)=-L\sec\theta\exp(-\tau\sec\theta)\mathrm{d}\tau+L_{\mathrm{em}}(\tau)\sec\theta\exp(-\tau\sec\theta)\mathrm{d}\tau$$

而

$$\mathrm{d}[L\exp(-\tau\sec\theta)]=\mathrm{d}L\exp(-\tau\sec\theta)+L\mathrm{d}[\exp(-\tau\sec\theta)]$$

即

$$\mathrm{d}L\exp(-\tau\sec\theta)=\mathrm{d}[L\exp(-\sec\theta)]-L\exp(-\tau\sec\theta)(-\sec\theta)\mathrm{d}\tau$$

因此方程可变为

$$\mathrm{d}[L\exp(-\tau\sec\theta)]=L_{\mathrm{em}}(\tau)\sec\theta\exp(-\tau\sec\theta)\mathrm{d}\tau$$

整理可得

$$\mathrm{d}[L\exp(-\tau\sec\theta)]=L_{\mathrm{em}}(\tau)\sec\theta\exp(-\tau\sec\theta)\mathrm{d}\tau$$

两边分别积分，可得

$$L(\tau=0)-L(\tau_{\mathrm{s}})\exp(-\tau_{\mathrm{s}}\sec\theta)=\int_0^{\tau_{\mathrm{s}}}L_{\mathrm{em}}(\tau)\sec\theta\exp(-\tau\sec\theta)\mathrm{d}\tau$$

整理可得

$$L(0)=L(\tau_{\mathrm{s}})\exp(-\tau_{\mathrm{s}}\sec\theta)+\int_0^{\tau_{\mathrm{s}}}L_{\mathrm{em}}(\tau)\sec\theta\exp(-\tau\sec\theta)\mathrm{d}\tau \tag{5.3.2}$$

大气的红外透过率

$$t_{\mathrm{a}}(\tau)=\exp(-\tau\sec\theta)=\exp\left[-\int_0^z a(z)\sec\theta\mathrm{d}z\right]$$

因而有 $\mathrm{d}[t_{\mathrm{a}}(\tau)]/\mathrm{d}\tau=-\sec\theta\exp(-\tau\sec\theta)$，公式（5.3.2）可以变为

$$L(0)=L(s)t_{\mathrm{a}}(s)-\int_0^{\tau_{\mathrm{s}}}L_{\mathrm{em}}(\tau)\frac{\mathrm{d}t_{\mathrm{a}}}{\mathrm{d}\tau}\mathrm{d}\tau \tag{5.3.3}$$

或等价表示为

$$L(0)=L(s)t_{\mathrm{a}}(s)+\int_{t_{\mathrm{a}}(\tau_{\mathrm{s}})}^{1}L_{\mathrm{em}}(\tau)\mathrm{d}t_{\mathrm{a}} \tag{5.3.4}$$

实际上，仪器测量结果都是波段区间的平均值，假设仪器的波段区间为$(\nu1,\nu2)$，波段响应函数 $S(\nu)$每$\Delta\nu$波数一个值，$L(\tau,\nu i)$、$t_{\mathrm{a}}(\tau,\nu i)$分别为第 i 个$\Delta\nu$波数小区间的平均辐亮度和大气透过率，则式（5.3.4）在波段响应函数 $S(\nu)$下的积分辐亮度为

$$\begin{aligned}L(0)&=\int_0^{\infty}L(\tau_{\mathrm{s}})t_{\mathrm{a}}(\tau_{\mathrm{s}})S(\nu)\mathrm{d}\nu+\int_0^{\infty}\int_{t_{\mathrm{a}}}^{1}L_{\mathrm{em}}(\tau_{\mathrm{s}})S(\nu)\mathrm{d}t_{\mathrm{a}}\mathrm{d}\nu\\&=\sum_{i=0}^{N-1}L(\tau_{\mathrm{s}},\nu_i)t_{\mathrm{a}}(\tau_{\mathrm{s}},\nu_i)S(\nu_i)\Delta\nu+\sum_{i=0}^{N-1}\left[\sum_{j=0}^{M-1}L(\Delta\tau_j,\nu_i)\Delta t_{\mathrm{a}}(\Delta\tau_j,\nu_i)\right]S(\nu_i)\Delta\nu\end{aligned} \tag{5.3.5}$$

这就是所谓的“红外光谱测量方程”。其中，积分辐亮度 $L(0)$的单位是 $\mathrm{W/m^2\cdot sr}$。

边界条件，也就是海洋表面向上的红外辐射是海水辐射加上入射天空辐射的反射：

$$L(z_{\mathrm{s}},\theta,\phi,\Delta\nu)=\varepsilon(\Delta\nu)M(T_{\mathrm{s}},\Delta\nu)/\pi+\rho_{\mathrm{df}}(\theta,\phi,\Delta\nu)\tilde{L}_{\mathrm{sky}} < \mathrm{math} > \tag{5.3.6}$$

式中，$L(z_s,\theta,\phi,\Delta\nu)$为海洋表面高度上，$(\theta,\phi)$方向任意 $\Delta\nu$ 小区间内的波段平均辐亮度；$\varepsilon(\Delta\nu)$为波段的平均比辐射率；$M(\Delta\nu)$为波段的平均黑体辐射；$\rho_{df}\tilde{L}_{sky}$ 为对应各方向的入射天空辐射反射到(θ,ϕ)方向的反射。

对于 8～12 μm 波段，天空红外辐射的积分能量大约为 10 W/m²·sr，海洋表面的反射率ρ_{df}约为 0.01，海洋表面的比辐射率 $\varepsilon = 1-\rho_{df} = 0.99$，因此式（5.3.6）中两项的比值为

$$\tilde{L}_{sky}\rho_{df} / (\varepsilon M / \pi) = 10\times 0.01 / (40\times 0.99) = 0.25\%$$

因此，天空光反射可以忽略不计。

对于太阳红外辐射，假设非直射反射区的反射到遥感器视场的概率是 0.0001，10 μm 波段附近的 $L_{sun}(10\ \mu m)/L_{sea}(10\ \mu m)$约为 500，海洋表面的反射率为 0.01，则对信号的影响为 500×0.01×0.0001=0.05%；而对于 3.7 μm 波段，$L_{sun}(3.7\ \mu m)/L_{sea}(3.7\ \mu m)$约为 4×10^5，海洋表面的反射率约为 0.04，则对信号的影响为 $4\times10^5\times0.04\times0.0001$=160%，因此 3.7 μm 波段受太阳反射的影响很大，该影响与海洋表面粗糙度和观测方向、太阳方向有关，在一次观测中，随机性很大，且需要风速、风向等信息，不可能精确地估算。

5.3.2 红外遥感的有关因素分析

影响红外遥感的因素很多，本节主要针对：①大气吸收与辐射的影响；②观测几何与地球曲率的影响；③表面温度梯度的影响；④云的影响；⑤天空辐射的影响等 5 方面进行描述。

5.3.2.1 大气吸收与辐射的影响

红外大气衰减的计算主要考虑二氧化碳（CO_2）和水汽（H_2O）的影响。特别是水汽，因为变化很大，所以在红外遥感中，准确的结果需要对水汽含量和垂直分布进行准确的测量。这正是为什么在红外遥感试验中，总是需要探空数据的原因之一。几种典型气体的红外光谱吸收，如图 5.3.1 所示，几种典型大气条件的红外透过率，如图 5.3.2 所示。

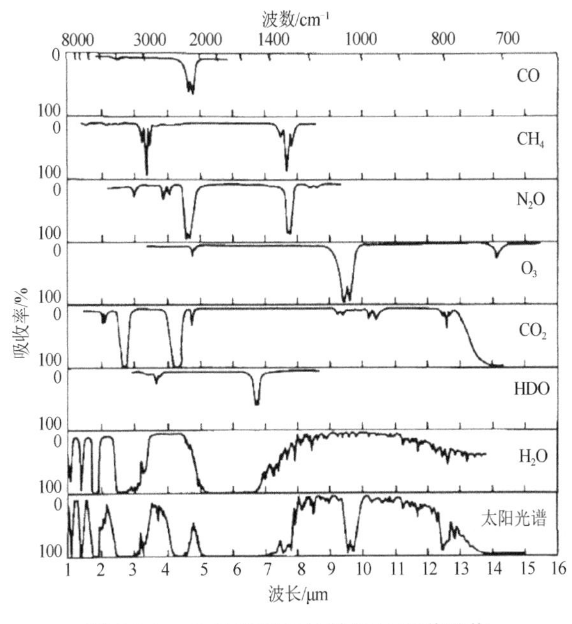

图 5.3.1 几种典型气体的红外光谱吸收

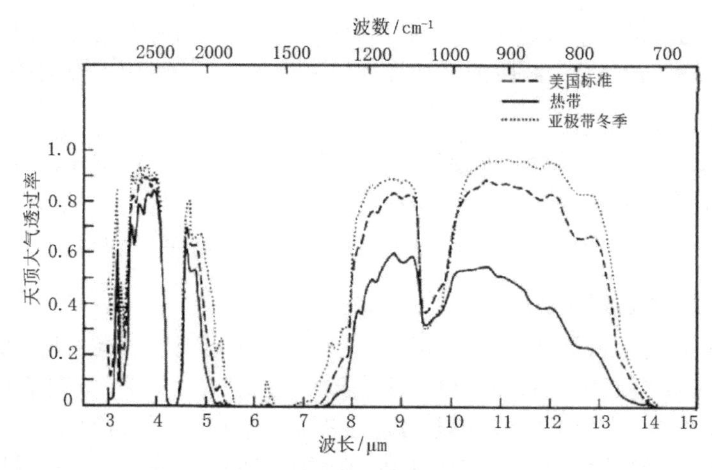

图 5.3.2 几种典型大气条件的红外透过率

海洋表面温度 T_s 与卫星遥感器观测到的或计算的温度 T_c 的差异，$\delta_T=T_s-T_c$，随水汽变化很大。对于 10～12 μm 通道，几种水汽与大气条件下的红外温差，如图 5.3.3 所示。水汽含量、大气温度剖面、气压都对其吸收与发射产生影响。

可以看出，红外温差与水汽总量的变化没有很好的关系。同样，大气透过率随大气水汽总量的变化也不存在很好的关系，图 5.3.4 所示为几种典型水汽与大气条件下的红外大气透过率。

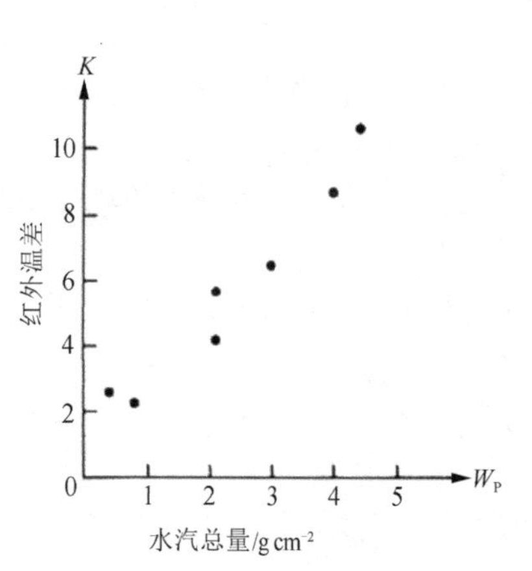

图 5.3.3 几种水汽与大气条件下的红外温差

τ_a
1.0 0.9 0.8 0.7 0.6 0.5 0.4 0.3 0.2
大气透过率
0 1 2 3 4 5 6 W_P
大气水汽总量/g cm-2

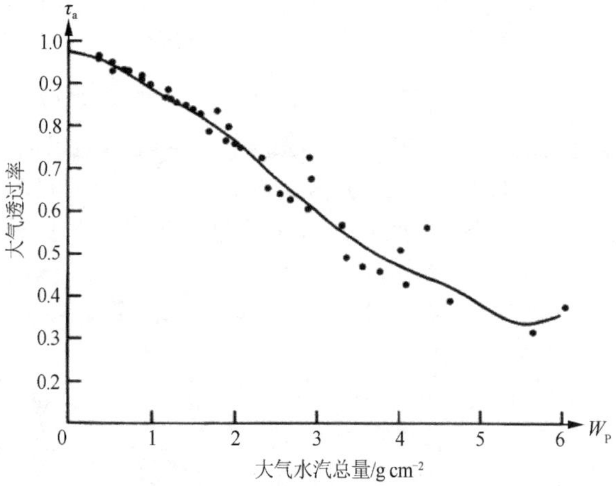

图 5.3.4 几种典型水汽与大气条件下的红外大气透过率

5.3.2.2 观测几何与地球曲率的影响

从红外辐射传输方程（5.3.2）可以看出，观测角度 θ 对大气透过率的计算有很大影响，可导致红外温差 $\delta_T=T_s-T_c$ 随观测角度的变化（10.5～12.5 μm 通道），如图 5.3.5 所示。

由图 5.3.5 可以看出，假设海洋表面的像元有 8℃温差，在遥感器观测角为 0°时，温差为 2.7℃，而在观测角为 50°时，温差变为 1.5℃。同时，仪器有噪声误差 NEΔT，因此观测的误差或不确定性也是随角度变化的。例如，如果 NEΔT=0.5℃，则在观测角为 0°时，观测不确定性=(0.5/2.7)×8.0℃≈1.5℃，当观测角为 50°时，观测不确定性=(0.5/1.5)×8.0℃≈2.7℃。

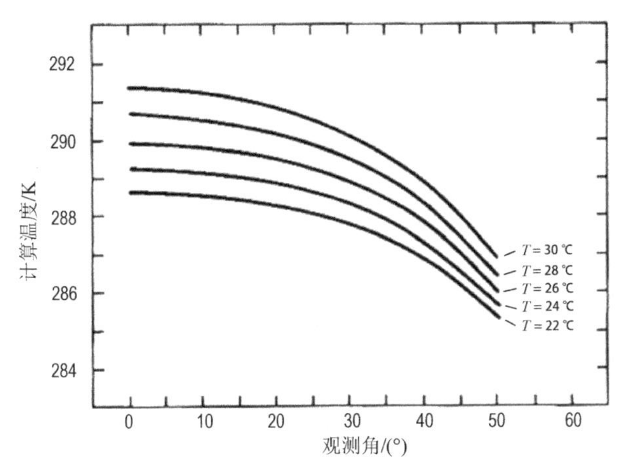

图 5.3.5　红外温差$\delta_T = T_s - T_c$随观测角度的变化（10.5～12.5 μm 通道）

同时，由于地球的表面是弯曲的，对 NOAA 卫星、GOES 等大范围的观测，红外传输路径的大气光学厚度不能只考虑平面平行（Plane-parallel）情况下的斜程 $\sec\theta=1/\cos\theta$修正。图 5.3.6 所示为地球曲率对大气光学厚度的影响。

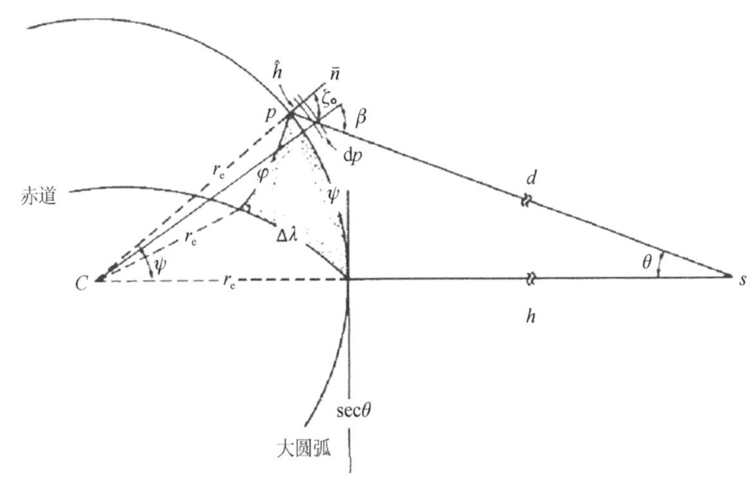

图 5.3.6　地球曲率对大气光学厚度的影响

考虑地球曲率，根据简单的几何推导，可以得到公式（5.3.7）：

$$b=(h+r_e)\cos\theta/h,\ \ c=[r_e^2-(h+r_e)^2]/h^2,\ \ \frac{d}{h}=b-\sqrt{b^2+c} \tag{5.3.7}$$

当θ在 0～60°范围内变化时，考虑与不考虑地球曲率修正的差异为

$$1\leqslant(d/h)/\sec\theta\leqslant1.8$$

5.3.2.3　表面温度梯度的影响

如前所述，表面温度梯度变化在红外图像上逐渐减弱。根据红外辐射传输方程（5.3.3），分析可以得到相应的结论。

$$L(0)=L(\tau_s)t_a(\tau_s)+\int_{t_a(\tau_s)}^{1}L_{em}(\tau)\mathrm{d}t_a$$

利用积分中值定理，可令$\langle L_{em}\rangle=1/(1-t_a)\int_{t_a}^{1}L_{em}\mathrm{d}t_a$，这样方程就可以改为

$$L(0)=L(\tau_s)t_a(\tau_s)+[1-t_a(\tau_s)]<L_{em}> \tag{5.3.8}$$

假设大气透过率在小范围内不变，则对 L 取水平方向导数$\nabla_h L$，则

$$\nabla_h L(0)=\nabla_h L(\tau_s)\, t_a(\tau_s)$$

即

$$\nabla_h L(0)/\nabla_h L(\tau_s)=t_a(\tau_s)\ \delta T_0/\delta T_s \tag{5.3.9}$$

这就是所谓的红外温度梯度方程（Infrared Temperature Gradient Equation）。

而大气透过率 $t_a(\tau_s)<1$，因此大气顶层的温差 δ_{T_0} 要小于地面温差 δ_{T_s}，导致红外遥感可检测的海洋表面温度梯度必须大于 NEΔT。

5.3.2.4 云的影响

对于低分辨率的遥感器，图像像元的视场中可能有一些小的亚像元云块，对辐射量或亮温影响很大。如卷积云（Cirrocumulus）在信风带（Trade Wind Zone），直径很多小于 0.5 km，相互之间的分布距离在 5～10 km。因此，1.1 km 或 4 km 的红外辐射计数据常常受到卷积云的污染。图 5.3.7 所示为红外通道受亚像元云量和云高影响的趋势。

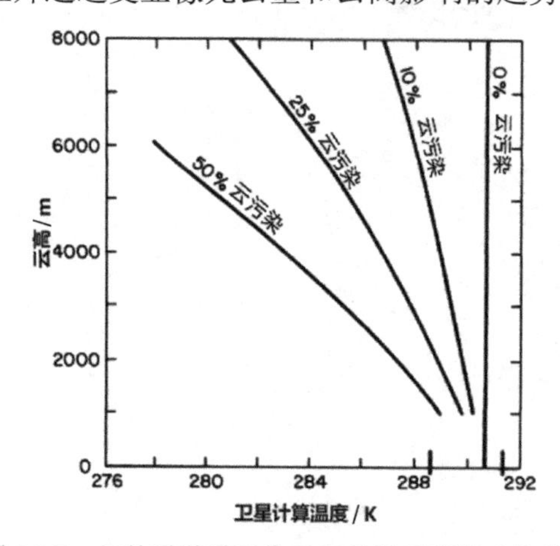

图 5.3.7 红外通道受亚像元云量和云高影响的趋势

5.3.2.5 天空辐射影响

对于大气层外向下观测的天空辐射、海洋表面向上观测的天空辐射，受大气剖面温度的影响，显然是不一样的。遥感器向下观测时，“感觉”到的大气是“冷”的，而地面向上观测时，“感觉”到的大气是“暖”的。也就是说上下观测方向的天空亮温是不同的，表 5.3.1 所示为天空亮温（10.5～12.5 μm 通道）。

表 5.3.1 天空亮温（10.5～12.5 μm 通道）

大气	大气透过率（t_a）	向上亮温（T_{up}）	向下亮温（T_{down}）
Tropical	0.5027	144.1	254.5
Midlatitude summer	0.6579	97.5	235.8
Midlatitude winter	0.9024	25.4	203.5
Subarctic summer	0.7690	63.7	220.0
Subarctic winter	0.9402	14.9	200.7
U.S. standard	0.8532	40.1	210.9

§5.4　海洋表面温度反演与校正方法

5.4.1　单通道大气校正与海温反演

对于单通道红外遥感器，需要：

（1）确定大气剖面。一是用标准剖面；二是使用探空仪进行探测，从而获得探空结果，以确定大气剖面。显然，没有实时探空数据的话，该剖面会引入相当大的误差。

（2）针对不同角度、海洋表面温度，利用确定的大气剖面，计算红外亮温与真实海洋表面温度的关系。图 5.4.1 所示为红外亮温与海洋表面温度的关系（U.S 标准大气剖面、不同观测角的 10.5～12.5 μm 通道）。

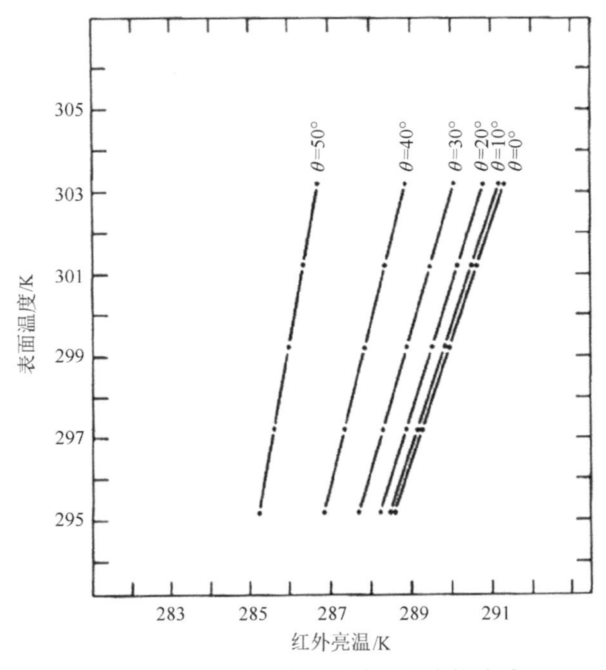

图 5.4.1　红外亮温与海洋表面温度的关系

由于不同观测角下 T_s、T_c 具有很好的线性关系，因此，每一观测角度只需要两个温度点的计算即可。

5.4.2　多通道大气校正与海温反演

红外遥感最重大的事件是“分裂窗”技术。人们发现，对于一个给定的海洋表面温度，两个合理选择的红外波段的辐射之间具有线性相关关系，且该关系受大气条件的影响很小，不论是极地、中纬度、还是热带，图 5.4.2 所示为两个红外波段辐亮度之间的线性关系。

显然，根据红外辐射传输方程可以导出，针对这两个红外波段，海洋表面温度与一个红外波段亮温的差值，以及与两个红外波段亮温的差值都存在线性关系。对于一个红外波段，红外辐射传输方程可以表示为

$$L_i = L_s t_i + (1-t_i) < L_{iem} > \qquad (5.4.1)$$

式中，i 表示通道号；$t_i = t_a[\tau_s(i)]$。

根据红外辐射与温度的关系，式（5.4.1）可以近似写为

$$T_i = T_s t_i + (1-t_i) < T_{iem} > \qquad (5.4.2)$$

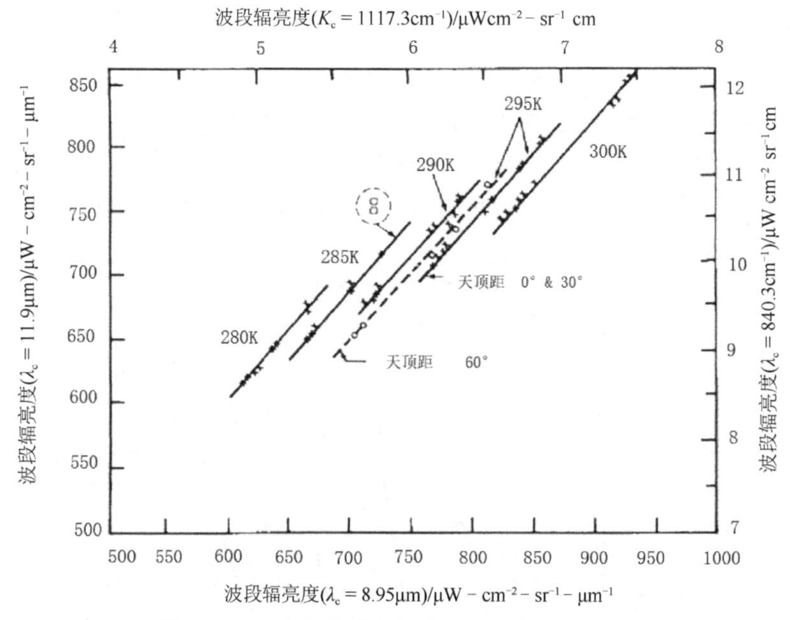

图 5.4.2 两个红外波段辐亮度之间的线性关系

这就是所谓的“红外温度方程”（Infrared Temperature Equation）。其中 T 为等效黑体温度（Equivalent Blackbody Temperature）或亮温。通过两个通道，可以得到两个方程：

$$T_1 = T_s t_1 + (1-t_1) < T_{1em} >$$

$$T_2 = T_s t_2 + (1-t_2) < T_{2em} >$$

也可以进行适当地变动：$<T_{iem}>=(T_i-T_s t_i)/(1-t_i)$，且两个方程相减，求解 T_s 可得

$$T_s = T_2(1-t_1)/(t_2-t_1) - T_1(1-t_2)/(t_2-t_1) + (< T_{1em} > - < T_{2em} >)(1-t_1)(1-t_2)/(t_2-t_1)$$

再加一项：$(T_1 t_1 - T_1 t_1)/(t_2 - t_1)$，并令

$$\Gamma = (1-t_1)/(t_1-t_2)$$

Γ 称为海洋表面温度校正系数，整理可得

$$T_s = T_1 + (T_1 - T_2)\Gamma - (< T_{1em} > - < T_{2em} >)(1-t_2)\Gamma \qquad (5.4.3)$$

这就是所谓的“多光谱温度方程”。如果两个波段的透过率接近 1，且受到同样吸收气体的影响，则 Γ=常数，实际情况当然不是常数。对于 NOAA AVHRR 的 4/5 通道，海洋表面温度校正系数 Γ 的变化曲线，如图 5.4.3 所示。

初看起来好像式（5.4.3）不是线性关系的，但经过进一步的模拟计算，并画出 (T_s-T_1) 与 (T_1-T_2) 在各种海洋表面亮温、大气条件和观测角度下的关系，图 5.4.4 所示为 AVHRR“分裂窗”的亮温关系，可以得到很好的不依赖于大气条件和观测角度的线性关系。该模拟计算包括了 6 种大气模式、6.6°和 53.8°两个观测角度、海洋表面温度为 270～300 K 的条件组合。

$$T_s = T_{11} + 3.35(T_{11} - T_{12}) + 0.32 \qquad (5.4.4)$$

式中，T_{11} 和 T_{12} 分别表示 10.3～11.3 μm、11.5～12.5 μm 通道。对于 3.8 μm 和 11 μm 通道组合，系数分别为 1.42 和 1.28。

$$T_s = T_{3.8} + 1.42(T_{3.8} - T_{11}) + 1.28 \tag{5.4.5}$$

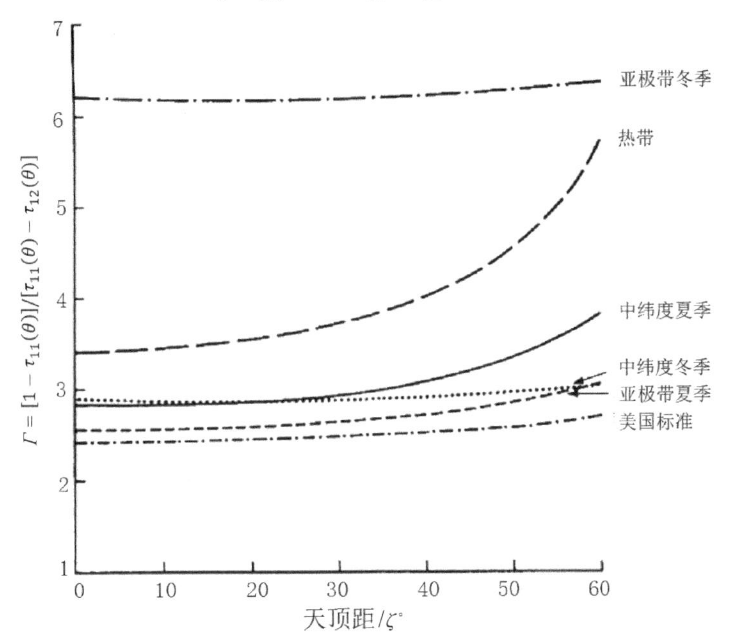

图 5.4.3　海洋表面温度校正系数 Γ 的变化曲线

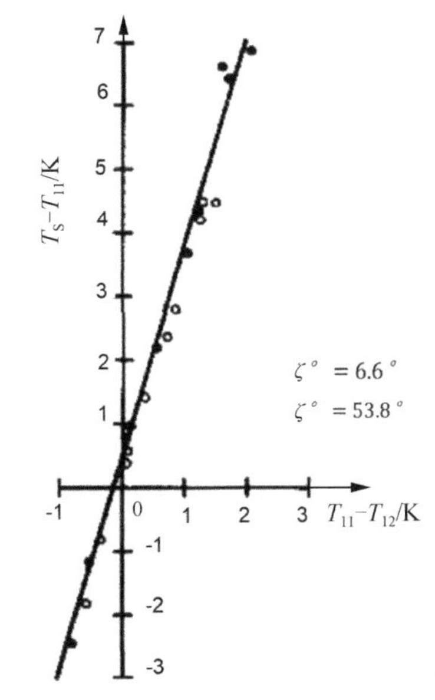

图 5.4.4　AVHRR“分裂窗”的亮温关系

前面提到，3.8 μm 通道受太阳海洋表面反射的影响很大，那为什么还要用呢？从式(5.4.5)可以看出，第二项的系数相差很大，$(T_{3.8}-T_{11})$波段组合可以减少仪器噪声 NEΔT 的影响。

因此，科学家进一步提出三波段组合（适合夜间图像），并因此导致 AVHRR 加上 12 μm 波段：

$$T_s = T_{11} + 0.98\,(T_{3.8} - T_{12}) + 0.55 \tag{5.4.6}$$

随着仪器的进步和应用指标要求的提高，目前 AVHRR 的海温反演公式是加入了观测角度订正、环境温度订正（改善高温度情况下）的非线性海洋表面温度（Non-Linear SST，NLSST）公式：

$$T_s = a_0 + a_1 T_1 + a_2 (T_1 - T_2) T_b + a_3 (\sec\theta - 1) \tag{5.4.7}$$

式中，T_b 为环境的海洋表面温度，可以初步估算一个；θ 为观测角度。如果缺少 T_b，则换用另外一组系数。

美国 CoastWatch 采用的算法是

$$\begin{aligned} \mathrm{NLSST} &= A_1 (T_{11}) + A_2 (T_{11} - T_{12})(\mathrm{MCSST}) + A_3 (T_{11} - T_{12})(\mathrm{Sec}\, q - 1) - A_4 \\ \mathrm{MCSST} &= B_1 (T_{11}) + B_2 (T_{11} - T_{12}) + B_3 (T_{11} - T_{12})(\mathrm{Sec}\, q - 1) - B_4 \end{aligned} \tag{5.4.8}$$

其中的系数如下：

NOAA-17 NLSST DAY：

A_1=0.936047、A_2=0.0838670、A_3=0.920848、A_4=253.951

NOAA-17 NLSST NIGHT：

A_1=0.938875、A_2=0.0864265、A_3=0.979108、A_4=255.023

NOAA-17 MCSST DAY：

B_1=0.992818、B_2=2.49916、B_3=0.915103、B_4=271.206

NOAA-17 MCSST NIGHT：

B_1=1.01015、B_2=2.58150、B_3=1.00054、B_4=276.590

到此，这个关系只依赖于波段响应函数了。目前，MODIS 用式（5.4.7）NLSST 算法计算的 SST 均方根（RMS）的差是 0.5～0.6 K。

5.4.3 多角度观测的大气校正

特别对于很多单通道红外遥感器，如果能够进行两个角度的观测，也可以消除大气的影响。假设 $t_i = \exp(-ar_i)$，a 为吸收系数；r_i 为不同角度的斜程观测距离。若 t_i 接近 1，即 ar_i 很小，则 $\exp(-ar_i) \approx 1 - ar_i$，则有

$$\Gamma = (1 - t_1)/(t_1 - t_2) = r_1/(r_2 - r_1)$$

如果一个角度是 0，另一个角度是θ，则 $\Gamma = r_1/(r_1 \sec\theta - r_1) = 1/(\sec\theta - 1)$，式（5.4.3）$T_s = T_1 + (T_1 - T_2)\,\Gamma - (\langle T_{1em}\rangle - \langle T_{2em}\rangle)(1 - t_2)\Gamma$，则变为

$$T_s = T_1 + (T_1 - T_2)/(\sec\theta - 1) \tag{5.4.9}$$

通过两个或两次对同一位置的不同角度的观测，就校正了大气的影响。该方法的典型例子是 ERS-1/2 和 Envisat-1 搭载的高级沿轨扫描辐射计（AATSR）。该仪器通过“分裂窗”“多角度”，同时采用非线性和分区域系数校正等 4 项技术，达到了目前最高的红外遥感准确度 0.3K。

§5.5 海洋表面温度遥感资料的处理

利用卫星遥感数据反演海洋表面温度的技术已经成熟，目前国际上已有海洋表面温度遥

感反演的业务流程，卫星遥感海洋表面温度数据的处理流程，如图 5.5.1 所示。

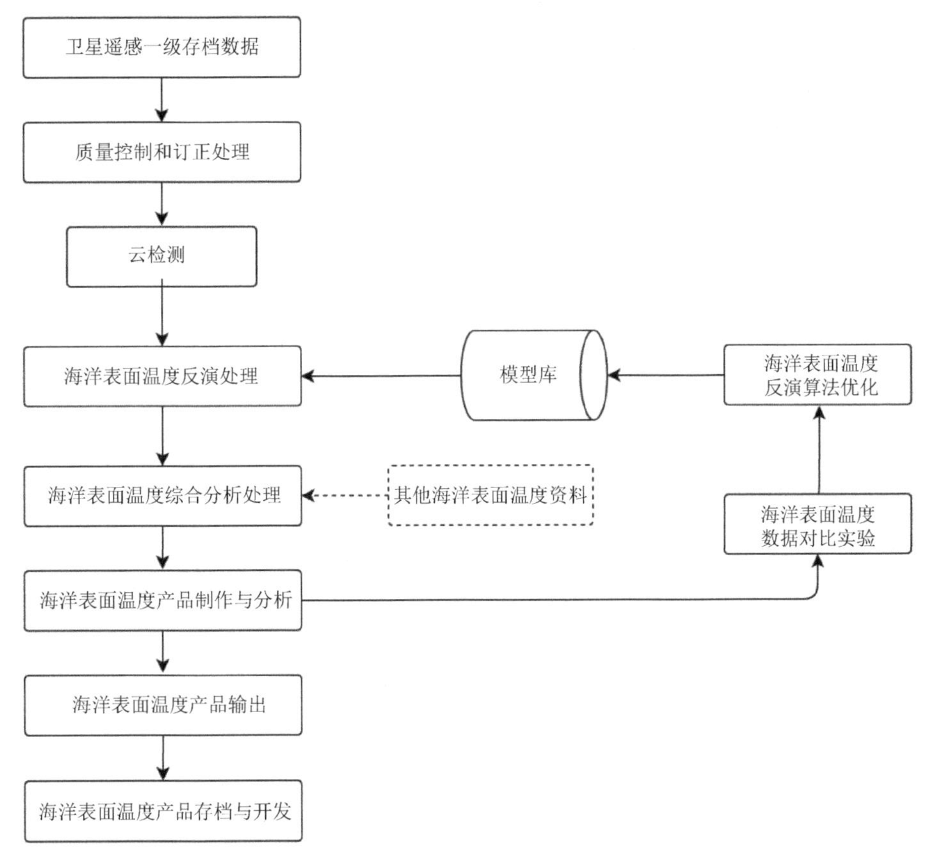

图 5.5.1　卫星遥感海洋表面温度数据的处理流程

在海洋表面温度反演数据处理流程中，需经过数据质量控制和订正处理、云检测、海洋表面温度反演处理、海洋表面温度综合分析处理和海洋表面温度产品制作与分析等处理过程，生成可用于海温预报的卫星海洋表面温度反演产品。在海洋表面温度反演的过程中，应特别注意卫星扫描数据的质量控制和云检测方法的应用，这直接关系到产品的质量。

在进行海洋表面温度反演之前，需要对红外辐射计数据进行辐射定标，即把原始计数值定标为像元的辐射度值，定标公式的形式为

$$L_i = \text{Rdiance\_scale} \cdot \text{DN}_i + \text{Radiance\_offset} \tag{5.5.1}$$

式中，L_i 为第 i 波段的辐射度；DN_i 为第 i 波段的像元计数值；Radiance_scale 和 Radiance_offset 为定标系数。

根据普朗克黑体辐射定律，可用下式计算亮温：

$$T = \frac{hc}{k\lambda \ln\left[\dfrac{2hc\lambda^5}{L}+1\right]} = \frac{C_1}{\lambda n\left(\dfrac{C_2}{L\lambda^5}+1\right)} \tag{5.5.2}$$

式中，h 为普朗克常数，$h=6.626078\times10^{-34}$ J·s；c 为光速，$c=2.9979\times10^{8}$ m/s；k 为玻尔兹曼常数，$k=1.380658\times10^{-23}$ J/K；$C_1=hc/k=0.14392$ K·m；$C_2=2hc^2=1.1910245\times10^{-16}$ W·m^2。

需要注意的是，云覆盖问题是影响红外遥感温度反演空间连续性的最主要障碍。当利用

红外辐射计反演海洋表面温度时，如果红外辐射计的瞬时视场内全部是云，那么传感器探测到的是云顶的发射辐射；如果瞬时视场部分被云覆盖，那么传感器探测到的是海洋表面和云顶发射辐射的混合值。由于云顶温度通常低于海洋表面温度，当使用被云污染的遥感数据进行海洋表面温度反演时得到的海洋表面温度往往低于真实的海洋表面温度。为了得到准确的海洋表面温度，需要对遥感数据进行严格的云检测。

云检测就是通过对卫星观测到的目标物的辐射值或反射率与云的辐射值的差异，采用一定的方法识别影像中的云覆盖像元并且进行标记。遥感数据的云检测可以利用被观测对象自身的电磁波辐射或反射特性来进行，例如，可见光波段的云顶反照率比海洋表面的反照率高、海洋表面温度通常比云顶温度高。

以 AVHRR 为例，云检测算法主要是采用经过定标的第 1、2、3 波段的反射率和第 4、5 波段的亮温数据进行多光谱云检测的。利用 AVHRR 5 个通道的资料，通过像元的反射率或亮温差的阈值、通道 2 与通道 1 的比值、通道 4 与通道 5 的亮度温度及空间均匀性来进行云检验。判断条件为：①像元反射率大于设定阈值或亮温小于设定阈值；②第 2 波段与第 1 波段反射率的比值为 0.7～1.1；③第 4 波段与第 5 波段的亮温差大于设定阈值；④若像元为海洋，则空间均匀性大于设定阈值。如果像元通过了以上 4 个条件的多光谱云检测，则像元判定为晴空。Coakley 等人（1982）提出了一种空间相关法，利用高分辨率的热红外观测数据进行云检测，只需用红外波段（11 μm）的数据，可对白天和夜晚的影像进行云检测。这种方法配合阈值法，可以有效的进行云检测。

习题

1．海洋表面温度遥感中采用 10～12 μm 红外分裂窗的理由是什么？（至少写出 3 个）
2．常用的海洋表面温度遥感算法有哪些？
3．海洋表面遥感数据的预处理由哪些环节组成？
4．分析影响红外遥感精度的几个主要因素。

参考文献

[1] 陈丽凡，孙丞虎，张冬斌，等．1901—2016 年印太海域海洋表面温度的偏差订正及数据集研制 [J]．地球物理学报，2019，62（6）：2001-2015．
[2] 丁又专．卫星遥感海洋表面温度与悬浮泥沙浓度的资料重构及数据同化试验 [D]．南京：南京理工大学，2009．
[3] 胡旭冉．基于集合卡尔曼滤波融合的西北太平洋海洋表面温度时空分布特征研究 [D]．上海：上海海洋大学，2018．
[4] 李铜基，陈清莲．Ⅱ类水体光学特性的剖面测量方法 [J]．海洋技术，2003，22（3）：1-5．
[5] 廖志宏．FY-3C 卫星数据的海洋表面温度融合与重构研究 [D]．北京：中国科学院大学

（中国科学院遥感与数字地球研究所），2017.

[6] 刘炜．水体表观量与固有量的关系研究 [D]．天津：国家海洋技术中心，2007.

[7] 刘伊格，孙伟富，孟俊敏，等．2012—2016 年可见光红外成像辐射仪(VIIRS)海洋表面温度产品精度检验分析 [J]．应用海洋学学报，2019，38（2）：159-168.

[8] 宁亚灵．长春石头口门水库水质参数遥感反演与模拟研究 [D]．长春：吉林大学，2007.

[9] 王林．北黄海水色组分吸收特性研究 [D]．大连：大连海事大学，2008.

[10] 席红艳．香港近海水体光学特性分析及色素浓度反演模式研究 [D]．北京：中国科学院研究生院（海洋研究所），2007.

[11] 徐京萍，张柏，蔺钰，等．结合高光谱数据反演吉林石头口门水库悬浮物含量和透明度 [J]．湖泊科学，2007，19（3）：269-274.

[12] 杨建洪，王锦，赵冬至．海洋水色遥感大气校正算法研究进展 [J]．海洋环境科学，2008，27（1）：97-100.

[13] 张瑛瑛，徐博，张衡，等．南极磷虾渔场（48 渔区）CPUE 的年、月变化及其与海洋表面温度、叶绿素浓度的关系 [J]．生态学杂志，2020，39（5）：1685-1694.

[14] 张运林，秦伯强，陈伟民，等．太湖水体光学衰减系数的分布及其变化特征 [J]．水科学进展，2003，14（4）：347-353.

[15] 郑贵洲，熊良超，廖艳雯，等．利用 MODIS 数据反演南海南部海洋表面温度及时空变化分析 [J]．遥感技术与应用，2020，35（1）：132-140.

第6章

海洋微波遥感

微波在海洋遥感中占有非常重要的地位，是海洋动力学过程探测的主要手段。微波是波长在 1 mm～30 cm 的电磁波，工作在这一波长范围内的传感器称为微波传感器。微波传感器包括微波辐射计、微波散射计、雷达高度计、微波侧视雷达和合成孔径雷达，具有全天时、全天候的工作能力，但获取的资料分析解译较复杂，地面覆盖周期较长，空间分辨率较低（合成孔径雷达除外），一般为数十至数百千米。

风、浪、流等海洋动力环境要素是海洋表面最为普遍的现象，也是影响海上活动安全的主要因素。海洋动力环境信息的准确测量，对于航行保障、气候预测等领域具有非常重要的意义。海水盐度是了解全球海洋循环和海洋在地球气候中作用的一个重要参数。海洋内波是一种几乎贯穿海洋深度的波动现象。微波传感器用于测量各种天气条件下的海洋表面风速、海洋表面盐度、海洋表面海流、海洋表面高度或高分辨率成像等。本章主要介绍海洋微波遥感测量上述海洋环境要素的机理和资料的处理方法。6.1 节介绍海洋表面风场遥感，6.2 节介绍海洋表面动力地形测量，6.3 节介绍海洋内波遥感探测。

§6.1 海洋表面风场遥感

风是海洋运动的动力，直接影响大气的温度、气体成分和粒子，以及大气-海洋之间的热流量。海洋表面风场是海洋上层运动的主要动力来源，是影响波浪产生、水团形成和海流运动的重要因素。在海岸带附近，尤其是在海洋的东边界，盛行风能够引起上升流及相应的生物活动。海洋上的热带气旋等能够引起海上巨浪和沿海风暴潮，直接影响海上航行、海洋工程、海洋渔业等，对人类活动造成很大的影响，并造成重大的经济损失。准确的海洋表面风场数据能够为海洋灾害天气的预报提供更可靠的模式初始场，提高预报极端天气强度、位置的准确性。作为海洋环流模式和波浪模式的初始场，海洋表面风场数据精度的提高可以改善海洋环流模式和波浪模式模拟的效果。

海洋表面风场对海洋灾害性天气的监测和预报，以及研究海气相互作用等具有重要意义。20 世纪 70 年代之前，人们对海洋表面风场的观测主要依赖岛屿上的观测台站、浮标、船舶和沿岸观测站等，这些常规观测获取的海洋表面风场时空分布不均匀，数据量小，无法保证观测数据时空的连续性，难以满足科学研究的需要。在一些极端海况下，如台风、风暴潮等，船舶无法靠近，浮标也往往失效，所获取的海洋表面风场资料非常少。

20 世纪 70 年代以来，随着卫星技术的不断发展，通过卫星遥感手段反演海洋表面风场成为获取海洋表面风场的新手段。卫星遥感克服了传统数据获取方式的不足，通过大面积同步观测，能够提供高空间、高时间分辨率的海洋表面风场数据。尤其是海洋微波遥感载荷，以其全球覆盖、全天候观测，及对大气层较强的穿透能力，实现了对全球海洋表面的连续观测，成为获取全球海洋表面风场数据的重要方式。微波传感器测量海洋表面风速都是基于海洋表面的后向散射或亮温温度的，与海洋表面的粗糙度有关，而海洋表面的粗糙度与海洋表面风速有一定的经验关系。目前，微波散射计、微波辐射计、雷达高度计和合成孔径雷达是四种主要的测量海洋表面风场的传感器。微波散射计采用了多极化、两个以上天线的方式观测不同入射角的散射截面来获得海洋表面风场的信息；微波辐射计是一种多通道多频率扫描的微波传感器，利用同一海域不同入射角的微波辐射计资料可以获得海洋表面风场的分布信息，能提供 1000 km 宽刈幅的海洋表面标量风速，精度为±2 m/s，适用于大、中尺度一定时段平均海洋表面风场的探测，其缺点是分辨率较低（约为 50 km）；雷达高度计能提供沿轨方向高分辨率（约为 7 km）的海洋表面标量风速，精度为 1.8 m/s，其缺点是轨道间的间距很大，重复周期较长；合成孔径雷达也能获得高空间分辨率的海洋表面风场信息，但合成孔径雷达的覆盖范围很小（约为 150 km），资料获取成本高，其时间分辨率不能满足中、大尺度海洋表面风场动态探测的需要。微波辐射计和雷达高度计只能获得海洋表面的风速数据，而微波散射计可以全天候地同时探测海洋表面风速和风向，为研究大气、海洋和气候提供重要数据。

6.1.1　海洋表面风场的反演原理

6.1.1.1　微波散射计测量海洋表面风速

微波散射计是一种主动式微波雷达传感器，能够准确测量海洋表面风速和风向信息。它周期性地向海洋表面发射一定频率的扇形微波脉冲，并测量海洋表面的后向散射截面。图 6.1.1 所示为微波散射计雷达波束在海洋表面投射的几何示意图，其中 θ 为入射角，R 为卫星天线到被探测元的距离，A 为雷达波束照射到海洋表面的面积。

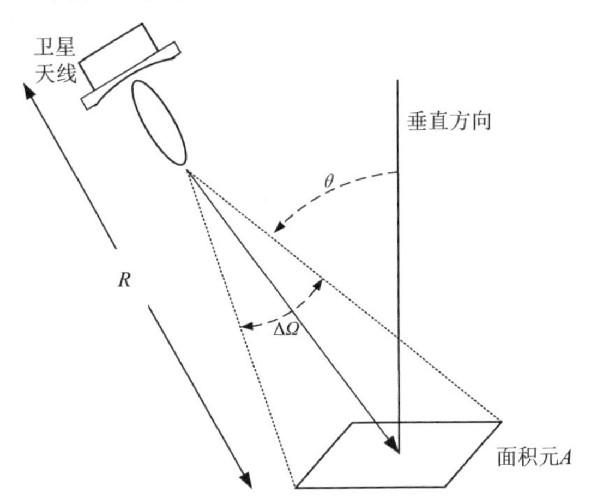

图 6.1.1　微波散射计雷达波束在海洋表面投射的几何示意图

微波散射计测风通过测量海洋表面微波雷达的后向散射系数反演海洋表面风速、风向。雷达的后向散射系数，即归一化雷达横截面（Normalized Radar Cross Section，NRCS），通常用 σ^0 表示，可以由雷达方程计算得到

$$P_{\mathrm{R}}=\frac{P_{\mathrm{T}}G_{\mathrm{T}}G_{\mathrm{R}}\lambda^{2}}{(4\pi)^{3}\eta R^{4}}\sigma^{0}A \tag{6.1.1}$$

式中，P_{R} 为微波散射计接收的回波脉冲功率；P_{T} 为微波散射计反射的脉冲功率；G_{R} 为发射天线的增益；R 为微波散射计到目标物的距离；G_{T} 为接收天线的增益；η 为天线效率；λ 为发射的电磁脉冲的波长；A 为散射目标的有效照射面积；σ^0 为度量目标物体后向散射强度的一个无量纲物理量。

根据雷达方程，σ^0 可以表示为

$$\sigma^{0}=\frac{(4\pi)^{3}\eta R^{4}}{G_{\mathrm{T}}G_{\mathrm{R}}\lambda^{2}A}\left(\frac{P_{\mathrm{R}}}{P_{\mathrm{T}}}\right) \tag{6.1.2}$$

探测目标的表面粗糙度对微波散射计接收的回波信号有着重要影响，海洋表面粗糙度的不同会产生不同的反射或者散射效果。为了定量描述海洋表面粗糙度，根据瑞利判据的二分法，平滑的海洋表面粗糙度需满足下式：

$$\sigma<\frac{\lambda}{8\cos\theta} \tag{6.1.3}$$

式中，σ 为海洋表面起伏的高度差；θ 为微波散射计的入射角；λ 为微波散射计的入射波长。

若不满足以上条件，则海洋表面为粗糙海洋表面。当海洋表面无风时，发射到海洋表面的电磁波将产生镜面反射，仅在垂直海洋表面方向可以观测到反射的电磁波能量，在其他入射角方向观测不到微波散射计发射的电磁信号。当海洋表面有风时，风会驱动海洋表面产生毛细重力波，此时，海洋表面粗糙度增大，会对微波散射计发射的雷达波束进行后向散射，减弱了垂直海洋表面方向的回波信号，倾斜入射角的观测也可以接收海洋表面的散射信号。事实上，海洋表面微波散射的物理机制十分复杂。在现场试验和理论研究的基础上，前人提出了不同的散射模型来刻画不同条件下的海洋表面散射计机制。比较著名的模型有 Kirchhoff 散射模型、Bragg 散射模型和双尺度散射模型。对于小入射角（0～20°）和大尺度起伏的粗糙海洋表面，Kirchhoff 散射模型能够刻画其重要特征。对中等入射角（20°～70°）和小尺度起伏的粗糙海洋表面，Bragg 散射模型则是主要的散射机制。双尺度散射模型介于 Kirchhoff 散射模型和 Bragg 散射模型之间，是一种组合模型，它主要适用于大尺度或小尺度不能明确区分的复杂的粗糙海洋表面。

微波散射计观测海洋表面时，海洋表面风场对海洋表面产生的毛细波对微波信号造成的 Bragg 散射占主导地位。一方面，海洋表面 Bragg 散射强度会随着海洋表面毛细波强度的增大而增大，而海洋表面毛细波的强度由海洋表面风场的强度决定，因此微波后向散射系数与海洋表面风速之间存在正相关关系；另一方面，不同的海洋表面风向也会造成不同的海洋表面毛细波传播方向，即海洋表面毛细波小尺度斜率的不同，对于同一入射方向的微波，不同斜率的表面形成的后向散射系数也不同。在风速固定的条件下，微波后向散射系数在逆风观测时最大，顺风时其次，横风时最小。这种各向异性正是微波散射计获取风向数据的依据。

微波散射计的海洋表面风场反演可以分为 3 个主要步骤。

（1）根据海洋表面散射计接收的回波信号和海洋表面风场的关系，建立准确的地球物理模式函数（Geophysical Model Function，GMF）。

（2）根据建立的地球物理模式函数，反演得到多个模糊风矢量解。

（3）采用海洋表面风场模糊解去除消除算法模糊风矢量解，筛选出准确的海洋表面风矢量。由此可见，地球物理模式函数、海洋表面风场反演算法、海洋表面风场模糊解去除算法

是利用微波散射计进行海洋表面风场反演的 3 个关键点。

1. 地球物理模式函数

地球物理模式函数描述了微波散射计后向散射系数与海洋表面矢量及微波散射计观测几何的关系。准确地构建地球物理模式函数是准确地反演海洋表面风场的前提和必要条件。由于目前运行的微波散射计主要分为 C 波段和 Ku 波段两类，分别针对这两种微波散射计建立地球物理模式函数。

1）C 波段微波散射计模式

C 波段微波散射计 VV 极化 GMF 通常被称为 CMOD 模式函数，最常用的是 CMOD5 模式函数，它是利用 1998 年 8—12 月匹配的 ERS-2 微波散射计和欧洲中期天气预报中心（ECMWF）海洋表面风场数据拟合出来的经验模型。一般形式为

$$\sigma^0(\theta,\upsilon,\phi)=B_0^p(\theta,\upsilon)\left[1+B_1(\theta,\upsilon)\cos(\phi)+B_2(\theta,\upsilon)\cos(2\phi)\right] \tag{6.1.4}$$

式中，υ 为海洋表面 10 m 处的风速；ϕ为观测角与风向的差值；θ 为微波散射计的入射角；其中系数 B_0、B_1、B_2、p 是关于风速和入射角的函数。

在分析 ERS 系列微波散射计和 ASCAT 的基础上，荷兰皇家气象研究院（Royal Netherlands Meteorological Institute）的研究人员建立了 CMOD5.N 地球物理模式函数，其反演的海洋表面风场和浮标相比有更好的效果。在此基础上，研究人员发现 ASCAT 在高风速下反演的海洋表面风场偏低，为了校正在高风速下 C 波段微波散射计海洋表面风场的反演问题，研究人员建立了新的 C 波段地球物理模式函数 CMOD.5H，该函数反演的海洋表面风场在高风速下有了很大的改进。

2）Ku 波段微波散射计模式

SASS-1 函数和 SASS-2 函数是美国国家航空航天局研究人员针对 Seasat-A 上装载的微波散射计建立的 Ku 波段微波散射计模式函数，其形式为

$$\sigma^0(\mathrm{d}B)=A_0+A_1\cos\phi+A_2\cos 2\phi \tag{6.1.5}$$

式中，系数 A 依赖于海洋表面风速 U，分别可表示为

$$A_0=a_0U^{a_0},\quad A_1=(a_1+a_1\log U)A_0,\quad A_2=(a_2+a_2\log U)A_0 \tag{6.1.6}$$

式中，系数 a_0、a_1、a_2 分别为入射角的函数。

针对 NSCAT，科学家利用 SSM/I 风速数据集、ECMWF 风速数据集、美国国家浮标数据中心（National Data Buoy Center，NDBC）提供的浮标阵列和热带大气海洋 TAO 计划提供的赤道浮标阵列，先后建立了 NSCAT-1、NSCAT-2、Ku-2000、Ku-2001 等地球物理模式函数，一般形式为

$$\sigma^0(\mathrm{d}B)=A_{0p}(1+A_{1p}\cos\phi+A_{2p}\cos 2\phi) \tag{6.1.7}$$

式中，p 为极化方式；ϕ为风向；A_{Np} 为受风速、入射角和极化方式决定的系数。

KNMI 研究人员应用 NSCAT-2 地球物理模式函数对 Oceansat-2 微波散射计进行了海洋表面风场反演，其反演结果与 ECMWF 模式海洋表面风场存在系统偏差。KNMI 研究人员对 NSCAT-2 地球物理模式函数的高风速部分进行了修正，建立了 NSCAT-4 地球物理模式函数，该函数能够提高高风速 Ku 波段微波散射计的海洋表面风场反演效果。Ricciardulli 针对 Ku 波段微波散射计高风速的反演问题，建立了 Ku-2011 地球物理模式函数。Gohil 等构建了 Oceansat-2 微波散射计的后向散射系数和 ECMWF 模式海洋表面风场的数据集，在此基础上，

建立了专门适用于 Oceansat-2 微波散射计的地球物理模式函数。

2. 海洋表面风场反演算法

海洋表面风场反演的目标就是要确定使模型函数预测值和实际测量值相符合的风矢量。微波在散射计实际工作中，由于存在后向散射截面积和雷达参数的测量误差、地面定位不够准确及模型函数的不确定性等因素，致使海洋表面风场反演无法通过解析算法实现，而必须用统计算法求解。最大似然估计（Maximum Likelihood Estimation，MLE）算法是最常用于微波散射计反演海洋表面风场的算法，定义如下：

$$\mathrm{MLE}=\frac{1}{N}\sum_{i=1}^{N}\frac{(\sigma_{\mathrm{mi}}^{0}-\sigma_{\mathrm{si}}^{0})^{2}}{K_{\mathrm{p}}(\sigma_{\mathrm{si}}^{0})} \tag{6.1.8}$$

式中，N 为测量点的个数；σ_{mi}^{0} 为后向散射系数的测量值；σ_{si}^{0} 为根据地球物理模式函数在不同风速和风向条件下的后向散射系数的估测值；K_{p}（σ_{si}^{0}）表示后向散射系数的观测误差方差（噪声）。

标准的最大似然估计算法可描述为：首先，微波散射计接收的雷达信号，经过处理可以获得海洋表面分辨单元的后向散射系数 σ_{mi}^{0}，同一海洋表面分辨单元具有多次不同方位角的观测，根据某一风速和风向、雷达观测方位角、雷达入射角和雷达极化状态等参数，输入地球物理模式函数后得到后向散射系数的估计值 σ_{si}^{0}；然后将 σ_{mi}^{0} 和 σ_{si}^{0} 代入最大似然估计算法［式（6.1.8）］，可以得到该风速风向条件下的最大似然估计值 MLE。

根据贝叶斯理论，最大似然估计值表示某一猜测风矢量是真实风矢量的概率。微波散射计海洋表面风场反演算法的优化技术就是计算式（6.1.8）的极小值，极小值表明猜测风矢量是真实风矢量的概率最大。由于搜索在整个海洋表面风场中取最小、最大似然估计值的计算量过大，通常将以下方法用于微波散射计反演海洋表面风场。

首先设置一个具体的风向，最大似然估计就可以看成一个关于风速的函数，查找风速使最大似然估计值达到极小值，通常极小值是唯一的；其次确定一个角度作为步长，即每次风向改变相同角度的步长，对风速重复同样的方法得到各自对应的最大似然估计极小值，这样就可以得到一个和风向有关的最大似然估计的极小值函数，称为最大似然估计代价函数。每个风矢量单元反演都可以得到一个最大似然估计代价函数，在得到最大似然估计代价函数的同时，得到了对应的猜测风速。图 6.1.2（a）所示为最大似然估计代价函数曲线，图中的圆形表示所有曲线的极小值点中最大似然估计值最小的极小值点；图 6.1.2（b）所示为猜测风向和风速的关系图，图中的圆形为与图（a）中的圆形位置对应的极小值点。

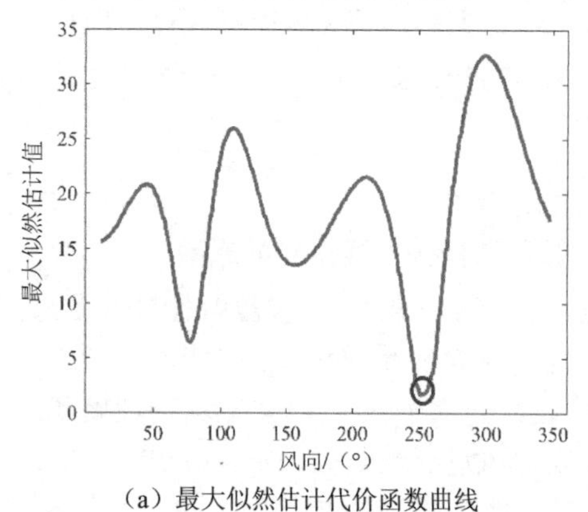

（a）最大似然估计代价函数曲线

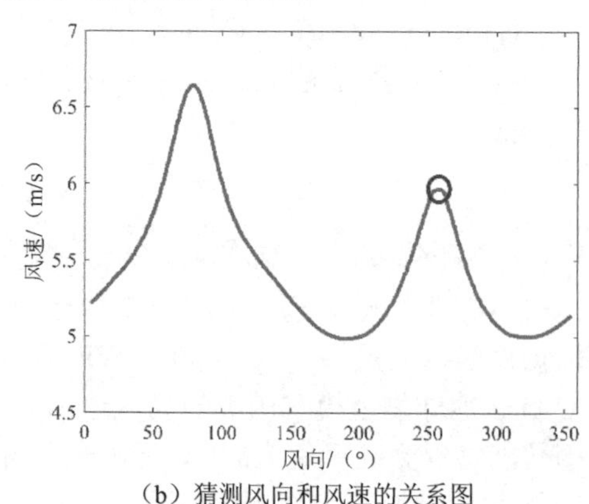

（b）猜测风向和风速的关系图

图 6.1.2　HY2-SCAT 数据 2013 年 1 月 1 日第 06316 轨数据节点 23 的风场反演

对微波散射计海洋表面风场反演算法的研究较多。Jones（1999）研究了自适应海洋表面的风场反演算法，重点考虑微波散射计在热带气旋海况下的海洋表面风场反演。林明森先后提出了改进的海洋表面风场方式反演算法和适合我国近海的神经网络反演算法，但是这些算法不适合业务化系统。美国国家航空航天局喷气推进实验室提出了方向间隔检索（Direction Interval Retrieval，DIR）反演算法以改善 QuikSCAT 卫星下刈幅区域的海洋表面风场反演，以及松弛逼近（Nudging）阈值算法以提高刈幅边缘的模糊解去除精度。Gohil（2008）提出了基于风速最小的归一化标准差（Normalized Standard Deviation，NSD）法则的反演算法，并应用到 Oceansat-2 微波散射计海洋表面风场数据产品的反演中。

3. 海洋表面风场模糊解去除算法

最大似然估计算法首先得到的是最大似然估计代价函数，图 6.1.2（a）所示的最大似然估计代价函数曲线能够表明不同猜测风向与真实风向概率之间的相对大小，最大似然估计代价函数取得极小值时的猜测风向有可能更接近真实风向。因此需要对最大似然估计代价函数进行分析，检索曲线关系中存在的极小值。一般情况下，最大似然估计代价函数取得的极小值最多有 4 个，每个极小值对应的风矢量称为风矢量模糊解。也就是应用最大似然估计算法反演风矢量中，最多可以得到 4 个风矢量模糊解，从风矢量模糊解中确定最接近真实风场的风矢量，这一过程叫作海洋表面风场模糊解去除。图 6.1.3 所示为最大似然估计算法得到的 2013 年 01 月 01 日 HY2-SCAT 风矢量模糊解（a）和风场（b）。Shaffer 等人（1991）利用模拟的 NSCAT 数据进行了测试实验，结果表明基于矢量中值滤波的方法较适用于海洋表面风场模糊解去除，该方法也在消除 QuikSCAT 卫星微波散射计风向多解方面取得了较好的结果。Hoffman 等人（2001）针对 NSCAT 的风矢量模糊解问题，提出了二维变分（2DVAR）算法，可以有效地去除风矢量模糊解。Portabella 等人（2004）提出了多解方案（Multiple Solution Scheme，MSS），应用在 SeaWinds 微波散射计的风矢量模糊解问题上。该算法与标准的最大似然估计算法相比，重要的优势就是保留了更多的模糊解，降低了误差。Vogelzang 等人（2009）基于 QuikSCAT 卫星上的 SeaWinds 微波散射计数据，提出了将 MSS 和 2DVAR 两种算法相结合来反演海洋表面风矢量，分析两种算法结合的优势，反演结果表明两种算法结合得到的海洋表面风场在连续性、空间分布等方面更有优势。MSS 和 2DVAR 算法是目前微波散射计海洋表面风场模糊解去除算法的主要算法。

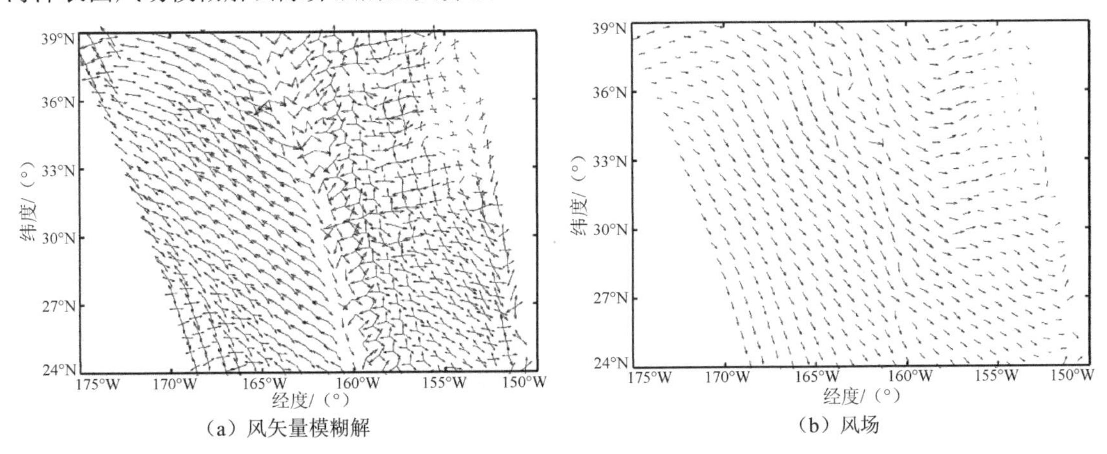

图 6.1.3　最大似然估计算法得到的 2013 年 01 月 01 日 HY2-SCAT 风矢量模糊解（a）和风场（b）

要使微波散射计的测风精度满足要求，必须使微波散射计具有很高的精度以测量海水截面。测量海水截面的误差来自仪器噪声误差、传递噪声误差和卫星平台的高度误差。仪器噪声误差是由内部产生的，其值较小。主要误差源是传递噪声，它是由许多单独的海水表面散射随机叠加引起的，与入射角和风速相关，在高风速和小入射角时噪声信号较大。卫星平台的高度误差也会影响雷达观测区面积的计算和单位面积截面的计算。

卫星微波散射计反演海洋表面风场的基本假设是微波散射计测量的后向散射系数完全是由海洋表面风引起的，并且大气对后向散射系数没有吸收和衰减的影响。尽管 Ku 波段的电磁波具有穿透大气的能力，但仍有一小部分的电磁波能量被大气中的氧气、水汽、液态水吸收和散射，因此消除大气因素对后向散射系数的影响对于正确反演海洋表面风场具有重要的意义，特别是厚云和降雨区会影响微波散射计的测量。利用微波辐射计的亮温数据能够近似地估算大气对后向散射系数的衰减。计算衰减的方法有两种：一种方法是首先由微波辐射计测量的海洋大气参数计算出相应频率下后向散射系数的衰减系数；然后对反向散射系数的衰减系数进行积分，就可以得到全程反向散射系数的衰减系数。另一种方法是用微波辐射计的剩余亮温计算微波散射计工作频率下的大气衰减。

6.1.1.2 雷达高度计测量海洋表面风速

作为海洋表面最大的一种动量来源，风对于海洋从波动到流动的各种运动过程都有直接或间接的影响。风对于海气间的热量、物质和水汽交换具有重要的调节作用，这种调节过程能够平衡大气和海洋之间的相互作用，从而建立并维持全球和区域的天气系统。海洋表面在风的作用下能够产生厘米尺度的波浪，从而引起海洋表面粗糙度（海洋表面均方斜率）的变化。由于雷达高度计是天底视主动式传感器，海洋表面平静时回波信号最强。海洋表面起伏随风增大时，信号返回传感器的镜面面积越来越少，回波信号也就越来越弱。雷达高度计对于大于或等于其工作波长（一般为 2 cm 左右）的海洋表面粗糙度变化有敏感的响应。散射理论表明，雷达的后向散射截面（σ^0）与海洋表面的均方斜率（$\overline{s^2}$）之间存在下列关系：

$$\sigma^0(\theta)=\frac{\alpha\left|R(0)\right|^2}{\overline{s^2}}\sec^4\theta\exp\left(-\frac{\tan^2\theta}{\overline{s^2}}\right) \tag{6.1.9}$$

式中，$\left|R(0)\right|^2$ 为海气截面在垂直入射情况下的 Fresnel 反射系数；θ 为入射角（雷达高度计实际观测角）；α 为比例系数。对雷达高度计而言，θ=0，式（6.1.9）可变为

$$\sigma^0=\frac{\alpha\left|R(0)\right|^2}{\overline{s^2}} \tag{6.1.10}$$

研究表明，海洋表面的均方斜率与海洋表面风速（U）近似满足线性关系，即 $\overline{s^2}\propto U$。因而，雷达高度计的后向散射截面和海洋表面风速之间存在着一种反比关系。随着风速的增大，海洋表面粗糙度会随之增加，使雷达脉冲的侧向散射能量增加，后向散射能量减少，从而导致 σ^0 下降。σ^0 与海洋表面风速之间的解析关系称为“地球物理模式函数”，形式上表现为雷达的后向散射截面与海洋表面风速的经验关系或查找表。雷达高度计测量的 σ^0 必须通过地球物理模式函数才能转换为海洋表面风速。因此，地球物理模式函数的质量直接关系到海洋表面风速的反演精度。到目前为止，国际上公开发表的地球物理模式函数已有 10 余种，它们在精度、稳定性和适用范围等方面各有差别。虽然各种算法的导出方式不同，但是其共同目标是计算出一个最佳风速估计，使之与实测同步风速间的均方根误差最小。以下介绍几种雷达

高度计的风速反演算法。

1. Brown 算法

Brown 等人（1981）认为海洋表面风速与海洋表面的平均斜率成反比，在垂直入射情况下，光滑海洋表面的后向散射能量较大。根据这个假定，Brown 等人利用 184 个分布于 0～18 m/s 的浮标风速和 GEOS-3 雷达高度计的后向散射系数数据进行最小二乘拟合得出一个指数形式的分段函数，即

$$U_{10}=\begin{cases}U_{\mathrm{BR}}, & 16\ \mathrm{m/s}\leqslant U_{\mathrm{BR}}\leqslant 18\ \mathrm{m/s}\\ \sum_{n=1}^{5}a_n(U_{\mathrm{BR}})^n, & U_{\mathrm{BR}}<16\ \mathrm{m/s}\end{cases} \tag{6.1.11}$$

$$U_{\mathrm{BR}}=\exp[(10^{-(\sigma^0+2.1)/10}-b)/a] \tag{6.1.12}$$

式中，a 和 b 为待定系数，与 σ^0 范围有关，a_1=2.087799，a_2=−0.3649928，a_3=4.062421×10^{-2}，a_4=−1.904952×10^{-3}，a_5=3.288189×10^{-5}。

2. Chelton 和 McCabe 算法

Chelton 和 McCabe（1985）通过对比 1947 年对 Seasat 雷达高度计后向散射系数和微波散射计测得的同步风速（分布范围为 3～14 m/s），获得一个以 10 为底的指数函数，即

$$U_{10}=0.943\times 10^{[(\sigma^0/10-G)/H]} \tag{6.1.13}$$

式中，G=1.502；H=−0.468；系数 0.943 为将风速反演算法由适用于 $U_{19.5}$ 转化成适用于 U_{10}，其中 $U_{19.5}$ 为中性稳定的大气条件下海洋表面上 19.5m 高度的风速。

Chelton 和 McCabe（1985）研究发现，当风速较小时，该算法和 Brown 算法的结果十分接近，但是在高风速时，两种算法结果相差很大。当风速大于 12 m/s 时，Chelton 和 McCabe 算法获得的 U_{10} 要大于实际值，因此该算法在风速大于 12m/s 时不再适用。

3. Goldhirsh 和 Dobson 算法

通过分析和对比 Brown 与 Chelton 和 McCabe 两种算法，Goldhirsh 和 Dobson（1985）提出了一种基于 Brown 算法的 5 次多项式算法，即

$$U_{10}=\sum_{n=0}^{5}a_n(\sigma^0)^n \tag{6.1.14}$$

式中，a_0=−15.383，a_1=16.077，a_2=−2.305，a_3=9.896×10^{-2}，a_4=1.8×10^{-4}，a_5=−6.314×10^{-5}。该算法只适用于风速分布范围为 2～18 m/s 的情况。

4. Chelton 和 Wentz 算法

Chelton 和 Went（1986）对 Chelton 和 McCabe 算法进行了修正，重新分析了 Seasat 雷达高度计和微波散射计的数据，得出了一个适用于风速分布范围为 0～21 m/s 的新算法。

5. Witter 和 Chelton 算法

在假定后向散射系数概率分布函数的年际变化可以忽略的前提下，Witter 和 Chelton 通过对比 Seasat 雷达高度计和 Geosat 雷达高度计的后向散射系数，对 Chelton 和 Wentz 算法进行了进一步的改进和推广，扩大了高风速部分的动态范围，并使之适用于 Geoset 雷达高度计。

该算法适用的风速范围为0～20 m/s，均方差为1.9 m/s，是ERS-1、ERS-2和TOPEX/ POSEIDON雷达高度计使用的业务化风速反演算法。

6. Young 算法

Young（1993）通过对理论模式预报的和雷达高度计观测的热带气旋风速进行对比分析，得到了一个适用于 20～40 m/s 风速的函数，即

$$U_{10} = -6.4\sigma^0 + 7.2,\quad 20<U_{10}<40 \tag{6.1.15}$$

当 U_{10}=20 m/s 时，该算法的反演结果与现有的其他算法相吻合；当 U_{10}=40 m/s 时，由后向散射系数导出的均方根斜率与理论上一致。该算法是迄今为止唯一完全针对高风速高度计的风速反演算法。

7. Lefevre 等人的双参数算法

Lefevre 等人（1994）在发展风速反演函数时引入了海洋中波浪的成长状态，即在风速反演函数中引入了有效波高，建立了一个包含有效波高和后向散射截面的双参数算法：

$$U = a_{00} + a_{10}h + a_{01}\sigma^0 + a_{11}h\sigma^0 + a_{20}h^2 + a_{02}(\sigma^0)^2 \tag{6.1.16}$$

式中，a_{00}=5.385；a_{10}=−0.530；a_{01}=−12.877；a_{11}=−5.970；a_{20}=−2.350；a_{02}=8.023；$\sigma^0=\dfrac{2\sigma_0-\sigma_{\max}-\sigma_{\min}}{\sigma_{\max}-\sigma_{\min}}$为归一化的无量纲雷达散射截面，$\sigma_{\max}$=20 dB，$\sigma_{\min}$=5 dB；$h=\dfrac{2H_{\frac{1}{3}}-H_{\max}-H_{\min}}{H_{\max}-H_{\min}}$为归一化的无量纲有效波高，$H_{\max}$=12 m，$H_{\min}$=0.5 m。该算法通过 17094 对数据对 TOPEX/ POSEIDON 雷达高度计的预报模式数据进行实验，所得的均方根误差为 1.75 m/s。

8. Gourrion 等人的双参数算法

由于雷达高度计风速反演的误差与 TOPEX 反演的显著波高估计值之间存在明显的相关性，Gourrion 等人（2002）通过对 TOPEX/POSEIDON 雷达高度计资料与 NSCAT 风速数据进行时空匹配处理，得到大量的同步测量数据，通过神经网络算法试验得到了反演海洋表面风速的双参数算法（后向散射截面和有效波高作为输入的参数），即

$$U_{10} = \frac{Y - a_{U_{10}}}{b_{U_{10}}}$$

$$Y = \left[1 + \exp^{-(W_y X^{\mathrm{T}} + B_y^{\mathrm{T}})}\right]^{-1},\quad X = \left[1 + \exp^{-(W_x P^{\mathrm{T}} + B_x^{\mathrm{T}})}\right]^{-1},\quad P=(m_c \times \sigma^0 + b_c) \tag{6.1.17}$$

式中，P 为有效波高与后向散射截面σ^0归一化后的矩阵系数；$a_{U_{10}}$、$b_{U_{10}}$为风速系数；模型系数 W_x、W_y、B_x、B_y适用于 TOPEX/POSEIDON 雷达高度计的 C 波段和 Ku 波段传感器，且有所不同。目前，该算法已成为JASON-1 卫星的风速业务化算法，但由于网络训练使用的是微波散射计的风速资料，在强风情况下微波散射计严重低估了海洋表面风速，导致该算法只适用于风速为 0～20 m/s 的情况。

6.1.1.3 微波辐射计测量海洋表面风速

微波辐射计是一种被动微波遥感器，可以用于海洋表面风场的测量（包括风速和风向），且具有功耗低、在高风速条件下精度高等优势，通过被动微波遥感器可获取超过 1000km 刈

幅宽度的海洋表面风场信息，是利用海洋微波遥感方法获取大面积海洋表面风速的主要途径。

随着微波辐射计各个方面技术的提高，人们对微波辐射测量数据进行分析发现：平静海洋表面是高度极化的，相同条件下不同区域的反射率是一样的，然而实际的海洋表面是粗糙的，海洋表面的极化减弱，发射率增大，海洋表面的辐射亮温也变大。在同样的风速条件下，随着方位角相对于风向的改变，辐射亮温也有 0.5（风速<3 m/s）～5K（风速<15 m/s）的变化，而且这种变化在很大观测范围内都存在。Wentz 发现改变海洋表面发射率的原因有 3 点：①海水泡沫，因为海水泡沫是水和空气的混合物，这使得两个极化的反射率增加；②比辐射波波长的表面波混合了垂直和水平状态，改变了局部的入射角；③比辐射波波长的表面波对微波的散射和衍射。这 3 个方面的影响可以用小尺度的均方根高度、大尺度的均方根坡度及泡沫覆盖率来表示，这些参数均取决于风速。海洋表面风场反演算法主要是利用海洋表面辐射率模型与海洋表面风速的关系。风速越大，海洋表面的粗糙程度越大，引起海洋表面的微波辐射率就越大，从而可观测到海洋表面风速引起的亮温变化。根据星载微波辐射计接收的辐射亮温，通过对海洋表面风场的辐射传输模型求逆或直接利用亮温数据和同步现场数据进行统计获得海洋的大气参数。海洋表面风场反演算法的输入参数为各个频率的 Stokes 参数亮温，输出参数包括海洋表面温度、大气水汽含量、液态水含量、风速和风向。

目前，针对国内外全极化微波辐射计的海洋表面风场反演方面的应用，海洋表面风场反演算法可以分为 3 类：统计算法、半统计算法和物理算法。统计算法是从微波辐射计测量的辐射亮温和与之同步的地物参数数据推导出的经验公式。物理算法是基于辐射传输模型实现的。海洋大气的微波辐射传输模型通过采用不同的大气传输模型和海洋表面发射率模型来模拟整个辐射传输过程，计算天线口面接收的辐射亮温，仅在统计回归时使用微波辐射传输模型计算模拟辐射亮温。半统计算法类似于统计算法。对于微波辐射计的风速反演算法，本节不做详细介绍。

6.1.1.4 合成孔径雷达获取海洋表面风场信息

合成孔径雷达是一种主动式微波成像雷达，发射一定频率的微波，通过测量后向散射信号的幅值及位相信息，可以得到海洋表面后向散射强度的图像，图像的分辨率很高（可达到米级），可以提供海洋表面细微空间变化的特征。因此，合成孔径雷达作为微波雷达也能获取海洋表面风场的信息，具有高空间分辨率测量风场的能力，可弥补微波散射计测量空间分辨率（通常为 12.5～50 km）的不足，特别适合近海风场的研究，也可用于岛屿和冰缘附近的风场，近年来受到研究人员的关注。

对于特定的传感器，极化方式也是引起雷达接收回波信号强度变化的重要因素。雷达电磁波电场矢量方向垂直于入射面的极化方式称为水平极化，用 H 表示，电场矢量方向平行于入射面的极化方式称为垂直极化，用 V 表示。雷达系统可以用不同的极化方式发射和接收电磁波，常用的有 4 种极化方式：①垂直发射、垂直接收，称为 VV 极化；②水平发射、水平接收，称为 HH 极化；③垂直发射、水平接收，称为 VH 极化；④水平发射、垂直接收，称为 HV 极化。VV 极化和 HH 极化可统称为同极化，VH 极化和 HV 极化可统称为交叉极化。在海洋微波遥感中，电磁波很少会在海洋表面发生多次散射，微波在传输过程中的极化特性很少会发生改变，所以同极化回波信号远大于交叉极化回波信号，一般采用同极化方式进行海洋表面监测。

合成孔径雷达的入射角一般为 20°～60°，合成孔径雷达所接收的回波是通过 Bragg 散射机制产生的，产生的后向散射能量较强。而这种微尺度的海洋表面波主要由海洋表面局地风场引起，为合成孔径雷达的海洋表面风场反演提供了理论依据。对于同极化的合成孔径雷达影像，目前常用半经验地球物理模式函数来反演海洋表面风场，即建立雷达后向散射系数与雷达入射角及海洋表面 10 m 高度的风速和相对风向的函数关系。相较于微波散射计模式函数，合成孔径雷达的半经验地球物理模式函数的统计训练样本中包含了更多的近岸观测，在空间分辨率、雷达频率和入射角范围等方面更针对合成孔径雷达载荷，海洋表面风场反演精度更高。

目前业务化的海洋表面风场反演模型主要是针对 VV 极化的 CMOD 系列模型函数，包括 CMOD4、CMOD-IFR、CMOD5 和 CMOD5.N 模式函数。CMOD 系列模式函数的一般形式为

$$\sigma_{\mathrm{VV}}^{0}=B_{0}(\theta,u_{10})[1+B_{1}(\theta,u_{10})\cos\varphi+B_{2}(\theta,u_{10})\cos2\varphi]^{n} \quad (6.1.18)$$

式中，σ_{VV}^{0} 为 VV 极化的雷达后向散射系数；u_{10} 为海洋表面 10 m 高度处的风速；φ 为相对风向，其大小等于实际风向与雷达天线视向的夹角；θ 为雷达入射角；B_0、B_1 和 B_2 为关于 u_{10} 和 θ 的函数；指数 n 随不同模式函数调整。

对于 CMOD4、CMOD5 和 CMOD5.N 模式函数，B_0、B_1 和 B_2 的系数由 ECMWF 分析的风场数据拟合得到；对于 CMOD-IFR2 模式函数，B_0、B_1 和 B_2 的系数由美国国家海洋和大气管理局的浮标和 ECMWF 分析的风场数据联合拟合得到。对于 CMOD4、CMOD5 和 CMOD5.N 模式函数，指数项 n=1.6；对于 CMOD-IFR2 模式函数，指数项 n=l。通常认为 CMOD4 模式函数和 CMOD5 模式函数反演的海洋表面风场为非中性大气边界条件下的海洋表面风场，而 CMOD-IFR2 模式函数和 CMOD5.N 模式函数反演的海洋表面风场为等效中性大气边界条件下的海洋表面风场。

相关研究表明，风从探测区域吹向雷达天线时，其 NRCS 出现最大值；风从雷达天线吹向探测区域时，NRCS 出现次大值。风向垂直探测区域与雷达天线的连线时，NRCS 出现最小值。即在逆风（0°或 360°）与顺风（180°）时，NRCS 出现最大值，侧风（90°或 270°）时，NRCS 出现最小值。因此 VV 极化方式反演海洋表面风场时，无法通过单一的公式同时求解海洋表面风速、风向。常规解决手段是首先通过寻找与合成孔径雷达图像时空相匹配的外部风场数据得到初始风向，然后根据雷达入射角和图像处理后得到 NRCS，作为已知量输入函数模型，进行迭代计算，得出海洋表面风速。因此选择准确的输入风向是十分必要的。目前在海洋表面风场反演研究中，一种方法是输入风向，主要有业务化散射计风向数据、实测浮标数据，还有欧洲的风向预报模式，按照不同风速反演的精确性要求，选择不同的输入风向；另一种方法是利用合成孔径雷达图像中明暗相间的风条纹法求解，风条纹法能求解风向对图像做傅里叶变换，得到的二维波数谱峰连线的垂直方向即对应海风的方向，此时仍存在 180°模糊，通常采用局部梯度法提取最大梯度，求取相应风向。在近岸海区，风向的不确定性可通过合成孔径雷达的图像纹理结构和落山风的走向等加以消除，或利用其他合成孔径雷达图像的信息加以消除。

6.1.2 卫星微波散射计的数据产品

卫星微波散射计的主要应用目标是海洋表面风场的反演，其遥感测量参数是海洋表面的后向散射系数。卫星微波散射计的原始遥感数据由卫星地面站负责接收，经解包等预处理后向数据处理中心提供 0 级数据产品和其他辅助产品（轨道和姿态文件等）。数据处理中心对 0 级数据产品进行预处理、地理定位、内理定位、内定标、面元匹配定标、面元匹配、数据反演和统计平均后分别生成 1 级、2 级数据产品，其中 1 级、2 级数据产品每级又分为 A 级数据产品和 B 级数据产品。

6.1.2.1　0 级数据产品

微波散射计的 0 级数据产品是经过分路、解传输帧处理后打上时标的原始数据，并按照从 90°S 为起点的轨道号进行分割得到的产品。

6.1.2.2　1 级数据产品

微波散射计的 1 级数据产品又分为 L1A 级数据产品和 L1B 级数据产品。每个 L1A 级数据产品文件包括 1 个轨道或少于 1 个轨道的微波散射计测量的数据，每个轨道文件包括卫星围绕空间轨道运行 1 周获取的全部数据。其处理主要包括科学遥测帧的时间标识、星历与姿态信息的插值计算、单位的换算及定标数据的提取等。L1A 级数据产品的元素是按测量脉冲获取的时间顺序进行存储的。其中，每个科学遥测帧包含 96 个测量脉冲。

L1B 级数据产品提供了微波散射计获取的归一化雷达散射计的截面测量值及测量条件、地理位置和不确定性信息。首先，L1B 级数据产品在 L1A 级数据产品的基础上，读取相关的遥感测量数据，经过一定的处理得到数据信息。其中，星历与姿态信息数据描述了数据获取时卫星平台的位置和方向信息；然后，用卫星平台的位置信息确定每个后向散射测量波束的足迹在地球表面的位置。L1B 级数据产品可以根据雷达方程计算每个后向散射回波能量对应的归一化雷达横截面。

6.1.2.3　L2A 级数据产品

L2A 级数据产品文件包括卫星平台在一个空间轨道内获得的每个雷达后向散射截面 σ_0 的测量值，以 HDF 格式进行存储。每个 σ_0 测量值可以看成来自同一个脉冲的几个中心高分辨率切片的回波能量之和。此外，L2A 级数据产品也提供了每个 σ_0 测量值的位置、质量及不确定信息。L2A 级数据产品的 σ_0 以风矢量单元进行分组，每个风矢量单元对应地面测量刈幅的一个交轨切割。当风矢量单元的正方形单元分辨率为 25 km 时，对地球的一次完整覆盖总共需要 1624 个风矢量单元。

L2B 级数据产品的文件以轨道为单位进行组织，即每个轨道的风矢量测量数据构成一个 L2B 级数据产品文件。L2B 级数据产品中的每个数据元素都可以通过风矢量单元的行、列号进行索引。L2B 级数据产品风矢量单元行的延伸方向与卫星下线相垂直，风矢量单元列的延伸方向与卫星下线方向相一致。L2B 级数据产品的处理软件利用每个风矢量单元的 σ_0 测量值和方位角、入射角、极化等辅助信息通过反演得到一组风矢量可能解，风矢量可能解被称为模糊解，需要再利用海洋表面风场模糊解去除算法来确定唯一的风矢量解。L2B 级数据产品中最多包括 4 个风速、风向模糊解，并按最大似然估计值由高到低进行排列。当风矢量单元的正方形分辨率为 25 km 时，L2B 级数据产品中风矢量单元的行列数分别为 1624 和 76。该数据集也包括了用于初始化海洋表面风场模糊解去除算法的气象预测/分析数据计算的风速内插曲面及各种质量标记。

§6.2　海洋表面动力地形测量

海洋覆盖了地球表面总面积的 71%，它对自然界有巨大的影响，同时又为人类提供了丰富的资源，因此对海洋进行全面深入的了解具有重要意义。船测、浮标、沿海监测站等传统的海洋观测手段，因测量成本高、数据稀疏、测量周期长及重复性差等缺点，无法实现在较短的时间范围内获取大空间尺度的海洋观测信息。海洋遥感卫星的出现很好地弥补了上述缺点，时空覆盖的优越性使其成为人们研究和探测海洋的新型常用手段。卫星测高技术作为典型代表，为直接观测地球上广阔的海洋提供了有力的手段。

卫星测高技术是脉冲测距中主动式测距的一种，在轨运行卫星通过发射天线向星下点发射一定频率的脉冲信号，接收机接收经过海洋表面反射包含大量海洋表面信息的回波脉冲，从而提取出海洋表面高度、有效波高、海洋表面风速等信息。20 世纪后期以来，全球范围内先后发射了多颗高度计卫星，为相关领域的研究人员提供了一个庞大的数据集和信息集，其提供的海平面高度、有效波高及风速观测值广泛应用于地球科学和气象科学等领域。

卫星高度计通过测距可以精确地获取海洋表面的地形信息，通过对海洋表面高度（Sea Surface Height，SSH）、有效波高（Significant Wave Height，SWH）、海洋表面地形（Sea Surface Topography）等动力参数的测量，同时可以获取海流（Ocean Current）、海浪（Sea Wave）、潮汐（Tides）、海洋表面地形和表面流等动力参数信息。此外，卫星高度计提供的资料还可以应用于地球结构和海洋重力场的研究。随着观测精度的提高和数据处理方法的改进，卫星高度计数据的应用范围越来越广，在海洋学、大地测量学、地球物理学和海洋测绘等领域发挥着重要作用。

6.2.1 卫星高度计的测高原理及误差修正

卫星高度计是一种主动式星载微波雷达，其测高的基本原理是利用卫星上搭载的雷达高度计，通过测定雷达脉冲从卫星上的发射机发射到达地球海洋表面并反射回来被接收机接收所经过的时间，以及返回的波形形状等来获取海洋表面信息的；结合已有的定轨方法获取精确的在轨卫星高度，利用各种算法或模型得出各种误差源的改正项，就可以确定出海洋表面相对于参考椭球面或大地水准面的高度。

6.2.1.1 卫星高度计的测高原理

卫星高度计测量的海平面高度由两部分组成，一是大地水准面起伏（Geoidal Undulation），指大地水准面相对于参考椭球面的距离。平衡状态的海洋表面总是趋向大地水准面的，由于洋流和海风的影响，平均海平面往往相对于大地水准面有一个起伏，在海洋学中称为海洋表面地形。其中，参考椭球面（Reference Ellipsoid）是以地心为球心，长轴为 6378.137 km，扁率为 1/298.257 的椭球面，常作为卫星定轨的参考标准；大地水准面是一个对应于平均海平面高度的等重力势能面，由于地球表面质量分布的不均匀，大地水准面相对于标准椭球面的起伏可达±60 m 左右。二是定轨设备可以提供卫星到参考椭球面的距离 H［通常称为高程或海拔（Altitude）］，与卫星距离瞬时海洋表面的距离 R 相减即可得出海平面到参考椭球面的高度，即海洋表面高度（Sea Surface Height，SSH）。

卫星高度计测高系统示意图，如图 6.2.1 所示。卫星高度计发射装置以一定的重复频率向地球表面发射调制后的压缩脉冲，经海洋表面反射后由接收装置接收返回的脉冲，根据返回的脉冲波形可精确测定发射脉冲和接收脉冲的时间间隔 Δt，根据此时间间隔计算出卫星距瞬时海洋表面的距离 R（Range）。在均匀介质中，电磁波以恒定的速度沿直线传播，电磁波的传播时间与雷达高度的关系如下所示：

$$R=c\frac{\Delta t}{2} \tag{6.2.1}$$

式中，R 为卫星距离瞬时海洋表面的距离；c 为脉冲信号的传播速度；Δt 为雷达脉冲往返行程所用的时间。值得注意的是，雷达脉冲具有一定的宽度 τ，因此雷达脉冲到达海洋表面会形成半径为 3～5 km 的圆形足印区，卫星测高计测量得到的距离 R 是卫星至对应星下点足印区的平均距离。

与此同时，定轨设备可以提供卫星到参考椭球面的距离 H，通常称为高程或海拔，二者相减即可得出海平面到参考椭球面的高度，即海洋表面高度为

$$h = H - R \tag{6.2.2}$$

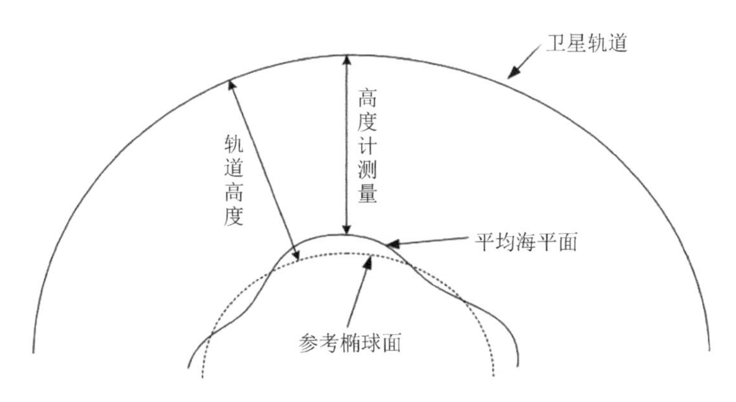

图 6.2.1　卫星高度计测高系统示意图

雷达脉冲由卫星到海洋表面，又由海洋表面反射到卫星天线，传播过程中会经过大气层，大气层中的干大气、水汽和自由电子会减慢雷达脉冲的传播速度。不同海洋表面对雷达脉冲的反射特性不同，也会造成卫星到海洋表面测量距离的误差。卫星高度计测量的是卫星到星下点足迹内平均海洋表面的距离，因此，还存在着潮汐、大气压力等地球物理和环境因素引起的误差。同时，卫星高度计还存在卫星质心校正、硬件延迟和仪器误差等。图 6.2.2 所示为卫星高度计测高误差校正示意图。海洋表面的高度可表示为

$$h = H - (\overline{R} + \Delta R_{\text{corrc}}) \tag{6.2.3}$$

$$\overline{R} = R_{\text{tracker}} + \Delta R_{\text{epoch}} + \Delta R_{\text{doppler}} + \Delta R_{\text{system\_bias}} + \Delta R_{\text{model}} \tag{6.2.4}$$

$$\Delta R_{\text{corrc}} = \Delta R_{\text{dry}} + \Delta R_{\text{wet}} + \Delta R_{\text{iono}} + \Delta R_{\text{ssb}} + \Delta R_{\text{ocean}} + \Delta R_{\text{solid}} + \Delta R_{\text{pole}} + \Delta R_{\text{DAC}} \tag{6.2.5}$$

式中，H 为卫星的轨道高度；$\overline{R}$ 为卫星高度计测得的经过仪器误差校正后的卫星到海平面的距离；ΔR_{corrc} 为各测高误差的校正项；R_{tracker} 为星上跟踪距离；ΔR_{epoch} 为重跟踪校正距离；$\Delta R_{\text{doppler}}$ 为多普勒校正；$\Delta R_{\text{system\_bias}}$ 为系统偏差；ΔR_{model} 为模型仪器误差校正；ΔR_{dry} 为干对流层延迟校正；ΔR_{wet} 为湿对流层延迟校正；ΔR_{iono} 为电离层校正；ΔR_{ssb} 为海况偏差校正；ΔR_{ocean} 为弹性海洋潮校正；ΔR_{solid} 为固体地球潮校正；ΔR_{pole} 为极潮校正；ΔR_{DAC} 为动态大气压校正，包括逆大气压校正和高频波动校正。

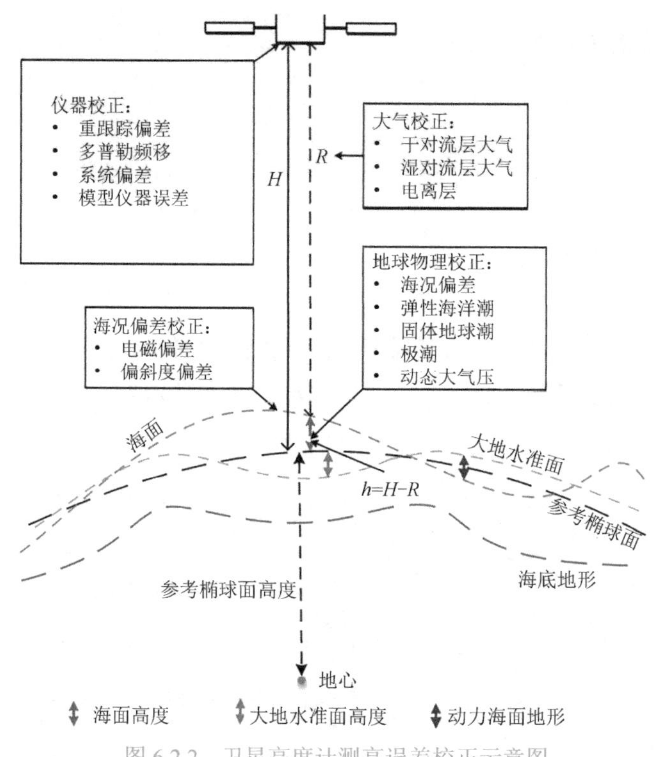

图 6.2.2　卫星高度计测高误差校正示意图

6.2.1.2　误差修正

卫星高度计测高数据的误差源主要包括 3 类：仪器误差、轨道误差和地球物理环境误差。

1. 仪器误差

仪器误差（Instrument Error）是由卫星高度计自身引起的误差，是卫星测高中随机误差的主要误差源，而减小随机误差在卫星高度计应用中有特殊的重要性。仪器误差主要包括多普勒频移误差、加速度误差、时标偏差、误指向角误差等。其中，多普勒频移误差及加速度误差可通过最小二乘法拟合连续测高数据的二次函数，分别得到一阶及二阶导数后再通过相应的计算式计算得到；时标偏差同样使用最小二乘法得到一个与测高变化率相关的关系式进行估算；误指向角误差是利用仿真模拟海洋回波波形估算测高参数并与模拟“真值”进行比较估算的误差方法。

卫星高度计接收的是海洋表面的随机散射回波，因此，利用回波模型估计待测海洋表面的参数时，由于回波的随机性，以及跟踪算法设计时的简化，即使仪器硬件完全理想，仍会带来测高误差，即跟踪误差（Tracking Error）。假设各个脉冲的回波之间及回波的各个单元之间都是独立的，可采用 3 类最常用的跟踪算法：门跟踪类、最大似然类和最小二乘类算法，根据一个脉冲周期，回波单元之间的相关性和去相关方法，定量评估跟踪误差。

2. 轨道误差

卫星高度计测量的是卫星到海洋表面的距离，为了得到海洋表面高度，必须知道卫星到参考椭球面（或地心）的距离。因此，轨道误差也会影响海洋表面高度的总误差。这一误差主要来源于卫星的速度和高度的变化、卫星高处的重力场及卫星跟踪精度。轨道误差的处理方法包括：①单星交叠平差，即主要针对单一卫星，采用最小二乘法使卫星轨迹交叠点处的卫星高度计测量值之间的不符值最小；②双星或多星联合平差，即在处理两颗以上卫星测高数据时，可用较高精度的卫星轨道作控制，将较低精度的卫星轨道通过多卫星交叠平差法附和到较高精度的卫星轨道上，使低精度的卫星轨道与高精度的卫星轨道具有大致相同的精度；③共线平差，它与交叠平差类似，只不过平差对象是共线轨迹上正常点之间的不符值。

3. 地球物理环境误差

地球物理环境误差是由于地球物理环境引起的误差，和卫星高度计自身无关。卫星高度计测量得到的海洋表面高度通常不是真正的海洋表面高度，必须对其进行地球物理修正。地球物理环境误差主要包括卫星高度计测高涉及的海况偏差、大气层延迟误差、潮汐引起的误差等误差。

1）海况偏差

由海洋表面的随机散射特性和非线性特性带来的误差统称为海况偏差（Sea State Bias，SSB），它主要包括偏斜度偏差（Skewness Bias）和电磁偏差（Electromagnetic Bias，EB）。

卫星高度计测量的是回波的功率权重，即平均海洋表面高度，在海洋表面，因为波浪的分布并非是高斯分布的，波谷反射脉冲的能力强于波峰，所以卫星高度计所测得的海洋表面高度偏离了平均海平面，趋向于波谷，这种偏差称为电磁偏差。对于 TOPEX/POSEIDON 卫星，其修正公式为

$$\Delta R_{\text{E-bias}} = -H_{1/3}(a + bH_{1/3} + cU + dU^2) \tag{6.2.6}$$

式中，$H_{1/3}$ 为有效波高；U 为海洋表面风速；a、b、c、d 为常系数。

由于海洋表面高度的概率密度函数的均值和中值互相偏移，卫星高度计跟踪的是回波前沿的“半功率点”（中值），而希望测量的是其均值，这就产生了偏斜度偏差。根据海洋表面高度的概率密度函数分析，可进行偏斜度偏差的计算。

2）大气层延迟误差

卫星高度计发射的电磁波要穿过地球大气层，大气层对电磁波的影响有 3 个方面：衰减、延迟和透镜效应。在距离窗口内可以认为衰减效应是均匀的，因此衰减效应主要影响后向散射系数的测量，不会带来明显的测高误差。透镜效应只有在入射角较大时才会带来误差，卫星高度计近似垂直入射，该效应也可以忽略。本节主要讨论大气层延迟效应的影响。大气层的折射，使电磁波的实际传播速度小于真空中的光速值，因此测量值总是比真实值大。大气层的延迟误差主要包括电离层误差和干/湿对流层误差。

微波脉冲在大气中传播时，受到电离层中的自由电子的阻碍作用，电磁波的传播速度发生了变化，产生了电离层误差。卫星高度计中电离层的延迟和电离层的离子浓度成正比，而电离层的离子浓度和温度、纬度、昼夜、日照强度、太阳活动周期等很多因素都有关，从而产生很大的波动。对于不同频率的电磁波（C 波段和 Ku 波段）、电离层的延迟作用不同，以此为依据，T/P 卫星上，美国国家航空航天局的双频高度计采用了 C 波段和 Ku 波段同时进行测量，可对电离层误差进行校正。校正方法为

$$\Delta R_{\text{iono}} = -40250\frac{\text{TEC}}{f^2} \tag{6.2.7}$$

式中，TEC 为每平方米电子含量，可通过模式计算得到；f 为卫星高度计的工作频率。

对流层中的干空气对雷达信号产生的延迟作用，称为干对流层误差（Dry Troposphere Erro），它在对流层大气对电磁波的延迟误差中占 90%，随空间时间变化较小。常用的干对流层误差的表达式为

$$\Delta R_{\mathrm{dry}} = -2.277 P_{\mathrm{s}}[1 + 0.0026\cos(2\varphi)] \tag{6.2.8}$$

式中，P_{s} 为海洋表面的大气压（hPa）；φ 为纬度。

对流层中的水汽也会引起雷达脉冲信号传播的延迟，由此产生的卫星高度计的测量误差称为湿对流层误差（Wet Tropospheric Erro），它和卫星高度计最低路径中的总水汽的含量有关，最精确的校正方法为星载微波辐射计水汽延迟校正，水汽延迟校正需要考虑包括云、水滴和水汽两部分引起的路径延迟。湿对流层误差可以利用多通道微波辐射计进行水汽延迟校正，即

$$\Delta R_{\mathrm{wet}} = a + b\ln(280 - T_{23}) + c\ln(280 - T_{36}) + d(U - 7) \tag{6.2.9}$$

式中，T_{23} 和 T_{36} 分别为微波辐射计在 23.8 GHz 和 36.5 GHz 时的亮温；U 为卫星高度计测得的海洋表面风速；a、b、c、d 为典型大气和海洋表面情况下的回归系数，可查表获得。

3）潮汐引起的误差

潮汐引起的误差是在应用级才要考虑的误差，在对全系统测高误差分配时一般不考虑它。潮汐是叠加在理想海洋表面上的干扰信号，主要包括弹性海洋潮、固体地球潮和极潮。弹性海洋潮（Elastic Ocean Tide）是纯海洋潮汐与负载潮汐之和，其典型范围为±1 m；固体地球潮（Solid Earth Tide）是地壳在月亮和太阳等天体的引力下产生的具有一定周期的涨落运动，其典型范围为±20 cm；极潮（Pole Tide）是由于地球旋转的微小扰动引起的，与太阳无关，其典型修正值为±2 cm。这些误差可由经验模型配合验潮仪（Tide Gauge）确定，其中弹性海洋潮比固体地球潮、极潮大 1 个数量级。

6.2.2 卫星高度计测波（或浪）原理

卫星高度计测波原理依据海洋表面的基本散射理论：在中频/高频波段，海洋表面雷达波的散射机理主要是一阶 Bragg 散射；在高频/甚高频波段，海洋表面雷达波的散射机理主要是二阶 Bragg 散射；在微波频段，海洋表面雷达波的散射机理主要是准镜面散射。

在小于 15°入射角的范围内，微波雷达信号的波长远小于大尺度的海洋表面波，因此可以认为微波雷达信号的后向散射分量是近法线方向的，其散射机理可视为“准镜面点散射机理”，即海洋表面的波浪面可认为是由许多随机、独立、平滑小面（也称为准镜面分量或镜像点）组成的，只有法线方向指向雷达接收天线的平滑小面才会产生后向散射分量。每个准镜面分量的雷达反射分量是与该点处的表面曲率半径成比例的，且从不同准镜面分量散射回来的微波雷达信号，由于其相位的随机性而进行非相干的组合。

由于海洋表面粗糙度（波高）远大于雷达发射波长，并且平均海平面是对称分布的。Moore 和 Williams 研究了雷达回波信号与海洋表面粗糙度的关系，认为海洋表面的“杂乱回波”是海洋表面对雷达回波信号的响应，包含了海洋表面的信息，通过实验证明了海洋表面的平均回波功率可以用一个卷积的形式表示，即认为海洋表面的平均回波功率 $W(t)$ 可以表示为发射脉冲的功率包络与包括散射系数 σ_0、天线增益、雷达距散射表面某点的距离等参数在内的表达式的卷积。这个理论经过 Barrick 的完善，得出了 1 个在数学和物理上都清晰的卷积模型，即海洋表面的平均回波功率 $W(t)$ 是粗糙海洋表面的平均冲激响应 $P_{\mathrm{I}}(t)$ 与雷达系统点目标响应

$S_r(t)$的卷积，其中粗糙海洋表面的平均冲击响应 $P_I(t)$是平坦海洋表面的冲击响应 P_{FS}（t）与海洋表面镜像点散射元的高度概率密度函数 $Q_s(t)$的卷积。海洋表面的平均回波功率 $W(t)$用公式表示为

$$W(t) = P_{FS}(t) * Q_s(t) * S_r(t) \tag{6.2.10}$$

对于星载雷达高度计，其平坦海洋表面的冲击响应 $P_{FS}(t)$为

$$P_{FS}(t) = P_u \exp(-\delta t) I_0\left(\beta t^{1/2}\right) U(t) \tag{6.2.11}$$

其中：

$$\delta = \frac{4}{\gamma}\frac{c}{h}\cos(2\xi) \tag{6.2.12}$$

$$\gamma = \frac{2}{\ln 2}\sin 2\left(\frac{\theta}{2}\right) \tag{6.2.13}$$

$$\beta = \frac{4}{\gamma}\left(\frac{c}{h}\right)^{1/2}\sin(2\xi) \tag{6.2.14}$$

式中，$U(t)$为单位阶跃函数；$I_0\left(\beta t^{1/2}\right)$为修正的 Bessel 函数；$h$ 为卫星高度；c 为光速；ξ 为天线偏离天底的指向角；γ 为天线波束宽度参数。对于偏离天线轴的角度 θ 来说，天线视轴增益近似为高斯分布：

$$G(\theta) = G_0 \exp\left[-(2/\gamma)\sin^2\theta\right] \tag{6.2.15}$$

如果 θ 是 3 dB 波束宽度，式（6.2.12）和式（6.2.14）可以写成

$$\delta = \frac{\ln(4)}{\sin^2(\theta/2)}\frac{c}{h}\cos(2\xi) \tag{6.2.16}$$

$$\beta = \frac{\ln(4)}{\sin^2(\theta/2)}\left(\frac{c}{h}\right)^{1/2}\sin(2\xi) \tag{6.2.17}$$

振幅项 P_u 包括一些常量：

$$P_u = \frac{G_0^{\,2}\lambda^2 c\sigma^0(0)}{4(4\pi)^2 L_p h^3}\exp\left(-\frac{4}{\gamma}\sin^2\xi\right) \tag{6.2.18}$$

式中，λ 为雷达波长；$\sigma^0(0)$为垂直入射时海洋的雷达后向散射系数；G_0 为雷达天线的视轴增益；L_p 为双向传播损耗。

因为卫星高度计发射脉冲经过压缩以后，脉冲宽度一般在 3 ns 以内，所以其脉冲响应可以用高斯分布来近似。为了兼顾海洋表面的非高斯特性，使用含斜度参数的海洋表面镜点概率密度函数 $Q_s(t)$：

$$Q_s(t) = \frac{1}{\sqrt{2\pi}\sigma_s}\left[1 + \frac{\lambda_s}{6}H_3(t/\sigma_s)\right]\exp\left[-\frac{1}{2}(t/\sigma_s)^2\right] \tag{6.2.19}$$

式中，σ_s 为镜像点相对于平均海洋表面高度的均方根值，即波高的均方根值；λ_s 为斜度参数；H_3 为 Hermite 多项式，$H_3 = z^3 - 3z$。

在海洋表面镜像点的概率密度函数为高斯分布的假设条件下，海洋表面的有效波高 SWH 近似为海洋表面均方根波高的 4 倍，即

$$\text{SWH} = 4\sigma_h = 4\left(\frac{c}{2}\sigma_s\right) \tag{6.2.20}$$

式中，$\frac{c}{2}$为从测距的时间转换到距离的转换因子。

窄脉冲雷达系统点目标响应函数 $S_r(t)$也采用高斯函数形式，以方便获取一个简洁的回波模型：

$$S_r(t)=\frac{P_T}{\sqrt{2\pi}\sigma_r}\exp\left[-\frac{1}{2}\left(t/\sigma_r\right)^2\right] \tag{6.2.21}$$

式中，$\sigma_r=0.425T$，为卫星高度计点目标响应的 3 dB 宽度；T 为雷达发射窄脉冲的 3 dB 时宽，即脉冲压缩后的时间宽度；P_T为雷达发射的峰值功率。0.425 是将实际的发射脉冲波形用高斯函数的波形拟合的一个常数。

由式（6.2.11）、（6.2.19）和（6.2.21）得到的 3 个卷积项，代入式（6.2.10）得到海洋表面回波波形的理论模型为

$$\begin{aligned}W(t)=\frac{P_u}{2}\exp\left[-d\left(\Gamma+\frac{d}{2}\right)\right]&\left\{\left[1+\mathrm{erf}\left(\frac{\Gamma}{\sqrt{2}}\right)\right]\left[1+\frac{\lambda_s}{6}\left(\frac{\sigma_s}{\sigma_c}\right)^3 d^3\right]\right.\\&\left.-\frac{\sqrt{2}}{\sqrt{\pi}}\exp\left(-\frac{\Gamma^2}{2}\right)\frac{\lambda_s}{6}\left(\frac{\sigma_s}{\sigma_c}\right)^3\left(\Gamma^2+3d\Gamma+3d^2-1\right)\right\}\end{aligned} \tag{6.2.22}$$

式中，$\Gamma=\frac{t-t_0}{\sigma_c}-d$；$d=\left(\delta-\frac{\beta^2}{4}\right)\sigma_c$，$\delta=\frac{4}{\gamma}\frac{c}{h}\frac{1}{1+h/R}\cos(2\xi)$，$\beta=\frac{4}{\gamma}\left(\frac{c}{h}\frac{1}{1+h/R}\right)^{1/2}\sin(2\xi)$，$\gamma=\frac{2}{\ln 2}\sin^2\left(\frac{\theta}{2}\right)$；$\sigma_c^2=\sigma_s^2+\sigma_r^2$；$\sigma_s=\frac{\mathrm{SWH}}{2c}$；erf($x$)为 x 的误差函数；P_u 为回波振幅；h 为卫星平台的高度；R 为半径；c 为光速；θ 为发射天线 3 dB 宽度；t_0 为波形半功率点对应的采样时间；ξ 为天线指向角；σ_c 为回波前沿的上升时间，用于计算有效波高；σ_s 为海洋表面波高的均方根值。

海洋回波的卷积过程示意图，如图 6.2.3 所示，其中横轴代表时间，纵轴代表功率。

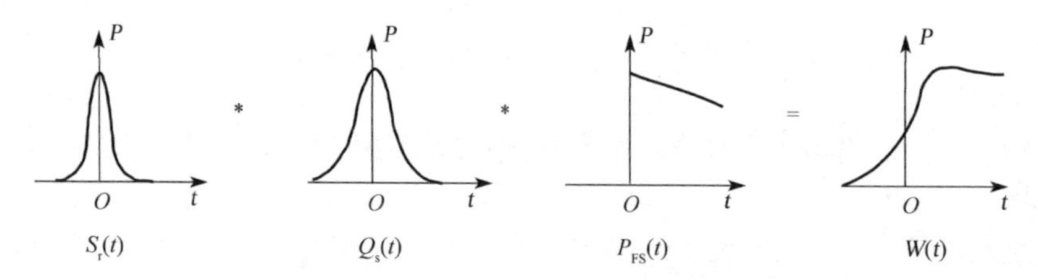

图 6.2.3　海洋回波的卷积过程示意图

通常，卫星高度计天线发出的线性调制脉冲以球面波形式传播到海洋表面，首先到达海洋表面的脉冲前沿（t=0），在海洋表面照亮区域内形成一个亮点；然后整个脉冲逐渐与海洋表面相接触，照亮区域从一个点扩大到一个圆（t=0～τ），对应的卫星高度计接收的能量从零逐渐增大，形成一个上升沿。达到最大照亮圆后，随着时间的增加，照亮区域形成圆环，并且内环和外环的半径逐渐扩大，同时圆环的面积大小不变始终等于最大的圆面积（t=τ），因此，卫星高度计接收的回波能量应该保持在最大值。但是由于是星下点接收的，随着圆环半径逐渐增大，回波波形会出现一个缓慢的下降沿。图 6.2.4 所示为卫星高度计的脉冲与海洋表面的相互作用及其回波功率示意图。

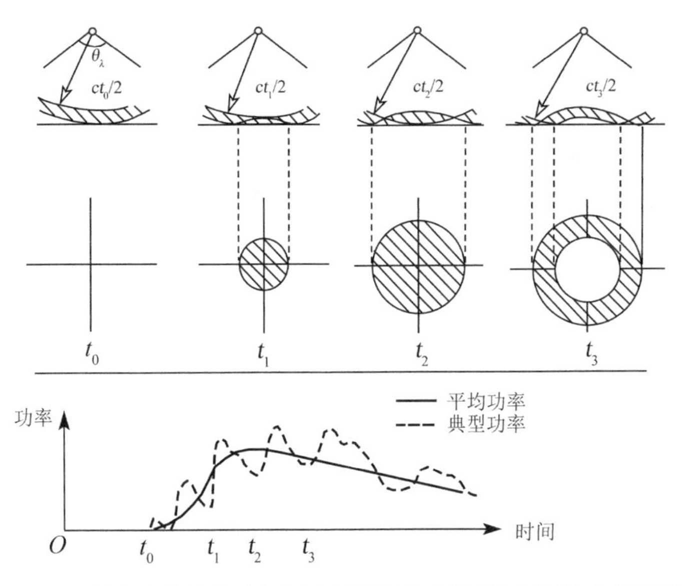

图 6.2.4　卫星高度计的脉冲与海洋表面的相互作用及其回波功率示意图

卫星高度计发出的脉冲，其球面波的波前首先被波峰反射，然后才被波谷反射，使回波信号的上升沿出现展宽，图 6.2.5 所示为卫星高度计的脉冲“足迹”和海洋表面反射信号的形状。根据物理光学原理，反射回波信号的平均强度随时间的变化关系为

$$P(t) = K\frac{X_\omega}{s^2 L^3}\left[1-\operatorname{erf}\left(\frac{t_\mathrm{p}}{t_\mathrm{s}}-\frac{t}{t_\mathrm{p}}\right)\right]\left[\left(\frac{t_\mathrm{p}}{t_\mathrm{s}}\right)^2-\frac{2t}{t_s}\right] \tag{6.2.23}$$

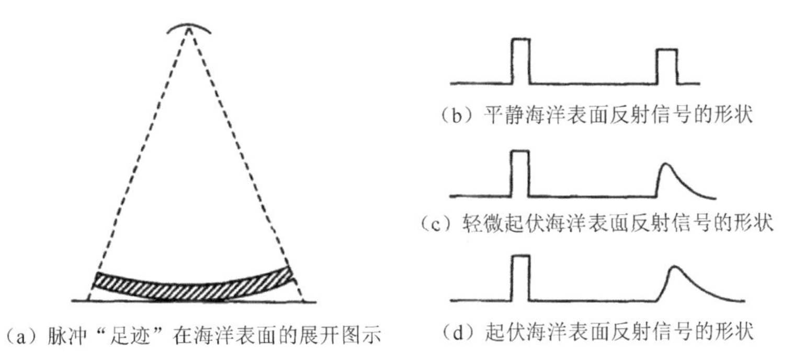
（a）脉冲“足迹”在海洋表面的展开图示
（b）平静海洋表面反射信号的形状
（c）轻微起伏海洋表面反射信号的形状
（d）起伏海洋表面反射信号的形状

图 6.2.5　卫星高度计的脉冲“足迹”和海洋表面反射信号的形状

其中：

$$\frac{1}{\varPsi_\mathrm{e}^2}=\frac{8\ln 2}{\varPsi_\mathrm{B}^2}+\left[\frac{\left(1+L/a_\mathrm{e}\right)}{s}\right]^2 \tag{6.2.24}$$

$$X_\omega=\frac{c\tau}{4\sqrt{\ln 2}} \tag{6.2.25}$$

$$t_\mathrm{p}=\frac{2\left(X_\omega{}^2+2h^2\right)^{1/2}}{c} \tag{6.2.26}$$

$$t_s=\frac{2H\varPsi_\mathrm{e}^2}{c} \tag{6.2.27}$$

式中，t_s、t_p 为时间常数；K 为与发射功率、脉冲压缩增益、天线增益、传输损耗和菲涅耳反射系数有关的常数；X_ω 为常数；c 为光速；L 为卫星高度计相对平均海洋表面的高度；τ 为卫星高度计脉冲的半功率点宽度（即脉冲宽度）；s 为海洋表面斜率的总均方根；h 为海洋表面波高的均方根值；a_e 为地球半径；Ψ_B 为天线的半功率宽度；erf（x）为 x 的误差函数。

为了保证卫星高度计的接收脉冲来自海洋表面足够小的表面元，卫星高度计的工作模式一般为脉冲有限的工作模式，而非波束有限的工作模式。在脉冲有限的工作模式下，雷达发射信号脉冲宽度足够窄，使天线波束内的目标没有同时被照亮，即对应观测目标的空间分辨率受到脉冲宽度的限制。对于脉冲有限的工作模式，此时 $t_s >> t_p$，式（6.2.23）可进一步简化为

$$P(t) = K\frac{X_\omega}{s^2L^3}\left[1+\operatorname{erf}\left(\frac{t}{t_p}\right)\right]\exp\left(-\frac{2t}{t_s}\right) \tag{6.2.28}$$

将式（6.2.28）进行归一化得到

$$W(t) = \left[1+\operatorname{erf}\left(\frac{t}{t_p}\right)\right]\exp\left(-\frac{2t}{t_s}\right) \tag{6.2.29}$$

考虑到卫星高度计的跟踪偏离效应，将式（6.2.29）的时间原点设为 t_0，则 $W(t)$为

$$W(t) = \left[1+\operatorname{erf}\left(\frac{t-t_0}{t_p}\right)\right]\exp\left[-\frac{2(t-t_0)}{t_s}\right] \tag{6.2.30}$$

由 X_ω 和 t_p 的表达式联立可得海洋表面的均方根波高为

$$h = \frac{c}{2}\left(\frac{{t_p}^2}{2}-\frac{\tau^2}{8\ln 2}\right)^{1/2} \tag{6.2.31}$$

海洋表面的有效波高 SWH 近似为海洋表面均方根波高的 4 倍：

$$\mathrm{SWH} = 4h = 2c\left(\frac{{t_p}^2}{2}-\frac{\tau^2}{8\ln 2}\right)^{1/2} \tag{6.2.32}$$

式（6.2.32）适用于卫星高度计有效波高的反演，但对于机载高度计有效波高的反演并不适用。利用机载高度计试飞试验的数据和海上波浪浮标的实测数据，根据式（6.2.32）也可以得到一个 SWH 的经验公式：

$$\mathrm{SWH} = 21.18\left(\frac{{t_p}^2}{2}-\frac{\tau^2}{8\ln 2}\right)^{1/2} \tag{6.2.33}$$

6.2.3 卫星高度计的数据产品

卫星高度计的主要应用目标是海洋，其遥感测量参数是海洋表面的后向散射系数，用于反演海洋表面风速，回波波形反演有效波高和海洋表面高度。卫星下传数据有分阶段的处理流程，不同的处理流程得到不同级别的数据产品，每一级数据产品都包含了不同质量和精度的数据。通常来说，级别越高的数据产品精度越高，但需要的处理时间越长。卫星高度计的数据产品分为 3 级：0 级数据产品、1B 级数据产品、2 级数据产品。

（1）0 级数据产品［原始数据（Raw Data）］：星载仪器直接下传的数据，包括卫星高度计的遥测数据和状态数据，这些数据按时间排序并加上时标，没有经过处理。

（2）1B 级数据产品［工程数据（Engineering Data）］：本级数据被转换成工程单位并使用仪器校准数据，包括已转换成世界时的时间、地球物理位置、轨道高度信息、脉冲重复频率的单个波形、平均波形采样、MWB 亮温等。

（3）2 级数据产品［地球物理参数单位（Geophysical Units）］：本级数据转换成地球物理参数单位，对回波波形进行了重跟踪，包括时间、地理位置坐标、重跟踪输出的海洋表面高度和有效波高等。

卫星高度计的数据产品进行地面数据处理的一般流程是：0 级数据产品打包成二进制格式的源数据包，下传到地面处理系统。0 级数据产品首先经过卫星下传数据的单位转换、数据检测和提取、消除冗余信息、各项仪器校正等 1B 级处理得到 1B 级数据产品；然后 1B 级处理的输出结果和卫星下传数据一起进入 2 级处理，在 2 级处理中通过对卫星高度计接收的回波波形数据、轨道值、辐射计数据和辅助数据的各种计算，得到 2 级数据产品。经过上述处理过程，各级数据产品被分发至不同需求的用户。

§6.3　海洋内波遥感探测

海洋内波（Ocean Internal Wave）是一种发生在海洋内部的波动，是一种普遍存在的自然现象。海洋内波的产生需要满足两个条件，首先，海水密度在垂直方向上具有稳定的分层结构，海水密度通常由上至下逐渐增大，并不会均匀分布。其次，海水内部具有扰动源的存在，正压潮和地形的相互作用，以及水下运动物体和局部扰动源都可以导致海洋内波的产生。当阳光直射海水表面时，会导致表层流体温度升高、密度降低，与下层流体形成密度差，海水分层现象会因此而产生；当扰动源（如强海流、潮流）对海水密度跃层进行激励，并与崎岖的海底地形（海底山脊、海沟、隧道等）相互作用时，海洋内波便容易产生。海洋内波的发生机制非常复杂，并且在时间和空间上具有很强的随机性，因此在海洋研究领域，海洋内波监测和参数反演是亟待解决的难题之一。

海洋内波是整个海洋中广泛存在的非线性波动，是海洋内部潮汐能耗散和海洋内部混合的重要方式之一。大量的现场与遥感观测数据已经证实，海洋内波可以实现数百公里的长距离传播而保持波形不变，从而造成巨大的质量与动量输运。同时，海洋内波具有十米、数十米，甚至上百米的振幅，与表面波相比，海洋内波具有更大的能量和破坏力。海洋内波由于共振作用可以影响海上船只及水下潜艇的正常航行，与其相关的洋流和尖峰能够破坏海岸设施。

随着近现代观测技术的进步，人们普遍认识到，海洋内波与海洋水声学、水下航行、海洋生物学、海洋光学、海洋沉积学、军事海洋学及水下建筑学等学科有着紧密的联系。从 20 世纪 40 年代开始，人们就非常重视对海洋内波的观测与研究。海洋内波的观测方式可以分为两种：一种为直接观测，如利用锚系浮标直接测量海洋表面波动，获得海洋表面波的波速、波高等数据，使用这种方式需要大范围的放置浮标，耗费较大的成本，因此实际应用中只在局部测量范围内使用。另一种为采用遥感观测技术手段进行间接观测，如使用高度计、光谱仪、合成孔径雷达或红外成像等设备观测海洋表面，获取海洋表面的参数估计，以反演海洋内波的参数。海洋内波的生成、传播位于水下和水面，传播范围较广，利用直接观测的方式成本高且测量范围小，间接观测的方式可以得到海洋内波和表面波混合后的图像，观测范围大、分辨率高，利用参数反演可以估计水下目标的参数。星载合成孔径雷达具有全天时、全天候、高分辨率、宽刈幅成像的优势，大量的合成孔径雷达遥感图像为研究海洋内波提供了丰富的资料，目前已成为海洋内波遥感探测的重要技术手段。海洋内波覆盖了很宽的尺度范围，在合成孔径雷达图像上表现为海洋表面上的大范围明暗相间的条纹，图 6.3.1 所示为海洋内波的合成孔径雷达遥感图像（图 6.3.1（a）所示为东沙岛，图 6.3.1（b）所示为南黄海西部）。利用合成孔径雷达海洋内波遥感图像可以直接获得海洋内波的波长、波向和空间位置分布等海洋内波水平方向的参数，还可以结合海域历史、观测资料，反演内波波速、跃层深度、振幅等参数，获取海水的层化结构等海洋内波垂直方向的信息。

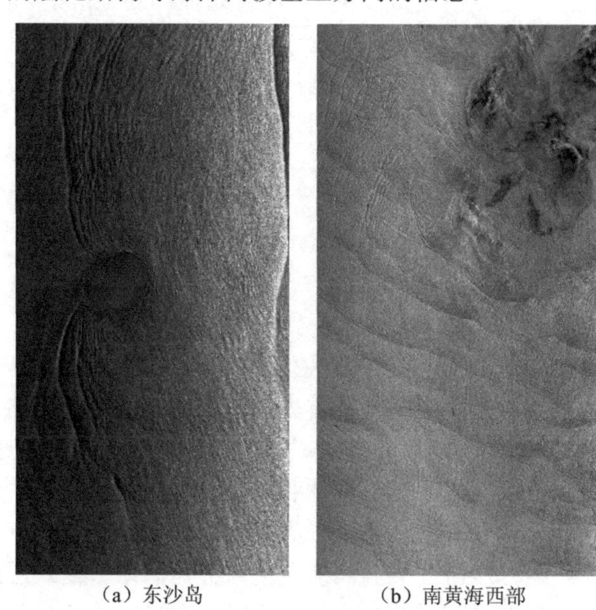

（a）东沙岛　　（b）南黄海西部

图 6.3.1　海洋内波的合成孔径雷达遥感图像

6.3.1　海洋内波的物理海洋描述

6.3.1.1　海洋内波的基本性质

海洋内波是一种发生在层化水体内部，水体垂直位移在流体层化界面处最大，并向上向下逐渐减小的波动。在实际海洋中，密度层结是海洋水体的基本特征之一。任何发生于海洋跃层的扰动都有可能在跃层处激发海洋内波。一般根据扰动激发源的扰动频率不同，海洋内波的频率范围界于惯性频率 f 与浮性频率 N 之间。海洋内波的恢复力为地转科氏力和约化重力（重力与浮力之差），因此，海洋内波又称为惯性重力内波。

具有稳定分层的海洋内部水体，密度的垂向变化很小，一般其相对变化不会超过 1/1000，即使在海洋跃层强度比较大的海区，其密度变化也是 O（0.001）的量级。因此，在海洋内部，微弱的扰动也会导致大振幅的海洋内波。表面波也可以看成海洋内波的一种，只不过，表面波的界面不再是海洋内部的密度层化界面，而是大气与海洋表面之间的海气界面。海气密度差异为 O（1）的量级，是海洋内部层化强度的 1000 倍。因此，与表面波相比，海洋内波具有许多完全不同的运动学特征。首先，海洋内波的恢复力比较弱，使海洋内波的相位传播速度及其引起的水质点运动速度都比表面波小得多，约为表面波的几十分之一。与表面波不同的是，海洋内波不像表面波那样总沿水平方向传播，而是沿水平方向成 θ 方向传播的。θ 为海洋内波频率 ω_0 的函数：

$$\theta = \arctan\left(\frac{N^2 - \omega_0^{\ 2}}{\omega^2 - f^2}\right)^{\frac{1}{2}} \tag{6.3.1}$$

由式（6.3.1）可以看出，当海洋内波频率较高时，传播接近于水平方向，反之，当海洋内波频率较低时，传播方向较陡。海洋内波能量的传播方向并非与波动传播方向一致，而是与海洋内波的传播方向垂直。因此，海洋内波能量在传播过程中通常要与海洋表面或海底发生作用而发生反射。入射波与反射波叠加可以在垂直方向产生驻波，驻波波腹数目的多少对应海洋内波的模态数。海洋内波通常会包含多个模态，模态是海洋内波垂直方向分布特征的结构函数，与海洋内波的水平传播特征无关。根据不同的层化情况和反射条件，海洋内波可能呈现出明显的能束（射线）形式或模态形式。

6.3.1.2 海洋内波的生成、传播与消亡机制

根据海洋内波的不同发展阶段，海洋内波的研究主要包括生成、传播和消亡等方面。海洋内波的产生是由很多激励因素引起的，如海洋表层由风产生的压力场和应力场、浮力通量等外强迫场的变化引发海水的垂直运动，或与海洋内波场的共振耦合作用；海洋内部大尺度环流和中尺度涡流，由于破碎及斜压不稳定引起的衰减，海洋内波中的共振相互作用，层化 Ekman 边界层的不稳定，平均剪切流和上升流边缘的存在，以及受惯性波的对流影响，使混合层湍流等扰动源引起的跃层波动；海洋底部起伏变化较大的海底地形对海水流动的扰动，正压潮流与海底地形的相互作用，以及海底地形或海洋表面对内潮的反射等。

根据海洋内波特征的不同，可以对海洋内波进行多种分类。通常根据激发位置的不同，大致可将海洋内波分为两类，一类是发生于浅海的内波，包括内孤立波、内潮波和小振幅的线性内波等。内潮波通常是由于海洋潮流流经起伏剧烈的海底时受到海底作用力的作用，导致层化海水产生振荡，激发而成的，通常发生在大陆波折处；内孤立波一般是在内潮波向陆地方向传播过程中激发而成的；线性内波激发源多种多样，如海水表面的气压场、海底地震、起伏的海底地形、海流等，甚至可由船舶螺旋桨或海洋大型生物扰动产生。另一类是发生于深海海洋中的海洋内波，这类海洋内波包括内潮波、高频随机海洋内波和惯性海洋内波。发生于深海中的内潮波，目前成因尚无统一的说法。惯性海洋内波的水平尺度较大，海水表面的气压场一般是惯性海洋内波的重要能量来源。

实际海洋中的密度是连续分层的。因为实际的海水特性变化复杂，为了方便最大化地研究海洋内波的特性与变化规律，通常情况下把发生于海水中两层密度相差较大的海洋内波简化假设为界面内波。界面内波是一种在理想条件下，海水因密度不同而分成两层且稳定层化，发生于海水层界面处的结构与变化最简单的海洋内波。

海洋内波不同于海水的表面波，表面波主要受重力影响，重力是表面波主要的恢复力。而海洋内波发生于海水内部，除受到重力外，还受到周围海水的浮力，因此海洋内波的恢复力为浮力和重力的合力，通常称为约化重力。假设两层海洋系统的上下层密度分别为 ρ_1、ρ_2（$\rho_1 < \rho_2$），上下层深度分别为 h_1、h_2，界面内波的相速度 C_p 可以表示为

$$C_{\mathrm{p}}=\left\{\frac{g\lambda(\rho_2-\rho_1)}{2\pi\left[\rho_2\mathrm{cth}\left(\frac{2\pi h_2}{\lambda}\right)+\rho_1\mathrm{cth}\left(\frac{2\pi h_1}{\lambda}\right)\right]}\right\}^{1/2} \tag{6.3.2}$$

式中，g 为约化重力加速度；λ为界面内波波长。界面内波以此速度在界面处水平传播，当λ比 h_1 和 h_2 小得多时，即界面在无限深海中部时，式（6.3.2）可简化为

$$C_{\mathrm{p}}=\left(\frac{g\lambda(\rho_2-\rho_1)}{2\pi(\rho_2+\rho_1)}\right)^{1/2} \tag{6.3.3}$$

当λ远大于 h_1 和 h_2 时，

$$C_{\mathrm{p}}=\left(\frac{2gh_1h_2(\rho_2-\rho_1)}{(h_1+h_2)(\rho_1+\rho_2)}\right)^{1/2} \tag{6.3.4}$$

若 $\rho_2=0$，并记 $h_2=h$，则式（6.3.2）、式（6.3.3）、式（6.3.4）可简化为相应的表面波波速公式：

$$C_{\mathrm{p}}=\begin{cases}\sqrt{\frac{gh}{2\pi}+\mathrm{th}\left(\frac{2\pi h}{\lambda}\right)}\\ \sqrt{\frac{g\lambda}{2\pi}}\\ \sqrt{gh}\end{cases} \tag{6.3.5}$$

可以看出，界面内波的传播速度比表面波慢得多。振幅 a 的正弦表面波在一个波长内具有的机械能为

$$E_a=\rho_2a_2^{\ 2}g\lambda/4 \tag{6.3.6}$$

而相应的界面内波能量为

$$E_1=(\rho_2-\rho_1)a_1^{\ 2}g\lambda/4 \tag{6.3.7}$$

若使 $E_1=E_a$，则

$$\frac{a_1}{a_2}=\left(\frac{\rho_1}{\rho_2-\rho_1}\right)^{1/2}\approx 30 \tag{6.3.8}$$

由此看出，单位质量的界面内波和表面波在所受外力相同的情况下，界面内波的振幅大约为表面波的 30 倍，激发界面内波振荡所需的能量相对于表面波要小得多。界面内波引起上、下两层海水方向相反的水平运动，在界面处形成强流速切变，在同一层波峰、波谷处流速相反。若上层转薄，则在海洋表面处呈现出由流速分布而引起的表面图案，在峰前谷后形成辐散区，而在谷前峰后形成辐聚区。

关于海洋内波传播动力学机制的研究，主要针对海洋内波的定型传播、海洋内波的非线性裂变、海洋内波的非线性相互作用，以及海洋内波的极性转变等内容展开。在实际观测中发现，海洋内波可以实现长距离的传播而保持波形不变，完全符合内孤立波的传播特征。Korteweg 等将内孤立波理论引入到海洋内波的研究中来，提出了著名的 KdV 方程。KdV 方程及其扩展方程能较好地描述水平一维情况下海洋内波的传播情况。

海洋内波的定型传播被认为是非线性效应与频散效应平衡的结果。在海洋内波的传播过程中，如果非线性效应占主导，则海洋内波的波面将变陡，波形变窄，振幅变大，反之，如果频散效应占主导，则海洋内波的波面将变缓，波陡变小，波长展宽，振幅减小。

海洋内波在传播过程中，经常伴有非线性裂变。非线性海洋内波相位传播速度与能量传播速度不同，使海洋内波在传播过程中，不断地发生裂变，传播速度快的海洋内波与传播速度慢的海洋内波逐渐分开。在大陆架海区中，海洋内波通常以波包的形式存在，而不是以单一波的形式存在的。海洋内波波包中相邻两个波之间的距离随着传播时间的增加而增大，这正是海洋内波能量发生频散的结果。在深海海区，海洋内波的非线性效应相对较小，不易发生裂变。海洋内波本身是种非线性波动，两组海洋内波相遇时将发生非线性作用。应用 KdV 方程研究发现，速度不同的两个内孤立波在相遇后将保持原来的运动特征不变，但将发生非线性频移。

海洋内波在传播到大陆架海区后，其传播受到地形的影响而发生转变。根据 KdV 方程，当海洋内波传播到水深为两倍混合层厚度时，海洋内波的极性将发生转变。单一下凹内孤立波在经过海洋内波极性转变的临界深度后，将转变为一系列上凸的振幅较小的孤立波。当海洋内波的极性发生转变时，伴随着海洋内波的展宽。当海洋内波从深海传播到浅海时，在到达极性转变点之前，海洋内波首先展宽，在海洋内波遥感图像中体现为明暗条纹间距的增加，随后，海洋内波的下凹部分逐渐消失，上凸部分逐渐增大，即完成了海洋内波极性的转变。

海洋内波在传播过程中，当非线性效应很强时，其波陡将逐渐增大，直至破碎。海洋内波破碎是海洋内波能量耗散的主要方式。海洋内波破碎可以将海洋内波能量传递给小尺度湍流。Mamaev 研究了横向调制不稳定对海洋内波破碎的影响。Grilli 研究了缓坡地形上孤立波的漫滩效应及破碎效应，并提出了海洋内波破碎的判据，分析了在不同地形斜率情况下，不同振幅的孤立波在破碎前的运动学特征。Street 等应用数值模拟的方法研究了二维、三维海洋内波的破碎问题，并讨论了海洋内波在破碎过程中，海洋内波能量的变化问题。研究表明，根据海洋内波的振幅、层化条件和地形变化程度的不同，海洋内波在经过两倍混合层厚度水深时，除发生极性的变化外，也可能发生破碎。非线性长表面波在破碎之前波前沿先变陡，同时伴随表面波的反射，而海洋内波则不同，下凹孤立波在破碎之前波后沿先变陡。海洋内波破碎的判据也与表面孤立波不同，表面孤立波可以达到的最大振幅是水深的 0.83 倍，超过该值，表面孤立波将破碎。而 Saffarinia 等发现内孤立波开始破碎是发生在当水质点速度超过波向速度的时候的。Kao 等认为内孤立波开始破碎时主要受剪切不稳定性的控制。而 Lombrad 等则认为内孤立波破碎是对流不稳定和剪切不稳定性共同作用的结果。Zeng 发现遥感图像中海洋内波信号的突然消失可能是海洋内波破碎的结果。Vlasenko 应用雷诺方程讨论了缓坡地形上孤立波的破碎，提出了海洋内波破碎的判据，并指出海洋内波破碎的最主要原因是动能不稳定。

6.3.2　海洋内波的合成孔径雷达探测

合成孔径雷达对海洋表面成像的原理主要是海洋表面普遍存在的微尺度波与微波产生 Bragg 共振，从而使海洋表面的多种效应在合成孔径雷达图像中成像。海洋内波合成孔径雷达成像主要有两种成像机制，一种成像机制是海洋内波引起的表面流改变了表面有机物膜的分布。因为有机物膜对海洋表面 Bragg 波有衰减作用，所以在合成孔径雷达图像上能够看到与海洋内波相对应的暗条纹，但由于资料难以获得，对这方面的研究工作相对较少。另一种成像机制是水动力学调制理论，海洋内波会引起表面流场的辐聚和辐散，辐聚和辐散调制了表面 Bragg 波，从而对雷达的后向散射系数产生影响，在合成孔径雷达图像上形成了明暗相间的条纹。然而，海洋中的其他现象，如海洋中尺度现象、海洋表面油膜、舰船尾迹、海浪等都会对 Bragg 共振散射产生影响，加之合成孔径雷达本身的成像因素，如雷达入射角的影响等，使实际的合成孔径雷达图像纹理复杂，想要从中自动检测海洋内波区域，以及对海洋内波参数进行反演将受到多种因素的干扰。

6.3.2.1 海洋内波合成孔径雷达遥感观测

合成孔径雷达因其成像机制和高分辨率，成为对海洋内波成像及定量研究的主要手段之一。合成孔径雷达的海洋内波探测研究始于 Seasat。虽然 Seasat 的设计本意是用于研究海浪的方向谱，但是 Alpers 和 Salusti 利用 Seasat 合成孔径雷达图像上的海洋内波现象解释了 Messina 海峡的周期性强流现象，有力地体现了合成孔径雷达进行海洋内波研究的能力。自 1978 年开始，许多国家开展了大量的合成孔径雷达图像海洋内波实地观测实验，例如，1978 年加拿大在乔治亚海峡开展的监视卫星（Surveillance Satellite）项目；1983 年美国和加拿大在乔治亚海峡附近开展的加拿大-美国联合海浪调查项目（Joint Canada - U.S. Ocean Wave Investigation Project，JOWIP）及合成孔径雷达内波特征实验（SAR Internal Wave Signature Experiments）；1992 年美国和俄罗斯联合在长岛附近海域开展的美-俄联合内波实验（Joint U.S.-Russia Internal Wave Experiments），以及 2000—2001 年我国、美国、韩国三国联合在我国东海、南海开展的亚洲海域国际声学实验（Asian Sea International Acoustics Experiment）等。随着遥感技术的迅速发展，国际上陆续发射了一系列载有合成孔径雷达传感器的卫星，如欧空局的 ERS-1/2、苏联的 ALMAZ、日本的 JERS-1 和加拿大的 Radarsat 卫星等，利用大量的海洋内波遥感资料，获得与舰船航行、海洋工程有关的海洋内波参数，解释与海洋内波相关的海洋表面特征，并对海洋内波的形成、传播进行预测，进一步实现了对海洋内波的航迹预测。Brandt 利用数值模拟和遥感方法分析了直布罗陀海峡的海洋内波，他总结出了两层数值模式用以描述非线性海洋内波的传播，分析了 150 多幅海洋内波合成孔径雷达图像，并以此为基础证明了两层数值模式对直布罗陀海峡海洋内波时空演化的描述效果较好。SuSanto 等基于合成孔径雷达图像确定了龙目海峡海洋内波的特性，发现了龙目海峡岩床区域的海洋内波传播以 3 种不同的模式产生：只有南向、只有北向、两个方向都存在的模式。他们证实了该区域与印尼贯穿流有联系的潮流和潮汐控制了海洋内波的产生和传播方向。Kumar 利用 ERS-1 合成孔径雷达图像通过快速傅里叶变化方法，来确定海洋深度。杨劲松提出了利用傅里叶谱分析和小波分析，以提取合成孔径雷达图像中海洋内波波长和波向参数的方法，Zhao 提出了在两层海洋模式下，根据合成孔径雷达图像的明暗条纹特征，来判断海洋内波的极性转变点，并且该极性转变点所在处的上层和下层水深相等。李海艳用表面波的高频解析式结合 KdV Bragg 散射模式，改进了合成孔径雷达对海洋内波成像的水动力学理论。Liu 通过来自 ERS-1 的合成孔径雷达图像，研究了东海台湾岛南部、南海海南岛东部的海洋内波特征和传播演变过程，并结合合成孔径雷达图像利用数值模拟方法解释了该区域海洋内波演变状况的原因。Li 用 Radarsat-1 提高的合成孔径雷达图像来研究美国东北部海岸带的海洋内波，并估计了混合层的深度。

6.3.2.2 合成孔径雷达成像机制

合成孔径雷达发射的电磁波处于微波波段，通常是 C、L、P 和 X 等波段，波段较短，穿透海水的深度仅为几毫米至几厘米，然而合成孔径雷达能观测到海水深处几十米乃至几百米处的海洋内波。大量的研究结果表明，合成孔径雷达海洋内波的成像遥感机理主要分为3个物理过程组成：①海洋内波在运动、传播过程中引起了海洋表面层流场的变化，使海洋表面层流场发生了辐聚、辐散；②变化的海洋表面层流场与风所致的海洋表面小规模波之间的相互作用，使海洋表面的粗糙度发生了变化；③海洋表面粗糙度的变化会影响雷达后向散射的强度，最终使合成孔径雷达图像中的灰度值发生变化，从而使海洋内波得以在合成孔径雷达图像上成像。图6.3.2所示为合成孔径雷达对海洋内波遥感成像的物理模型。界面内波使上下两层海水产生了方向相反的水平运动，从而在海洋内波界面处形成强烈的流速剪切，导致了水质点运动的辐聚、辐散。一般地，海洋内波在合成孔径雷达遥感图像上表现为亮暗相间的条纹特征，当风速很小（小于2m/s）时，海洋内波在合成孔径雷达遥感图像上也可能仅表现为暗条纹。此外，海洋内波由深海向近海传播的过程中，如果跃层以上水深 h_1 小于下层水深 h_2，则称为下降型海洋内波，反之则称为上升型海洋内波。下降型海洋内波合成孔径雷达遥感图像在海洋内波传播方向上以亮暗相间分布，即亮条纹在前，暗条纹在后；上升型海洋内波则表现相反，由此可以判断海洋内波的种类。当海洋内波通过跃层深度与 h_2 相同时的临界处时，海洋内波将会发生极性转换，极性转换处水深的一半与跃层深度相等，海洋内波极性转换的判断对海洋内波参数的反演有重要的意义。

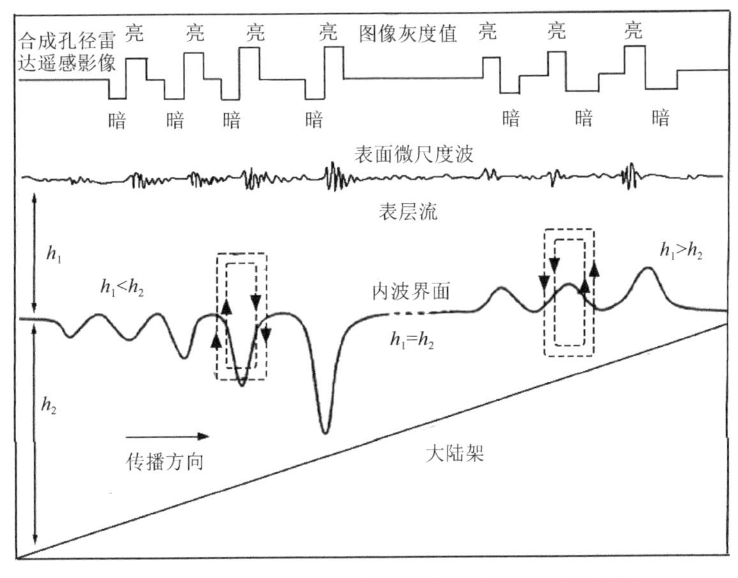

图6.3.2　合成孔径雷达对海洋内波遥感成像的物理模型

海洋内波合成孔径雷达成像原理由KdV方程、作用量谱平衡方程和Bragg散射模型组成，分别描述了合成孔径雷达对海洋内波成像的3个物理过程。

1. KdV方程

对两层模式下海洋内波运动传播的描述，根据海洋内波波长 λ 与水深 H（$H=h_1+h_2$）的关系，可以选择不同的控制方程描述一维定型非线性海洋内波的运动。当 $\lambda<<H$ 时，可以采用本杰明-小野（Benjamin-Ono）方程；当 $\lambda\approx H$，即海洋内波波长与水深差别不大时，可以采用约瑟夫-库伯塔（Joseph-Kubota）方程；当 $\lambda>>H$，即海洋内波为浅水长内波时，KdV方程最适合。实例研究结果表明，KdV方程不仅可以用于研究浅水波，而且还可以很好地描述波长与水深相差不大的情况时的海洋内波。因此，对于一般水深情况下海洋内波的传播运动，都可以用 KdV 方程描述。在平底情况下，非线性自由长内波在水平方向（x 方向）的传播过程可以用 KdV 方程描述，其表达式为

$$\frac{\partial\eta}{\partial t}+(C_0+\alpha\eta+\alpha_1\eta^2)\frac{\partial\eta}{\partial x}+\beta\frac{\partial^3\eta}{\partial x^3}+\kappa\eta-\frac{\varepsilon}{2}\frac{\partial^2\eta}{\partial x^2}=0 \tag{6.3.9}$$

式中，η 为内波纵向位移；t 为时间；参数 C_0、α、α_1、β、κ 和 ε 分别为线性项（即线性波速）、一阶非线性项、二阶非线性项、弥散项、浅水项和耗散项的系数。求解式（6.3.9），可得以下稳定态孤立波的解：

$$\eta(x,t)=\pm\eta_0\,\mathrm{sec}\,h^2\left(\frac{x-c_{\mathrm{p}}t}{l}\right) \tag{6.3.10}$$

式中，η_0 为海洋内波的最大振幅；海洋内波的相速度 c_{p} 和海洋内波的半振幅宽度 l 分别为

$$C_{\mathrm{p}}=C_0+\frac{\alpha\eta_0}{3}=C_0\left[1+\frac{\eta_0(h_2-h_1)}{2h_1h_2}\right] \tag{6.3.11}$$

$$l=\frac{2h_1h_2}{\sqrt{3\eta_0\left|h_2-h_1\right|}} \tag{6.3.12}$$

对于下降型海洋内波（$h_1<h_2$）和上升型海洋内波（$h_1>h_2$），式（6.3.10）分别取负、正号。海洋内波传播引起的表层流在 x 方向的流速可用下式表示：

$$U_x=\pm\frac{C_0\eta_0}{h_1}\mathrm{sec}\,h^2\left(\frac{x-C_{\mathrm{p}}t}{l}\right) \tag{6.3.13}$$

式中，对于下降型海洋内波和上升型海洋内波，式（6.3.13）分别取正、负号。

2. 作用量谱平衡方程

海洋内波的海洋表面层流对海洋表面微尺度波的调制可以用 Wentzel-Kramers-Brillouin Method 的弱相互作用理论描述。根据这个理论，缓慢变化流场中的定常微尺度波能谱密度的变化满足作用量谱平衡方程：

$$\left[\frac{\partial}{\partial t}+\left(c_{\mathrm{g}}+U_0\right)\frac{\partial}{\partial r}+\mu\right]\delta N=k\frac{\partial U}{\partial r}\frac{\partial N_0}{\partial k} \tag{6.3.14}$$

$$N(r,k,t)=E(r,k,t)/w' \tag{6.3.15}$$

式中，$N(r,k,t)$ 为作用量谱；$E(r,k,t)$ 为波能谱密度；w' 为参考系统中局部静止的微尺度波的固有频率；$N_0(k)$ 为定常项；$\delta N(r,k,t)$ 为内波引起的微尺度波作用量谱的变化；k 为微尺度波的波数矢量；$r=(x,y)$ 为空间变量；$c_{\mathrm{g}}=w'/k$ 为微尺度波的群速度；$U(r,t)$ 为表层流矢量；U_0 为定常项；μ 为弛豫率（relaxation rate）或波成长率，其倒数 τ_r 具有时间的量纲，也叫作弛豫时间，表征波作用量谱密度受到扰动后回到其平衡点所需的时间。

3. Bragg 散射模型

合成孔径雷达的入射角 θ 为 20°～70°，海洋表面对雷达波的后向散射以 Bragg 散射为主，雷达后向散射截面 σ_0 正比于波矢为 $\pm 2K_{\mathrm{R}}\sin\theta$ 的 Bragg 波的能谱密度 ψ 之和，即

$$\sigma_0(\theta)=M[\psi(2K_{\mathrm{R}}\sin\theta)+\psi(-2K_{\mathrm{R}}\sin\theta)] \tag{6.3.16}$$

式中，K_{R} 为入射雷达波的波数；M 为散射系数，可由 Bragg 散射模型计算得到。

假设 ψ 为 Phillips 平衡谱形式，即 $\psi\propto k^{-4}$，海洋内波传播方向（x 方向）与雷达视向的

夹角为 φ，那么，由式（6.3.14）和式（6.3.16）可得

$$\frac{\Delta\sigma^0}{\sigma_0^0}=-\frac{4+\gamma}{\mu}\cos^2\phi\frac{\partial U_x}{\partial x} \tag{6.3.17}$$

式中，$\Delta\sigma^0=\sigma^0-\sigma_0^0$ 为有海洋内波扰动的海洋表面的雷达后向散射截面 σ^0 与背景海洋表面的雷达后向散射截面 σ_0^0 之差；γ 为 Bragg 波的群速度与相速度之比。

将式（6.3.13）代入（6.3.17）得

$$\frac{\Delta\sigma^0}{\sigma_0^0}=\pm\frac{4+\gamma}{\mu}\frac{2c_0\eta_0}{h_1 l}\cos^2\phi\sec h^2\left(\frac{x'}{l}\right)\tan h\left(\frac{x'}{l}\right) \tag{6.3.18}$$

式中，$x'=x-c_\text{p}t$ 为随海洋内波一起运动的坐标系；正、负号分别对应下降型海洋内波和上升型海洋内波。

6.3.2.3　海洋内波参数的探测方法

合成孔径雷达图像通常呈现的是波包，是一幅水平二维场的快照，内波参数如半波宽度、波峰长度、波数、传播方向、相邻波包之间的距离、相邻波的距离及波速度，可以由一幅或一系列卫星图像确定。然而海洋内波的垂直方向信息（如海洋内波的深度、振幅等）无法直接从图像中反映出来，需要进行海洋内波参数反演才能提取。对于一个稳定的 KdV 孤立粒子，根据式（6.3.13），表面张力可由 $\partial U/\partial x$ 得出

$$\frac{\partial U}{\partial x}=-\frac{2k}{l}\sec h^2\left(\frac{x-c_\text{p}t}{l}\right)\tan h\left(\frac{x-c_\text{p}t}{l}\right) \tag{6.3.19}$$

并且辐聚、辐散区的峰值位置可由 $\partial^2U/\partial x^2=0$ 得出。该方程的解可由 $\sin h^2\left(\frac{x-ct}{l}\right)=\frac{1}{2}$ 得出。考虑运动的瞬间，因此去掉 ct 项，则解变成

$$\frac{x}{l}=\operatorname{arcsin}h(\pm\sqrt{\frac{1}{2}}) \tag{6.3.20}$$

由于 $x=\pm0.66l$，表面张力峰值间距 $D=1.32l$，因此可从合成孔径雷达图像上得到 D，进而得到 l。

另外，根据式（6.3.4）可以得到海洋内波的相速度，并可以根据此式得到计算海洋内波深度的公式：

$$h_1=\frac{g'h\pm(g'^2h^2-4g'hc_\text{p}{}^2)^{1/2}}{2g'} \tag{6.3.21}$$

式中，$g'=g(\rho_2-\rho_1)(\rho_1+\rho_2)$，为约化重力加速度；$h=h_1+h_2$。

根据公式 $c_\text{p}=c\left[1+\left(\frac{\eta_0\alpha}{3c}\right)\right]$，$l^2=\frac{12\beta}{\eta_0\alpha}$，以及 h_1 和 g' 可以进一步计算得到海洋内波的振幅。

6.3.3　合成孔径雷达的数据产品

合成孔径雷达数据处理的两个关键步骤是：0 级合成孔径雷达数据成像处理和 1B 级合成孔径雷达数据成像处理，数据经两级成像处理后生成最终产品。

6.3.3.1 0 级合成孔径雷达数据的成像处理

接收、转录和解译完后的数据经过原始数据统计、多普勒中心统计、校准脉冲/噪声脉冲分析、调焦/校准参数测定等处理后，得到合成孔径雷达数据的信号属性和质量参数，主要参数为脉冲重复参数、原始数据统计值和多普勒中心估计值。

6.3.3.2 1B 级合成孔径雷达数据的成像处理

1B 级合成孔径雷达数据的成像处理由需求驱动，根据用户提出的处理要求，如产品类型、处理参数和成像区域选择等，基于设备数据包和成像结构，多模式 SAR 处理器用线性调频变标（Chinp Scaling，CS）成像算法将各种成像模式下获取的数据生成了单视斜距复数（Single-look Slant-range Complex，SSC）影像数据集，SSC 数据集是生产强度图像的基础产品。经探测、多视和波束整合处理得到的地距投影多视探测产品称为多视地距探测（Multilook Ground-range Detected，MGD）产品，斜距投影多视探测产品称为多视斜距探测（Multilook Slant-range Detected，MSD）产品，地理编码后的产品包括地理编码椭球纠正（Geocoded Ellipsoid Corrected，GEC）产品和增强型椭球纠正（Enhanced Ellipsoid Corrected）产品。

合成孔径雷达的数据产品包括①高分辨率聚束成像模式，单极化或双极化方式获取的数据；②聚束成像模式，单极化或多极化方式获取的数据；③条带成像模式，单极化或多极化方式获取的数据；④宽扫成像模式，单极化方式获取的数据；⑤波模式成像模式获取的数据。

习题

1．测量海洋表面风场的传感器有哪些？各有什么优缺点？

2．试说明微波散射计测量风的原理。

3．海洋风场反演过程中，怎样解决微波散射计风向多解的问题？

4．解释下列名词：大地水准面、海洋表面地形、参考椭球面、大地水准面起伏，并说明它们之间可能存在的关系。

5．简述卫星高度计测量海洋表面高度的原理。

6．卫星高度计测高的误差源有哪些？

7．简述海洋内波的生成机制。

8．简述星载合成孔径雷达对海洋内波成像的物理过程。

参考文献

[1] 曹锦涛．星载合成孔径雷达对海内波检测与参数估计 [D]．哈尔滨：哈尔滨工业大学，2017．

[2] 陈捷，陈标，陶荣华，等．SAR 图像海洋内波参数自动提取方法 [J]．海洋技术学报，2014，33（6）：20-27．

[3] 程玉鑫，袁凌峰．星载合成孔径雷达海洋表面风场反演方法研究进展 [J]．电子测试，

2016，（7）：169-171.
[4] 丁灿，张本涛，高国兴，等. 合成孔径雷达图像中海洋内波的特征检测 [J]. 海洋测绘，2012，32（5）：15-18.
[5] 杜涛，吴巍，方欣华. 海洋内波的产生与分布 [J]. 海洋科学，2001，25（4）：25-28.
[6] 段博恒. 海洋二号微波散射计资料同化技术研究 [D]. 长沙：国防科学技术大学，2014.
[7] 范陈清，张杰，孟俊敏，等. HY-2A 卫星高度计有效波高信息提取业务化算法 [J]. 海洋学报(中文版)，2014，36（3）：121-126.
[8] 冯倩. 多传感器卫星海洋表面风场遥感研究 [D]. 青岛：中国海洋大学，2004.
[9] 高晓萍. 全极化微波辐射计海洋表面风场测量的反演及精度分析 [D]. 武汉：华中科技大学，2012.
[10] 辜俊波. 海洋内波与海浪的数值模拟 [D]. 上海：上海交通大学，2012.
[11] 顾艳镇. 海洋表面风速的高度计反演算法和海水散射的光学特性研究 [D]. 青岛：中国海洋大学，2009.
[12] 郭凯. 基于三层海洋模型内波传播的非线性薛定谔方程与参数反演研究 [D]. 青岛：中国海洋大学，2013.
[13] 郭路鹏. 高分宽幅 SAR 海洋内波探测与参数提取技术研究 [D]. 哈尔滨：哈尔滨工业大学，2020.
[14] 韩冬. 卫星高度计海洋表面风速反演与风场可视化 [D]. 青岛：中国海洋大学，2005.
[15] 姜祝辉，黄思训，刘刚，等. 星载雷达高度计反演海洋表面风速进展 [J]. 海洋通报，2011，30（5）：588-594.
[16] 蒋茂飞. HY-2A 卫星雷达高度计测高误差校正和海陆回波信号处理技术研究 [D]. 北京：中国科学院大学(中国科学院国家空间科学中心)，2018.
[17] 解学通，方裕，陈晓翔，等. 基于最大似然估计的海洋表面风场反演算法研究 [J]. 地理与地理信息科学，2005，21（1）：30-33.
[18] 李大伟. 高海况海洋表面风场的微波反演技术及海洋对热带气旋响应的遥感观测研究 [D]. 青岛：中国科学院大学（中国科学院海洋研究所），2016.
[19] 李海艳. 利用合成孔径雷达研究海洋内波 [D]. 青岛：中国海洋大学，2004.
[20] 李晓峰，张彪，杨晓峰. 星载合成孔径雷达遥感海洋风场波浪场 [J]. 雷达学报，2020，9（3）：425-443.
[21] 李秀仲. HY-2 高度计有效波高提取算法研制 [D]. 青岛：国家海洋局第一海洋研究所，2011.
[22] 林珲，范开国，申辉，等. 星载 SAR 海洋内波遥感研究进展 [J]. 地球物理学进展，2010，25（3）：1081-1091.
[23] 林明森，何贤强，贾永君，等. 中国海洋卫星遥感技术进展 [J]. 海洋学报，2019，41(10)：99-112.
[24] 刘亚龙. HY-2 雷达高度计海洋表面高度定标技术研究 [D]. 青岛：中国海洋大学，2014.
[25] 马艳辉. 基于散射计数据的南极周边海域海洋表面风场特征研究 [D]. 青岛：中国海洋大学，2013.
[26] 马志多，孟俊敏，孙丽娜，等. 利用 FY-4A 气象卫星观测海洋内波 [J]. 海洋科学，2021，45（2）：32-39.

[27] 孟芸芸. SAR海洋内波成像特性分析与识别方法研究 [D]. 哈尔滨：哈尔滨工业大学，2018.
[28] 申辉. 海洋内波的遥感与数值模拟研究 [D]. 北京：中国科学院研究生院（海洋研究所），2005.
[29] 宋贵霆. 合成孔径雷达提取海洋表面风、浪信息研究 [D]. 北京：中国科学院研究生院（海洋研究所），2007.
[30] 唐治华，张庆君. 海洋动力环境卫星数据处理方法 [J]. 航天器工程，2010，19（3）：114-120.
[31] 汪栋. HY-2卫星高度计仪器误差评估与校正研究 [D]. 青岛：中国海洋大学，2013.
[32] 王婧. HY-2A卫星微波散射计高风速海洋表面风场反演模型研究 [D]. 广州：广州大学，2017.
[33] 王磊. 高精度卫星雷达高度计数据处理技术研究 [D]. 北京：中国科学院研究生院（空间科学与应用研究中心），2015.
[34] 王展，朱玉可. 非线性海洋内波的理论、模型与计算 [J]. 力学学报，2019，51（6）：1589-1604.
[35] 王志雄. HY-2A卫星微波散射计海洋表面风场反演算法改进 [D]. 青岛：中国海洋大学，2014.
[36] 吴桂平，刘元波. 海洋重要水文参数的卫星遥感反演研究综述 [J]. 水科学进展，2016，27（1）：139-151.
[37] 徐曦煜. 星载雷达高度计误差分析和定标技术研究 [D]. 北京：中国科学院研究生院（空间科学与应用研究中心），2008.
[38] 徐莹. HY-2卫星高度计有效波高反演算法研究 [D]. 青岛：中国海洋大学，2009.
[39] 闫循鹏. 海洋内波对多波束测深的影响与改正 [D]. 青岛：山东科技大学，2017.
[40] 杨乐. 卫星雷达高度计在中国近海及高海况下遥感反演算法研究 [D]. 南京：南京理工大学，2009.
[41] 张康宇. 基于C波段SAR的海洋表面风场反演方法与近海风能资源评估 [D]. 杭州：浙江大学，2019.
[42] 张路. 基于微波散射计海洋表面风场资料的热带气旋强风圈提取方法与优化 [D]. 杭州：杭州师范大学，2019.
[43] 赵喜喜. 中国海散射计风、浪算法研究及海洋表面风场、有效波高的时空特征分析 [D]. 北京：中国科学院研究生院（海洋研究所），2006.
[44] 周礼英. 基于遥感影像的安达曼海及其邻近海域内波分析 [D]. 杭州：浙江大学，2018.
[45] Alpers, Werner. Theory of radar imaging of internal waves [J]. Nature, 1985, 314(6008): 245-247.
[46] Alpers W, Hennings I. A theory of the imaging mechanism of underwater bottom topography by real and synthetic aperture radar [J]. Journal of Geophysical Research Oceans, 1984, 89(C6): 10529-10546.
[47] Romeiser R, Alpers W, Wismann V. An improved composite surface model for the radar backscattering cross section of the ocean surface: 1. Theory of the model and optimization/validation by scatterometer data [J]. Journal of Geophysical Research Oceans, 1997, 102(C11): 25237-25250.

第7章

海洋遥感定标与真实性检验

随着对遥感应用的深入研究，遥感数据定量化应用的发展，以及多光谱、多时相、多卫星数据综合分析技术的发展，遥感数据的应用已不局限于定性或半定量地描述目标的基本特征。遥感数据定量化的发展对遥感数据的准确度和产品的质量提出了更高的要求，尤其是海洋遥感应用对遥感数据的准确度有严格的要求，如美国 SeaWiFS 计划对辐射率的测量，要求绝对准确度为 5%，相对准确度为 1%，这不仅要求要不断改进和研制新型遥感器，提高遥感器的准确度，而且还要求对遥感器的辐射测量结果进行精确定标，并对遥感产品是否准确地反映探测的地球物理参数进行检验，由此提出了辐射定标与真实性检验的问题。本章内容主要介绍海洋遥感定标与检验的现场测量、辐射定标和真实性检验技术。7.1 节介绍海洋遥感定标与检验的现场测量；7.2 节介绍海洋遥感的辐射定标；7.3 节介绍海洋遥感产品的真实性检验。

§7.1 海洋遥感定标与检验的现场测量

7.1.1 现场测量平台

现场测量的目的是获得海洋遥感数据产品的真实性检验、遥感理论研究，以及遥感物理模型研究所需的实测数据集，是海洋遥感技术应用的基础工作。目前，海上现场测量任务的实施，主要通过海洋现场调查的方式进行，可以实现对某一特定海区的水文、物理、化学、气象、声学、地球物理等进行大面积调查和断面调查，以及连续观测和辅助观测等。海洋现场调查采用的手段包括船舶观测平台观测、海上固定观测平台观测、光学浮标自动观测、无人机和无人艇观测，以及以上多种手段的同步综合观测等。

7.1.1.1 船舶观测平台

船舶观测平台主要以海监船和科学考察船为主，可对研究区域进行大面积观测、断面观测、连续观测、同步观测和走航观测，适用于重点区域详查、样品采集和分析，以及遥感信息验证等。船上搭载有海上光谱测量系统（如海洋表面高光谱辐射计、太阳光度计等）、水下光学特性测量系统（如水下高光谱辐射计、高光谱吸收/衰减仪等）等观测仪器，并设有满足现场调查作业和现场样品处理、测试、分析与资料整理所需的实验室，以及专业的测量仪器及设备，

图 7.1.1 所示为船舶观测系统（图 7.1.1（a）所示为多通道水样采集器 CTD，图 7.1.1（b）所示为水体固有光学及生物光学测量系统）。船舶观测平台的主要任务是调查和实验、研究海洋声学、光学和其他物理学特性，要求船上必须有防震、防噪和防电磁波干扰的措施和设备。

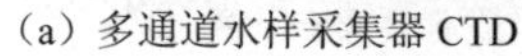

（a）多通道水样采集器 CTD　　（b）水体固有光学及生物光学测量系统

图 7.1.1　船舶观测系统

伴随着 CZCS、MODIS、GOCI 等海洋水色传感器相继投入使用，Gordon、McClain、Clark、Mueller、Hooker 等科学家开展了一系列的定标检验工作，对数据测量、处理分析和产品检验等提出了一系列切实可行的规范。相比其他观测平台，船舶观测平台的观测手段成熟、测量参数齐全、测量精度有保障，但需要大量的人力、物力，观测范围局限在航线两侧一定的区域内，观测资料的同步性和时效性存在不足，数据获取相对较少。

7.1.1.2　海上固定观测平台

海上固定观测平台作为一幢矗立于海上的结构物，因其结构稳固、深入远海和维护方便等特征，能够对海洋环境进行定点、长期和连续的自动观测，可支持一定数量的人员长期在现场开展科研工作，有着其他海洋观测平台无法比拟的优势。与船舶观测平台相比，海上固定观测平台的观测网测点多、纵深广；与浮标、潜标观测系统相比，海上固定观测平台观测网的观测时间长、覆盖范围广；与卫星遥感相比，海上固定观测平台观测网可实现对海洋次表层及深层要素的观测。SeaWiFS 科学家工作队资助了“海岸大气和海洋时间序列”（Coastal Atmosphere and Sea Time Series，CoASTS）计划，于 1995 年开始在威尼斯外海的“阿夸阿尔塔”海洋塔（Acqua Alta Oceanographic Tower，AAOT）观测平台上进行海洋水色观测，实现了 SeaWiFS 计划的产品检验，图 7.1.2 所示为 AAOT 观测平台。随后，“气溶胶自动观测网”（Aerosol Robotic Network，AERONET）在各海区相继建立，成为各国争先发展的海洋研究基地，包括亚得里亚海的 AAOT 观测平台、大西洋湾的“玛莎文雅岛沿海观测站”（Martha's Vineyard Coastal Observatory，MVCO）海洋塔观测平台、波罗的海的“古斯塔夫达伦灯塔”（Gustaf Dalen Lighthouse Tower，GDLT）观测平台等，获得的数据多用于环境的时间序列分析、海洋主要水色产品的检验、海洋主要水色产品的交叉评估、空间传感器的替代定标、减小区域海洋水色产品的偏差。海上固定观测平台因其能够长时间、连续近距离地实时观测，运行、维护成本低廉等独特的数据获取优势，能产生大量代表区域的单个数据集，成为海洋水色遥感数据产品检验的通用方式。

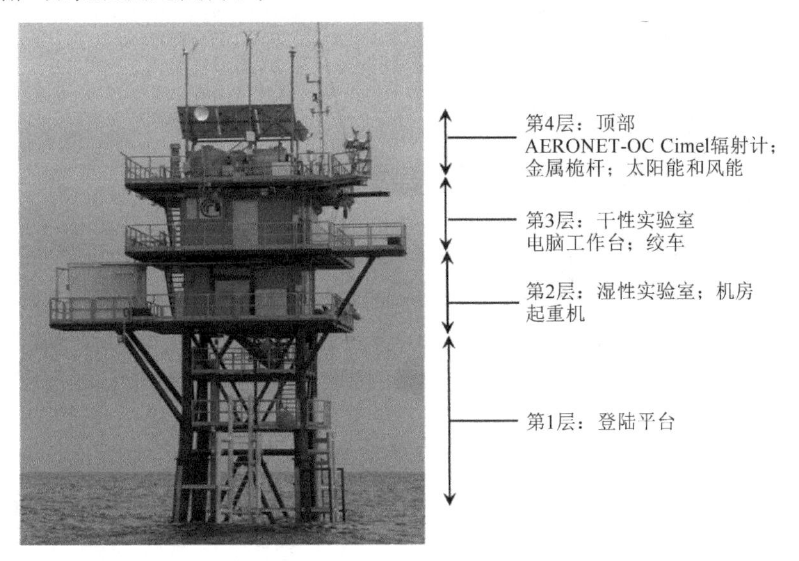

图 7.1.2 AAOT 观测平台

7.1.1.3 海洋光学浮标

海洋光学浮标可用于海洋表面的连续观测、海水表层、真光层乃至海底的光学特性，在海洋水色遥感现场辐射定标和数据真实性检验、海洋科学观测、近海海洋环境监测和海洋军事科学方面有着重要的应用价值。1987 年美国在马尾藻海区应用深水锚定系统获取了时间系列的海水光学参数。20 世纪 90 年代后期，第一台海洋光学浮标（Marine Optic Buoy，MOB）在美国诞生，并用于 SeaWiFS 和 MODIS 现场辐射定标数据的真实性检验，图 7.1.3 所示为海洋光学浮标及其剖面测量系统。为了配合海洋水色温度探测仪（Ocean Color and Temperature Scanner，OCTS）的发射和应用，NASDA 也发展了自己的海洋光学浮标。近年来，英国、法国先后开展了海洋光学浮标 PlyMBODy 和 BOUSSOLE 的研制，其主要目的是为 SeaWiFS、MODIS 和 MERIS 等海洋水色遥感器的辐射定标、数据和算法的真实性检验提供长期的观测平台。海洋光学浮标主要用于光辐射测量，不仅要满足耐海水腐蚀性、抗倾覆性、稳定性和随波性等性能要求，而且要兼顾海洋光学浮标的海上姿态，以及阴影对光辐射测量的影响。

山东省科学院海洋仪器仪表研究所研发了大、中、小型共 14 种规格的系列海洋光学浮标，为我国海洋光学浮标组网提供了系列海洋光学浮标产品，其大型海洋光学浮标达到了国内领先、国际先进水平，部分技术达到了国际领先水平，图 7.1.4 所示为山东省科学院海洋仪器仪表研究所研发的系列海洋光学浮标，左图为 15m 海洋光学浮标，中图为通量海洋光学浮标，右图为 10m 双层海洋光学浮标。其系列海洋光学浮标产品已应用于我国从南至北，从近海到远海的海洋光学浮标监测网的建设，占有率达 90%以上，并拓展到极地和海洋中，在国际上首次将海洋光学浮标布放于格陵兰海。

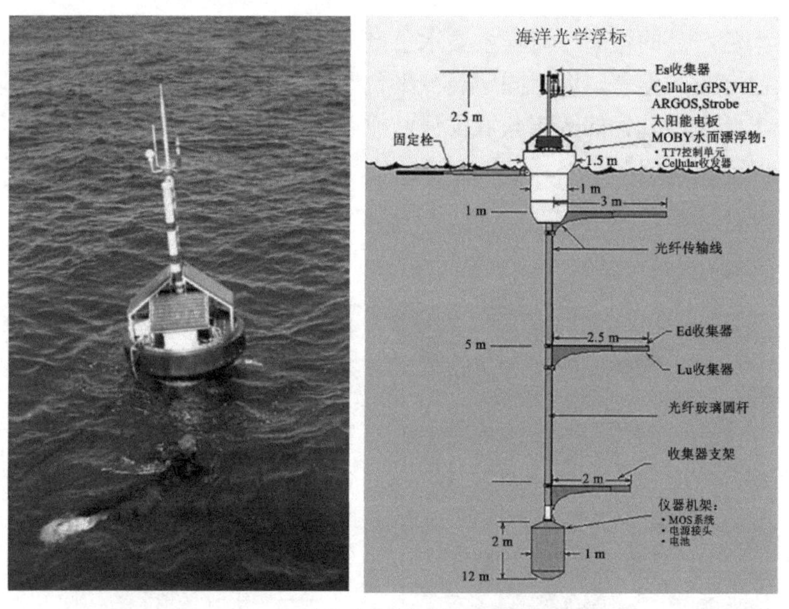

图 7.1.3　海洋光学浮标及其剖面测量系统

图 7.1.4　山东省科学院海洋仪器仪表研究所研发的系列海洋光学浮标

7.1.1.4　新型观测平台

水下滑翔机(Glider)是一种结合了浮标技术和水下机器人技术的自主式水下无人航行器，图 7.1.5 所示为水下滑翔机。水下滑翔机由净浮力驱动航行，通过浮力调节机构实现正浮力和负浮力的周期性转换，通过姿态调整机构达到适当的俯仰角，两者结合使水下滑翔机在上浮或下潜的同时向前做滑翔运动。水下滑翔机可搭载多种用于海洋观测的传感器，并具备通信系统，可以在浮出水面时进行数据传输与远程控制，也可以实现海洋环境长时间序列、宽区域剖面数据采集，且其功耗低、续航力长，弥补了传统的船舶观测平台、海洋光学浮标等观测平台在连续时空分辨率现场数据上的不足。水下滑翔机具有目标寻址、随体观测、原位观测、中性体控制的特点，在海洋调查领域具有广阔的应用前景。

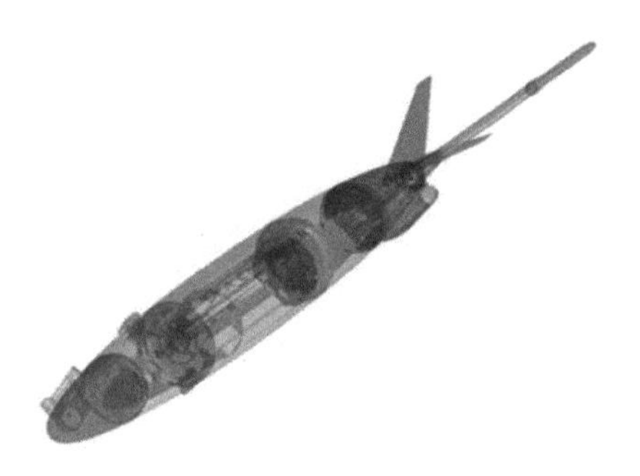

图 7.1.5　水下滑翔机

随着全球海洋数据观测网“实时地转海洋学阵计划”（Array for Real-time Geostrophic Oceanography，ARGO）逐渐发展成一个覆盖全球海洋的剖面浮标网，将生物光学、化学传感器与 ARGO 浮标观测平台进行集成，进而形成了新型的海洋遥感观测平台。生物-实时地转海洋学阵计划 Bio-ARGO，实现了对海洋水体的长期自动化观测，覆盖了从昼夜到季节乃至年际的连续时间尺度，且具有很高的垂直方向分辨率。它能够提供生物学变量的高分辨率观测，如海洋遥感卫星已获得的反演产品，包括叶绿素 a 浓度、粒子后向散射系数 b_{bp}（或颗粒有机碳）、初级生产力等。此外，它还能够观测重要的生物地球化学变量（如溶解氧、硝酸盐）。

7.1.2　光学与红外遥感的现场测量

7.1.2.1　表观光学特性的获取

现场测量的表观光学参数主要包括离水辐亮度、归一化离水辐亮度和遥感反射率等，它们是海洋水色遥感的基础物理量，也是水体色素成分的光学表现。现场精确地获取表观光学参数将有利于生物光学算法、大气校正算法的开发；有利于星载遥感器的辐射校正及其数据产品的真实性检验。

现场测量表观光学参数的方法主要有两种：剖面法（Profiling Method）和水面以上测量法（Above-Water Method），两种方法相对独立，适用范围上具有互补性。剖面法是由水下剖面信号外推得到水表面信号的，可以更好地刻画出水体特性的垂直变化。由于传统二类水体光场的复杂性，使其光学特性测量的难度较大。剖面法在测量中受环境因素（如直接太阳光反射、太空漫反射等）的影响较小，且获得的是水体内部信息，可在后期处理中对诸如水体层化效应等问题进行详细的分析处理，因此，国际上将剖面法作为表观光学参数测量的首选方法。然而，剖面法对于浅海和较浑浊海域，测量误差较大，同时还存在仪器自阴影修正的问题。对于较浑浊的二类水体，尤其是我国高悬浮泥沙海域，目前唯一有效的测量方法是水面以上测量法。

1. 剖面法

海洋表面波动的影响，使刚好处于水表面以下零深度（Z=0）的值是无法直接测量的，最浅能得到的可靠读数在 0.5～2.0 m 深度范围内，所以必须用某一深度 z 处的值导出 0^-深度处的值。以剖面下行辐照度 E_d 为例，水表面下的 $E_d(0^-,\lambda)$与某一深度的 $E_d(z,\lambda)$的关系为

$$E_{\mathrm{d}}(z,\lambda)=E_{\mathrm{d}}(0^-,\lambda)\mathrm{e}^{-\int_0^z K_{\mathrm{d}}(z,\lambda)\mathrm{d}z} \tag{7.1.1}$$

式中，$K_d(z,\lambda)$为在深度 z 处的漫射衰减系数（Diffuse Attenuation Coefficient），根据光在水中呈 e 指数衰减的特性，有

$$K_d(z,\lambda) = -\frac{d\{\ln[E_d(z,\lambda)]\}}{dz}\bigg|_z \tag{7.1.2}$$

即

$$K_d(\lambda) = -\{\ln[E_d(z_2,\lambda)] - \ln[E_d(z_1,\lambda)]\}/(z_2 - z_1) \tag{7.1.3}$$

如果 0^-～z_2 深度范围内为均匀的混合水层，其中 z_1～z_2 深度范围内的 $K_d(z)$可以代表的 z（z_1<～z_2）～0^-的值，则可导出

$$E_d(0^-,\lambda) = E_d(z,\lambda)e^{K_d(\lambda)z} \tag{7.1.4}$$

一般而言，在几米深度内，基本上可用式（7.1.4）近似计算 $E_d(0^-,\lambda)$。

同理，对剖面上行辐照度 $L_u(z,\lambda)$，首先可以计算出它的漫射衰减系数 $K_L(z,\lambda)$：

$$K_L(z) = -\{\ln[K_L(z_2,\lambda)] - \ln[K_L(z_1,\lambda)]\}/(z_2 - z_1) \tag{7.1.5}$$

然后可由深度 z 处的值计算出 $L_u(0^-,\lambda)$：

$$L_u(0^-,\lambda) = L_u(z,\lambda)e^{K_L(z,\lambda)z} \tag{7.1.6}$$

剖面法主要由采用仪器的剖面部分和表面部分进行测量，图 7.1.6 所示为剖面法水中光学测量原理图。剖面部分测量剖面数据 $L_u(z,\lambda)$和剖面数据 $E_d(z,\lambda)$，表面部分测量海洋表面的入射辐照度 E_s，由此便可得到归一化离水辐亮度 L_{WN} 和遥感反射比 R_{rs}。剖面法测量表观光学参数时，适合在白天、无雨、四级海况以下定点进行测量，现场操作严格按照《海洋光学调查技术规程》的要求执行。考虑要避免船体阴影，以及布放时海水流向的影响，剖面法一般在船体的后甲板进行测量。到达测量站位后，在船体还有微弱余速时将剖面仪放入水中，使其能飘离船体足够远的距离，布放时使其自由下落。每个测量站位进行 3 组测量，在布放条件不允许时，个别测量站位进行两组测量，同时记录详细的与现场相关的测量站位信息。在现场测量过程中，影响测量结果的可信度和容易引入较大误差的因素是仪器定标误差、船体阴影影响程度、仪器自阴影影响程度、仪器下降速度、环境影响（如海洋表面漂浮物、光照变化情况等）。

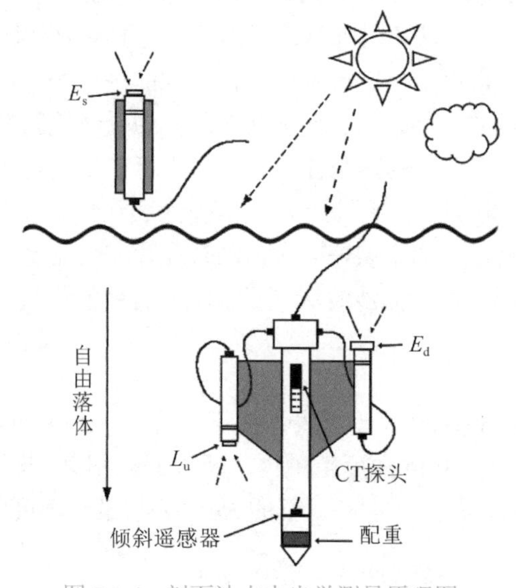

图 7.1.6 剖面法水中光学测量原理图

2．水面以上测量法

水面以上测量法是利用表观光谱测量仪器直接测量水体的表观光学参数，具有现场操作简单、现场试验成本低等优点，在国内外海洋水色遥感界得到了普遍应用，在《NASA 海洋光学测量规范》第 3 版和第 4 版中推荐水面以上测量法为现场测量表观光学参数的标准方法之一。

根据辐射传输理论，水表面以上仪器接收的总的水面上行辐亮度 L_t 主要来源于两方面的贡献：一部分来自水面对天空下行辐亮度 L_s 的反射 L_r；另外一部分来自透射穿过海洋表面的水下上行辐亮度 L_u，图 7.1.7 所示为水面以上仪器接收的辐射信号的构成，其完整的表达式为

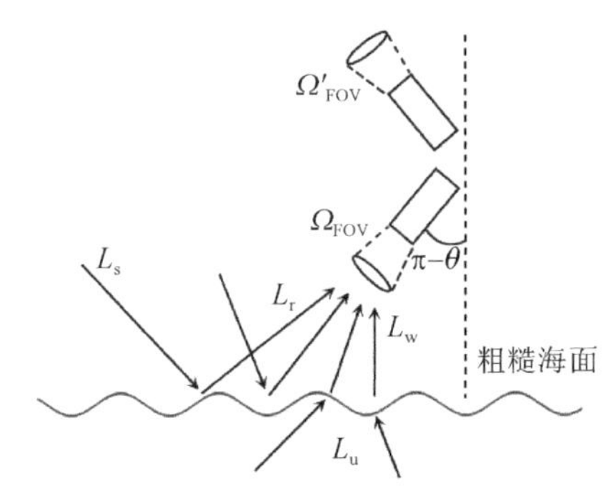

图 7.1.7　水面以上仪器接收的辐射信号的构成

$$\begin{aligned}L_t(\theta,\phi\in\Omega_{FOV})&=\frac{1}{\Omega_{FOV}}\int_{\Omega_{FOV}}\left[\int_{2\pi d}L_s(\theta',\phi')r(\theta',\phi'\to\theta,\phi)d\Omega(\theta',\phi')\right]d\Omega(\theta,\phi)\\&+\frac{1}{\Omega_{FOV}}\int_{\Omega_{FOV}}\left[\int_{2\pi u}L_u(\theta',\phi')t(\theta',\phi'\to\theta,\phi)d\Omega(\theta',\phi')\right]d\Omega(\theta,\phi)\\&=L_r(\theta,\phi\in\Omega_{FOV})+L_w(\theta,\phi\in\Omega_{FOV})\end{aligned}\quad(7.1.7)$$

式中，Ω_{FOV} 为探测器视场角范围内的立体角；（$\theta,\phi\in\Omega_{FOV}$）表示当探测器指向海洋表面时看到的 (θ,ϕ) 方向的集合，以代表探测 (θ,ϕ) 方向的辐亮度；$L_t(\theta,\phi\in\Omega_{FOV})$为探测器视场角范围内的平均辐亮度；半球内所有向下方向表示为 $2\pi d$，所有向上方向表示为 $2\pi u$，$r(\theta',\phi'\to\theta,\phi)$ 为海洋表面的时间平均辐射反射率，表明在任何方向 (θ',ϕ') 上向下传播的入射天空辐射被反射到任何向上方向 (θ,ϕ) 的天空辐射的多少，需要足够长的观测时间以为了能包含许多周期的表面波；$t(\theta',\phi'\to\theta,\phi)$ 为海洋表面的时间平均辐射透过率，表明在上行方向 (θ',ϕ') 的上行辐射量有多少通过表面到达上行方向 (θ,ϕ) 中。

海洋表面本身被认为是非吸收的，式（7.1.7）充分考虑了海洋表面的所有辐射传递过程，即离开海洋表面的总上行辐亮度。$r(\theta',\phi'\to\theta,\phi)$ 和 $t(\theta',\phi'\to\theta,\phi)$ 是海洋表面的固有光学特性，给定方向的值仅取决于海洋表面的波浪状态和水的折射指数，而不是入射辐射的分布。如果对天空辐射和波浪状态进行测量，通过式（7.1.7）就可以计算出 L_r，并从 L_t-L_r 得到 L_w，即只要测量水下上行辐亮度和波浪状态，就可以直接计算出 L_w。虽然我们可以进行这些测量，但是在常规基础上这样做将是烦琐和昂贵的。对于远离水平海洋表面的镜面反射方向，r 几乎为零。因而，对于 (θ',ϕ') 角度范围内，仅需要通过 L_s 保证 L_r 足够大以对式（7.1.7）所示的右边第一个积分项做出重要贡献。然而，先确定天空的相关区域是困难的。类似的陈述也适用于 L_u 需要被测量的方向，以准确地计算式（7.1.7）所示的右边第二个积分项。

通过对式（7.1.7）的实际困难进行评估，等式右边的两个积分项通常被简单的、特别的

公式所取代，第一项简化为

$$L_r(\theta,\phi \in \Omega_{FOV}) = \rho L_s(\theta',\phi' \in \Omega'_{FOV}) \tag{7.1.8}$$

式中，ρ 为将探测器观察天空时测得的辐射率与探测器观察海洋表面时测得的反射天空辐射率相关联的比例因子，即气-水界面的菲涅耳系数，表示当辐射计指向天空时所看到的方向（天空辐射由水平海洋表面镜面反射后采样进入视场角范围内）。ρ 不仅取决于方向、波长和风速，还取决于探测器的位置和天空的辐射分布。

在实际应用过程中，常采用一定的测量几何进行简化测量，测量几何由 Mobley 提出。仪器观测平面与太阳入射平面的夹角 90°< φ_v <135°，仪器与水面天顶方向的夹角 θ_v=40°，图 7.1.8 所示为水面之上观测几何示意图。按照水面之上观测几何示意图安排可以更好地避免大部分的太阳直射和反射，而且测量结果与剖面法的测量结果固有差异较小。采取水面之上测量几何和忽略海洋表面或避开水面泡沫的情况下，离水辐亮度可表示为

$$L_w = L_t - \rho L_s \tag{7.1.9}$$

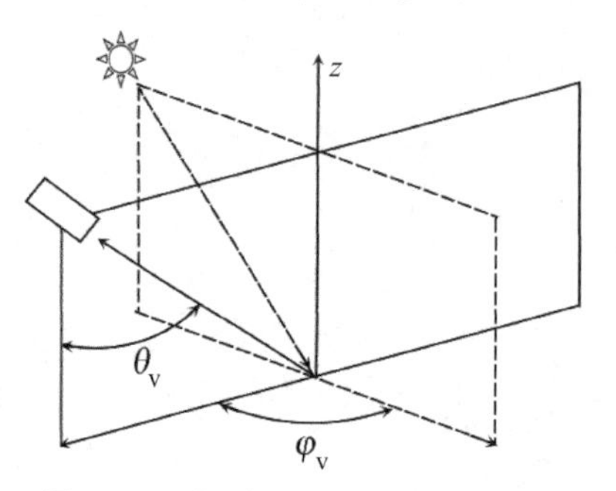

图 7.1.8　水面之上观测几何示意图

E_d 通常通过已知的辐照度反射率 R_g，近似朗伯辐射源的灰板反射进行测量。当辐照度 E_d 落在朗伯辐射源表面时，离开朗伯辐射源表面的均匀辐射 L_g：

$$L_g = (R_g / \pi) E_d \tag{7.1.10}$$

当向下观测的辐射计保持与观测海洋表面时相同的 (θ,ϕ) 观测角度时，可以通过进入探测器视场角的水平灰板的辐射直接测量。将式（7.1.9）、式（7.1.10）代入遥感反射率 $R_{rs}=L_w/E_d$ 中，得到

$$R_{rs} = \left(L_t - \rho L_s\right) \Big/ \left(\frac{\pi}{R_g} L_g\right) \tag{7.1.11}$$

使用式（7.1.11）估算 R_{rs}，所有的测量都使用同一台仪器进行，而且仪器不需要绝对的辐射定标，因为 3 个 L 中的乘法误差将在式（7.1.11）中被除去。事实上，辐射计输出的可以是电压或数字计数，因为将探测器的输出转换成辐射量的因子被除去了（辐射计输出的任何附加误差都可能在仪器的暗电流校准中被设置为零）。

该方法受海洋表面、大气环境（如直射的太阳光反射、天空漫射反射、云、周围建筑等）的影响大，给数据结果带来了许多不确定性因素。因此，使用水面以上测量法的关键是如何消除海洋表面辐射亮度场中因波浪影响而引入的太阳耀斑、泡沫和反射的天空光成分。如果测量时出现亮云，则处理更加困难。消除误差因素影响的方法主要有两方面：一方面是在测量时采用严格设计的几何观测方法来尽可能地避免太阳耀斑等的影响；另一方面是在数据处理中采用多种滤波与修正方法来消除残余的太阳耀斑和天空光反射成分及对云、周围建筑物的影响。

7.1.2.2　固有光学特性的测量

1．水体吸收系数

水体的总光谱吸收系数及各光学活性组分的光谱吸收系数是开发海洋水色遥感固有光学特性反演算法的基础参数。因为海洋水色遥感固有光学特性不受外界环境条件的影响，水体总光谱吸收系数可以通过现场水下分光光度计测量获取和实验室分光光度计测量获取。

水体的吸收系数（Absorption Coefficient）为准直光束通过海洋水体单位路程被吸收的大小。海水是强吸收体，海水的吸收主要包括三部分：水体本身的吸收 a_w、粒子的吸收 a_p，以及有色可溶性有机物的吸收 a_g。粒子的吸收又可以进一步分为两部分：浮游植物色素（Phytoplankton Pigments）的吸收 a_{ph} 和碎屑（Detritus）的吸收 a_d。因此，水体总的吸收系数可以表示为对水体光学特性有显著作用的各个成分贡献的累积：

$$a = a_w + a_p + a_g = a_w + a_{ph} + a_d + a_g \tag{7.1.12}$$

式中，a_w 为纯水（Pure Water）的吸收系数，采用的是 Pope 和 Fry 的数据。

水体中各组分的光谱吸收系数只能用实验室分光光度计测量，测量的参数包括颗粒物的吸收系数 $a_p(\lambda)$、CDOM 的吸收系数 $a_g(\lambda)$、浮游植物色素颗粒的吸收系数 $a_{ph}(\lambda)$和非色素颗粒的吸收系数 $a_d(\lambda)$。

水体高光谱吸收衰减仪（AC-S）可用于测量水体的吸收衰减系数，AC-S 的测量原理如图 7.1.9 所示。光源（Light Source）发出的光首先经过小孔，作为点光源。然后经过透镜变成准直光束，经过滤波片分光后进入腔体（腔体长为 25 cm）。准直光在腔体中与水发生吸收和散射作用，吸收管的腔壁是用高反射率的特殊石英材料制成的，以反射逃离光路的散射光，而衰减管的腔壁是用高吸收率的黑色塑料材料制成的，以接收逃离光路的散射光。最后光通过透镜后被探测器接收。

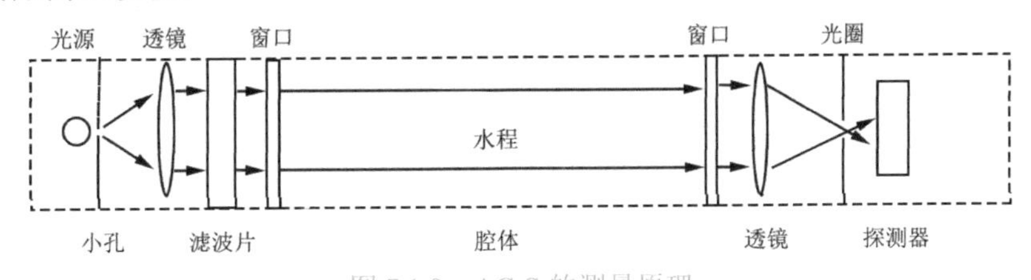

图 7.1.9　AC-S 的测量原理

纯海水的吸收系数与海水的温度和盐度有关。一般来说，实际测量的海水的温度和盐度不同于 AC-S 进行纯海水校正时的温度和盐度，所以，首先要对测量数据进行温度、盐度校正。Pegau 等提出了海水吸收系数的温度和盐度的校正系数，并被国际同行广泛采用。

因为 AC-S 的吸收管不能接收所有方向的反射光，有些方向的反射光就会折射到吸收管外部，有些方向的散射光被管壁反射后延长了光程，图 7.1.10 所示为光在吸收管内与水相互作用的示意图，所以 AC-S 测量的吸收系数包括了这两部分光的损失，比实际值要高。因此必须对 AC-S 测量的数据进行散射校正。散射校正的基本思想是利用水体中颗粒物质的散射光谱相对平缓的特点，也就是说散射系数随波段变化不敏感，可以通过某特定波段的散射值得到其他波段的散射值。散射校正公式如下：

$$a_t(\lambda) - a_w(\lambda) = a_{mts}(\lambda) - \frac{a_{mts}(\lambda_{ref})}{[c_{mts}(\lambda_{ref}) - a_{mts}(\lambda_{ref})]}[c_{mts}(\lambda) - a_{mts}(\lambda)] \tag{7.1.13}$$

式中，$a_t(\lambda)$为水体的总吸收系数；$a_w(\lambda)$为纯水的吸收系数；$a_{mts}(\lambda)$为温度和盐度校正后的吸收系数；$a_{mts}(\lambda_{ref})$为在某个参考波长的温度和盐度校正后的吸收系数；$c_{mts}(\lambda)$为在某个参考波长的温度和盐度校正后的衰减系数。

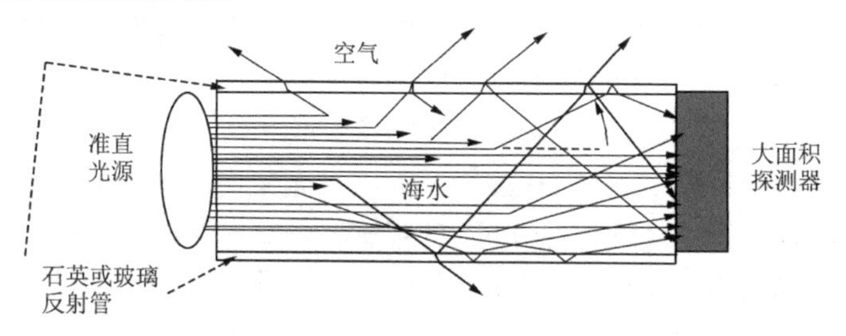

图 7.1.10　光在吸收管内与水相互作用的示意图

2. 叶绿素浓度

水体叶绿素 *a* 浓度的测量可采用分光光度法［《海洋调查规范第 6 部分：海洋生物调查》（GB/T 12763.6—2007），《海洋监测规范第 7 部分：近海污染生态调查和生物监测》（GB 17378.7—2007）］，滤膜选用美国沃特曼（Whatman）公司的玻璃纤维滤膜（Glass Fiber Filter），直径为 47 mm，孔径为 0.7 μm。叶绿素 *a* 浓度的丙酮萃取液在红光波段有吸收峰，一定体积海水中的浮游植物经滤膜滤出后，可用有机溶剂直接提取浮游植物浓缩样中的叶绿素，测定其吸光度，根据叶绿素 *a* 浓度在特定波长的吸光度，用公式计算其含量。

现场水样由 Niskin 采水器采集后，每升样品可预先加入 1 mL 碳酸镁悬浊液（浓度为 1%），防止因酸化而引起色素溶解，样品全程为 0～4℃低温下避光保存，低温运输。在实验室测量时，取海水样品混匀过滤，过滤后的滤膜浸入 10 mL 体积分数为 90%的丙酮溶液中，避光静止约 24 h 后得到萃取液，将萃取液离心后取得的上清液注入比色皿中，以体积分数为 90%的丙酮溶液做空白对照，用分光光度计测定波长为 750 nm、664 nm、647 nm 和 630 nm 处的溶液消光值，通过式（7.1.14）计算可得样品的叶绿素 *a* 浓度：

$$C_{\text{Chla}}=[11.85(E_{664}-E_{750})-1.54(E_{647}-E_{750})-0.08(E_{630}-E_{750})]\frac{V_{\text{丙酮}}}{V_{\text{水样}}\delta} \tag{7.1.14}$$

式中，C_{Chla} 为叶绿素 *a* 浓度（μg/L）；E_{750}、E_{664}、E_{647}、E_{630} 分别为萃取液于波长 750 nm、664 nm、647 nm、630 nm 处的溶液消光值；$V_{\text{丙酮}}$为样品提取液的定容体积（mL）；$V_{\text{水样}}$为过滤水样的体积（L）；δ 为比色皿光程（cm）。

3. 水体总悬浮物浓度/无机悬浮物浓度

水质总悬浮物浓度的测定方法采用重量法［《海洋监测规范第 4 部分：海水分析》（GB 17378.4—2007）］，滤膜选用直径为 47 mm、孔径为 0.45 μm 的醋酸纤维滤膜。航次前在实验室用称量法预先测得干燥空膜的质量并进行标记，同时记录空白校正滤膜的质量，现场测量时用 Niskin 采水器采集海水水样，并于-20℃冰箱内冷冻保存，航次结束后将样品过滤后的滤膜放入恒温干燥箱内于 60℃下脱水 6～8 h，取出放入硅胶干燥器 6～8 h 后称重，反复称重至恒重（即前后两次质量差≤0.01 mg），对水样滤膜及空白校正滤膜进行称重，计算水样滤膜与空白校正滤膜的质量差。总悬浮物的浓度计算如下：

$$\text{TSM}=\frac{W_0-W_1-\Delta W}{V} \tag{7.1.15}$$

式中，TSM 为总悬浮物的浓度（mg/L）；W_0 为悬浮物与水样滤膜的质量（mg）；W_1 为水样滤膜的质量（mg）；ΔW 为空白校正滤膜的校正值（mg），V 为过滤水样的体积（L）。将称重后的滤膜放入马弗炉，在 550℃条件下煅烧 6h，冷却煅烧好的滤膜，所得的质量为水中无机悬浮颗粒物的质量，再根据过滤水样的体积获得水体无机悬浮物的浓度 ISM。煅烧过程中的重要损失量为水中有机悬浮颗粒物的质量，TSM 与 ISM 差即为水体有机悬浮物的浓度。

4. 有色可溶性有机物的吸收系数

水体有色可溶性有机物吸收系数[$a_g(\lambda)$]的测定参考《NASA 光学测量规范》(NASA/TM-2003-211621/Rev4-Vol.IV）和国家海洋局 908 专项办公室编制的《海洋光学调查技术规程》，滤膜选用美国密理博（Millipore）公司的聚碳酸酯滤膜，孔径为 0.20 μm，直径为 47 mm。航次前，首先将滤膜在 10%稀盐酸溶液中浸泡 15min，用纯水彻底清洗；然后把滤膜装好待用。现场测量时，由 Niskin 采水器采集海水水样，并保存于琥珀色的硼硅酸盐玻璃瓶中，置于-40℃的冰箱或液氮罐中运输。实验室测量前，用超纯水充分清洗过滤系统，在约 16 kPa 负压下过滤得到滤液。将滤液和纯水空白均通过分光光度计扫描样品为 300～800 nm 的吸光度，并由下式计算得到滤液的吸收系数：

$$a_g(\lambda) = \frac{2.303}{l}\left[\left(\mathrm{OD_s}(\lambda) - \mathrm{OD_{bs}}(\lambda)\right) - \mathrm{OD_{null}}\right] \tag{7.1.16}$$

式中，$a_g(\lambda)$为有色可溶性有机物的吸收系数；l 为比色皿的光程（通常是 10 cm）；$\mathrm{OD_s}(\lambda)$为有色可溶性有机物相对于超纯水的光学密度；$\mathrm{OD_{bs}}(\lambda)$为纯水空白相对于超纯水的光学密度；$\mathrm{OD_{null}}$ 为在长波波段的残余吸收，本节取波长为 700 nm 附近 10 nm 光谱范围内数据的平均值。

超纯水通过美国 Millipore 公司的 Milli-Q 装置制备，用于吸收参考、纯水空白和设备冲洗等。

5. 水体颗粒物的散射系数和后向散射系数

首先用水体高光谱吸收衰减测量仪测量水体的光谱吸收系数 a 和光束衰减系数（Beam Attenuation Coefficient）c，再对光谱吸收系数 a 和光束衰减系数 c 进行温度和盐度校正、散射校正和纯水校正，从而可以计算出水体的总散射系数 b：

$$b = c - a \tag{7.1.17}$$

颗粒物的散射系数（Particulates Scattering Coefficient）b_p 为总散射系数减去纯水的散射系数（Pure Water Scattering Coefficient）b_w，即

$$b_p = b - b_w \tag{7.1.18}$$

水体的后向散射系数 b_b，在忽略溶解性物质（如 CDOM）散射贡献的情况下，可表示为后向散射系数 b_{bp} 和纯水后向散射系数 b_{bw} 的和，即

$$b_b(\lambda) = b_{bp}(\lambda) + b_{bw}(\lambda) \tag{7.1.19}$$

式中，纯水的散射相函数近似为瑞利散射，因此，$b_{bw}=b_w/2$。

水体的后向散射系数 b_b 可以由 6 通道后向散射测量仪 HS-6 测量得到。HS-6 是通过测量立体角为 140°的体散射函数计算得到水体的后向散射系数的，其测量的波长分别为 420 nm、442 nm、488 nm、550 nm、620 nm 和 700 nm 6 个波段，因此，校正后的测量值减去纯水的后向散射系数即为悬浮颗粒物的后向散射系数。

水体的后向散射函数 b_b 也可由 BB9 高光谱后向散射仪测量得到，该仪器包含 3 个 BB3

仪器和 1 个 ECO 数据多路转换器，每个 BB3 仪器可提供 3 个不同波段的后向散射测量功能。BB9 高光谱后向散射仪可以测量 117°角的散射，该角度取决于水体本身和悬浮物引起的体散射系数的变化，因此，该仪器测量的信号与水体中物质的浓度有关，很少受水体中物质的大小和类型的影响。在现场测量中，将 BB9 高光谱后向散射仪和 AC-S 同时下放至水中，由于 BB9 高光谱后向散射仪自身没有压力传感器，因此首先需要计算时间计数的关系，并与 AC-S 的时间匹配，利用 AC-S 的压力传感器换算成深度，再由 WAP 软件自带的 BB9 高光谱后向散射仪设备的文件自行进行校正。

7.1.3 微波遥感的现场测量

多波段（S、C、X、Ku 波段）数字式陆基雷达散射计系统为研究“海洋表面微特性及海洋遥感”机理而研制的一套新型陆基微波遥感器，主要应用目的为海洋遥感数据的测量，同时兼顾陆地测量，其频段覆盖范围大，可满足用户的多方面需求，既可作为单独的陆基探测设备，又可与星载、机载设备配套使用。数字式陆基雷达散射计系统的技术指标如表 7.1.1 所示，系统框图如图 7.1.11 所示。

表 7.1.1 数字式陆基雷达散射计系统的技术指标

参数	技术指标
系统标定精度/dB	±1
天线波束宽度/dB	优于 2.2
发射天线/（°）	24
接收天线/（°）	12
天线平台高度/m	10～30
单组数测量平均时间/s	0.25～3
工作温度范围/℃	−20～+45
主控计算机与天线平台遥控线长度/m	≤30
工作电压与功耗	220 V，80 W

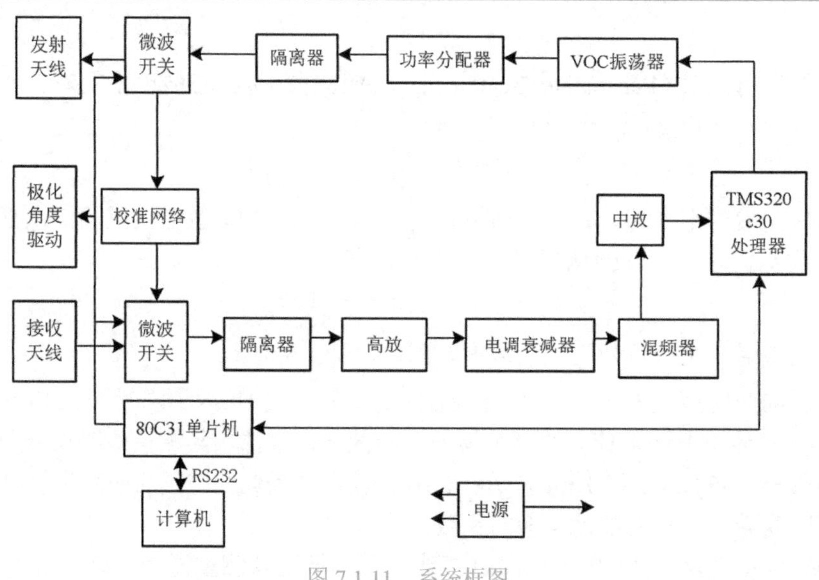

图 7.1.11 系统框图

数字式陆基雷达散射计系统采用了最新的数字信号处理（DSP）技术，可完成中频搜索、频谱估计、自适应数字滤波等一系列较复杂的算法，具有测量精度高、速度快等特点，再加上其较大的频段覆盖范围，是一种可靠、实用、技术先进的地面遥感测量设备。

§7.2 海洋遥感的辐射定标

定量遥感是利用卫星观测数据，借助计算机技术，根据算法模型，定量地解译和提取地物目标的参量和特性的方法与技术。各种卫星平台在获取地物图像的时候，由于大气传输干扰、遥感器光学系统的畸变、遥感器观测角度的不同、仪器系统的老化、地形的影响、太阳天顶角的变化，都会使遥感器收集的能量与地物目标实际发射或者反射的能量之间存在偏差。辐射定标和辐射校正可以减小这种偏差，而偏差减小的程度依赖于辐射定标和辐射校正的精度。因此，辐射定标是遥感信息定量化的基础和前提。

7.2.1 辐射定标的基本概念

在遥感领域，消除图像数据中依附在辐射亮度中的各种失真的过程称为遥感图像的辐射校正（Radiometric Correction）。一般把消除传感器本身影响的辐射校正过程称为辐射定标。辐射定标的目的是确定探测器的响应率。一般首先需要建立一个国际公认的高精度初级辐射定标标准；然后通过设计合适的辐射定标标准传递链路来实现辐射量值的高精度传递，直到最终用于探测器。辐射定标的作用主要体现在以下 3 个方面：①评估遥感数据的精度水平，保证其精度能够满足应用需求；②保证遥感数据能够真实准确地反映被测物理量的真实数值，并且修正遥感器性能在轨衰变对测量结果的影响。③通过统一的辐射定标标准来保证不同遥感器对同一目标的测量结果具有可比较性。

目标反射的太阳辐射经过大气的吸收、散射等作用到达遥感器入瞳处，进入到遥感器口径和视场的辐射要经过光学系统的透射或反射、滤光片的光谱波段选择、成像器件的光/电变换（即信号采集），以及成像处理电路的 A/D 转换等一系列处理过程，最终转化成遥感图像的灰度（DN 值），灰度输出供存储、压缩、传输、处理和回放使用。辐射定标就是从建立遥感器入瞳处的辐亮度或目标反射率等物理量到最终图像灰度输出之间的定量转换关系。一般假设传感器入瞳处的辐射度和传感器输出的亮度值之间存在线性关系：

$$L_i = A_i \mathrm{DN}_i + B_i \tag{7.2.1}$$

式中，L_i 为波段 i 的入瞳辐射能量；DN_i 为传感器第 i 波段输出的亮度值；A_i 为波段 i 的定标增益系数；B_i 为波段 i 的定标偏置量。传感器辐射定标的目的就是首先求解式（7.2.1）中的定标增益系数和定标偏置量，然后用求得的定标增益系数和定标偏置量去标定遥感影像数据。

7.2.2 可见光和红外遥感的辐射定标

按照辐射定标手段的不同，辐射定标可分为 3 类：实验室定标、星上定标和场地定标。卫星遥感器飞行前的实验室定标是遥感器飞行前性能检测的关键，实验室定标得到的是遥感器的原始定标数据，其作为飞行后辐射定标的基础参考数据。卫星在发射过程中，以及在轨运行期间会受到机械振动和环境改变等因素的影响，其光学性能、机械结构和电子学部件都会发生性能改变，导致在实验室中建立的遥感器的定量关系发生改变，因此必须通过星上定标或场地定标的方法对这些变化进行校正。场地定标指的是在遥感器在轨运行的条件下，通过选择大面积均匀稳定的地物场景建立辐射校正场，通过遥感器在卫星过顶时对地物反射率和大气环境参数量进行同步测量，利用遥感方程将卫星图像和实际的地物物理的参数之间建立联系。决定场地定标精度的关键因素为场地的光学、地表、气象条件等。

以上 3 种辐射定标方法相辅相成，贯穿于整个卫星的运行期间。首先在实验室对遥感器进行精确的实验室定标，收集遥感器发射前的辐射定标数据，作为发射后辐射定标的基础；然后使用星上定标设备对其在轨运行情况进行监测，并定期使用地面场地、月亮等稳定辐射目标对遥感器的辐射定标数据进行更精确地修正。实验室定标是星上定标的基础，场地定标是对星上定标的修正和监测。星上定标的发展趋势在一定程度上延续了实验室定标发展的模式，借鉴实验室定标技术可以更好地发展星上定标。

7.2.2.1 实验室定标

卫星在发射前都要经过实验室定标，其定标精度是 3 种定标方法中较高的，可以采用的技术手段也是较多样的。光学遥感器的实验室定标主要利用实验室内标准、均匀的辐射源结合遥感器的光机结构和电子学系统，设计对遥感器的辐射及相关内容进行测试和辐射定标。实验室定标主要包括光谱定标和辐射定标两方面内容。光谱定标主要利用实验室的光谱定标仪器标定得到与遥感器光谱相关的基本特性，主要包括光谱响应函数、工作谱段中心波长、谱段带宽、半峰宽度和带外响应等。辐射定标包括可见、近红外谱段和热红外谱段的辐射定标，可见、近红外谱段的辐射定标主要利用积分球的均匀光源进行辐射定标，热红外谱段的辐射定标主要利用标准黑体辐射源进行辐射定标。实验室定标还会对遥感器的暗信号、线性度和信噪比等进行测量，评价遥感器是否达到了总体研制要求。

对可见、近红外谱段的辐射定标主要是利用积分球的均匀光源垂直遥感器入瞳面，照射遥感器，改变积分球均匀光源的输出辐亮度，测量遥感器的输出亮度值和积分球均匀光源的输出辐亮度，实现对遥感器进行可见、近红外谱段的辐射定标。为了消除环境背景因素对辐射定标的影响，辐射定标需要在暗室、室温和湿度合适且稳定的实验室内进行。假设遥感器入瞳处的辐亮度 L 和遥感器输出的亮度值 DN 呈线性关系，将遥感器对着 n 档已知辐亮度的辐射源进行测量，从而得到 n 个测量方程，用最小二乘法对方程进行求解，得到线性关系的定标增益系数和定标偏置量：

$$
\begin{aligned}
A_i &= \frac{N\sum_{n=1}^{N}\mathrm{DN}_i^n L_i^n - \sum_{n=1}^{N}\mathrm{DN}_i^n \sum_{n=1}^{N} L_i^n}{N\sum_{n=1}^{N}(\mathrm{DN}_i^n)^2 - \left(\sum_{n=1}^{N}\mathrm{DN}_i^n\right)^2} \\
B_i &= \frac{\sum_{n=1}^{N} L_i^n \sum_{n=1}^{N}(\mathrm{DN}_i^n)^2 - \sum_{n=1}^{N}\mathrm{DN}_i^n \sum_{n=1}^{N}\mathrm{DN}_i^n L_i^n}{N\sum_{n=1}^{N}(\mathrm{DN}_i^n)^2 - \left(\sum_{n=1}^{N}\mathrm{DN}_i^n\right)^2}
\end{aligned}
\tag{7.2.2}
$$

式中，L_i 为波段 i 的入瞳辐射能量；DN_i 为波段 i 遥感器输出的亮度值；A_i 为波段 i 的定标增益系数；B_i 为波段 i 的定标偏置量。

如果知道遥感器的输出值及对应光源辐射值的上、下限，可以直接用以下公式得到定标增益系数和定标偏置量：

$$A_i = L_{\max} - L_{\min}\mathrm{DN}_{\max} - \mathrm{DN}_{\min} \tag{7.2.3}$$

$$B_i = L_{\min} \tag{7.2.4}$$

式中，$\mathrm{DN}_{\max}$ 为遥感器能够输出的最大值；$\mathrm{DN}_{\min}$ 为遥感器能够输出的最小值；$L_{\max}$ 为对应 $\mathrm{DN}_{\max}$ 的光源辐射值；$L_{\min}$ 为对应 $\mathrm{DN}_{\min}$ 的光源辐射值。

热红外谱段辐射定标方法是利用标准黑体辐射源垂直照射遥感器的入瞳面，通过改变标准黑体辐射源的温度，测量遥感器的输出数码值，对热红外谱段进行辐射定标。根据普朗克黑体辐射定律，首先由温度计算出对应的出射辐亮度，然后通过与可见、近红外谱段辐射定标类似的方法可以获得遥感器的输出亮度值与入射辐亮度值之间的关系。

7.2.2.2　场地定标

虽然遥感器在发射前将定标的标准辐射源作为星上定标的一级标准，但是遥感器在发射过程中和在轨运行期间会受到各种因素的影响，因此定标的标准辐射源会出现不可预期的改变，不同遥感器的测量数据无法溯源到统一的标准，导致测量数据的应用价值降低。因此，对遥感器进行场地定标，是保证空间测量数据应用价值的有效手段。

基于地面辐射校正场的场地定标，特指在遥感辐射定标场地选择的基础上，在遥感器处在正常运行和外界环境条件下，通过同步测量对遥感器定标的一种方法。即在遥感器飞越辐射定标场地上空时，首先在辐射定标场地选择若干像元区，测量遥感器对应的各波段地物的光谱反射率和大气光谱参数量；其次利用大气辐射传输模型算出遥感器入瞳处各光谱段的辐射亮度；最后确定它与遥感器对应输出的数字量化的数量关系，求解定标系数，并进行误差分析。

场地定标方法将地面大面积地表的均匀地物作为定标源，不仅可以实现全孔径、全视场、全动态范围的定标，而且还考虑了大气传输和环境的影响。场地定标方法实现了对遥感器运行状态下与获取地面图像完全相同条件下的绝对校正，可以对从卫星发射到遥感器失效的整个过程提供校正，可以对遥感器进行真实性检验和对一些模型的正确性进行检验。

场地定标方法包括反射基法、改进的反射基法（又称辐照度基法）和辐亮度基法，其中反射基法和辐照度基法因其比较易于实现而常被人们作为场地定标的首选方法。

1．反射基法

反射基法在卫星过顶时，首先通过同步测量获取地表反射比、大气总光学厚度、气溶胶光学厚度等参数量；然后利用大气辐射传输模型计算遥感器入瞳处的辐射度，再与卫星遥感图像上对应区域像元的灰度值相比；最后得到遥感器的绝对辐射标定系数。

空间运行的遥感器所接收的光谱辐射是太阳光谱辐射、大气及地面三者相互作用的总贡献。对于具有足够大面积且表面均匀、反射比为 ρ 的目标（如辐射校正场），在遥感器入瞳处的表观反射率 $\rho^*(\theta_{\mathrm{v}},\theta_{\mathrm{s}},\varphi_{\mathrm{v}},\varphi_{\mathrm{s}})$ 可表示为

$$\rho^*(\theta_{\mathrm{v}},\theta_{\mathrm{s}},\varphi_{\mathrm{v}},\varphi_{\mathrm{s}}) = \rho_{\mathrm{a}}(\theta_{\mathrm{v}},\theta_{\mathrm{s}},\varphi_{\mathrm{v}},\varphi_{\mathrm{s}}) + \frac{\rho}{1-\rho S}T(\theta_{\mathrm{s}})T(\theta_{\mathrm{v}}) \tag{7.2.5}$$

式中，θ_v、θ_s分别代表观测的入射角和太阳的方位角；ρ 为目标反射率；ρ_a为瑞利散射和气溶胶散射引起的大气固有反射率；S 为大气球面反照率；$T(\theta_s)$、$T(\theta_v)$分别为入射方向和观测方向的大气总透过率。

得到遥感器入瞳处的表观反射率之后，利用式（7.2.6）计算遥感器入瞳处的辐射度，再配合遥感器获得的数字图像上相应区域的灰度值，便可以计算出遥感器的绝对辐射定标系数。

$$L = \frac{E_s \cos\theta_s \rho^*}{\pi d^2} \tag{7.2.6}$$

式中，E_s为大气顶层的太阳辐照度；d 为日地距离订正因子。

反射基法的优点是投入的测试设备和获取的测量数据相对较少，不仅省工、省物，而且满足精度要求。缺点是需要对大气气溶胶的一些光学特性参数量做假设（如气溶胶复折指数、气溶胶粒子谱分布和尺度分布范围等）。

2. 辐照度基法

辐照度基法主要是在同步观测中增加了漫射辐照度与总辐照度的测量，从而了解大气辐射传输方程中对大气气溶胶模型的依赖性，辐照度基法使用解析近似方法来计算反射率，可以大大缩减计算时间和计算复杂性。其计算模型根据式（7.2.6）设计，大气总透过率可表示为

$$T(\theta_s) = e^{-\tau/\mu_s} + t_d(\theta_s) \tag{7.2.7}$$

式中，τ 为大气光学厚度；$e^{-\tau/\mu_s}$ 为太阳到地面的直接大气透过率；$t_d(\theta_s)$为大气漫射透过率。用 $E_{sol}^{diff}(\theta)$ 表示大气固有散射辐射，则

$$t_d(\theta_s) = \frac{E_{sol}^{diff}(\theta_s)}{\mu_s E_s} \tag{7.2.8}$$

定义入射方向的漫射-总辐射比为

$$\alpha_s = \frac{E_d(\theta_s)}{\mu_s E_s e^{-\tau/\mu_s} + E_d(\theta_s)} \tag{7.2.9}$$

式中，$E_d(\theta_s)$为漫射辐照度，包含大气固有散射，以及直射与散射在地面-大气之间的多次耦合。可表示为

$$E_d(\theta_s) = \frac{1}{1-\rho S}[E_{sol}^{diff}(\theta_s) + \mu_s E_s e^{-\tau/\mu_s} \rho S] \tag{7.2.10}$$

由式（7.2.10）得

$$E_{sol}^{diff}(\theta_s) = (1-\rho S)E_d(\theta_s) - \mu_s E_s e^{-\tau/\mu_s} \rho S \tag{7.2.11}$$

由式（7.2.9）得

$$E_d(\theta_s) = \frac{\alpha_s}{1-\alpha_s}(\mu_s E_s e^{-\tau/\mu_s}) \tag{7.2.12}$$

将式（7.2.11）、式（7.2.12）代入式（7.2.8）得

$$t_d(\theta_s) = \frac{1-\rho S}{1-\alpha_s} e^{-\tau/\mu_s} \tag{7.2.13}$$

同理可得

$$t_{\rm d}(\theta_{\rm v})=\frac{1-\rho S}{1-\alpha_{\rm v}}{\rm e}^{-\tau/\mu_{\rm v}} \tag{7.2.14}$$

式中，$\alpha_{\rm v}$ 为观测方向的漫射–总辐射比。

将式（7.2.13）、式（7.2.14）代入式（7.2.5）得

$$\rho^*(\theta_{\rm v},\theta_{\rm s},\varphi_{\rm v},\varphi_{\rm s})=\rho_{\rm a}(\theta_{\rm v},\theta_{\rm s},\varphi_{\rm v},\varphi_{\rm s})+\frac{{\rm e}^{-\tau/\mu_{\rm s}}}{1-\alpha_{\rm s}}\rho(1-\rho)\frac{{\rm e}^{-\tau/\mu_{\rm v}}}{1-\alpha_{\rm v}} \tag{7.2.15}$$

式（7.2.15）即为改进的反射基模型。辐照度基法的优点是利用地面测量的漫射辐照度与总辐照度比来描述大气气溶胶的散射特性，因此减少了反射基法中由于气溶胶光学特性参数量的假设而带来的误差；其缺点是测量数据相对较多，漫射辐照度与总辐照度比的测量在高纬度地区会产生较大的影响。

3. 辐亮度基法

辐亮度基法主要采用经过严格光谱与辐射度标定的辐射计，通过航空平台实现与遥感器测量几何相似的同步测量，把机载辐射计测量的辐射度作为已知量，去标定飞行中遥感器的辐射度，从而实现遥感器的标定。辐亮度基法要求对机载辐射计进行精确标定，星、机、地同步观测，机、地观测几何一致，并且要对飞机与卫星之间路径的大气影响进行订正。上述测量原理决定了辐亮度基法具有以下特点。

（1）测量所采用的机载辐射计必须进行绝对辐射定标，且最终辐射校正系数的误差以机载辐射计的定标误差为主。

（2）仅需要对飞行高度以上的大气进行校正，回避了低层大气的校正误差，有利于提高校正精度。

（3）因为机载辐射计地面视场较大，可在瞬间连续获取大量数据，所以对场地表面均匀性的要求较低。

辐亮度基法的特点是精度高，并且飞机飞得越高，大气校正越简单，校正精度也就越高。但是为了精确进行大气校正，还需要反射基法计算得出的全部数据。因此辐亮度基法投入的设备、资金和人力相对较多。

7.2.2.3　星上定标

当卫星发射入轨后，由于发射的影响和空间工作环境的温度变化，发射前的定标关系可能发生变化，那么就要采用新的定标源，得出新的定标系数，即进行星上定标。星上定标既可以检测卫星的内部变化，又可以提供实时的定标数据。定标系数直接用于将遥感器计数值转换为辐亮度值和等效亮温。根据定标源的不同又分为星上定标灯定标、太阳定标、月亮定标等。

7.2.3　微波遥感的辐射定标

根据微波传感器的不同，本节主要介绍微波辐射计、微波散射计、微波高度计和合成孔径雷达的辐射定标。

7.2.3.1　微波辐射计的辐射定标

微波辐射计的辐射定标目的是建立微波辐射计的天线温度与输出数值之间的精确关系——

定标方程。定标方程直接影响了全极化微波辐射计的测量精度，是微波辐射计系统研制及应用的核心关键技术。微波辐射计的定标方法可分为分步定标法和整体定标法。

分步定标法是一种对微波辐射计接收机及其部组件、天线等分别进行定标的方法，目的是确定待测微波辐射计的部组件对接收信号的输出响应特性，包括对接收机的稳定性、线性度、灵敏度等性能参数进行测试，对微波辐射计天线的方向图进行精确测量等。

整体定标法是一种使微波辐射计接收天线对准辐射亮温已知的定标源，对整个微波辐射计系统进行端对端定标的方法。在相关条件允许的情况下，整体定标法是一种简单易行并且具有全系统优势的定标方法。整体定标法可以确定包括接收天线在内的整个微波辐射计系统辐射亮温信号的输入与输出响应之间的关系。在具体的实现方式上，整体定标法可以在分步定标法的基础上，将微波辐射计接收天线对准外部定标源，设置适当的定标周期，来确定微波辐射计全系统（接收机+天线）的响应函数。

7.2.3.2 微波散射计的辐射定标

微波散射计可对海洋表面同一面元的多方位进行观测，结合地球物理模式函数，反演海洋表面的风速和风向。一般 0.2 dB 的定标偏差会导致风速的反演偏差大约为 0.25 m/s，而不同天线波束间 0.2 dB 的相对定标偏差则会导致显著的风向反演偏差。为了保证微波散射计测量得到高精度的风矢量产品，必须对其进行在轨辐射定标。

国际上已发射星载微波散射计的在轨定标方法主要有 3 种，分别为有源定标器法、亚马孙热带雨林定标法和海洋目标定标法。海洋目标定标法首先利用海洋表面的风场数据和微波散射计自身的几何观测参数，代入地球物理模式函数，通过正演方式求得与微波散射计测量的后向散射系数相匹配的模拟值；然后将微波散射计测量的后向散射系数与匹配的模拟值进行对比，就可以确定微波散射计的定标系数了。海洋目标定标法已经广泛应用于已发射星载微波散射计的在轨定标，同时也可以用于监测微波散射计的短期测量性能是否存在异常。

7.2.3.3 微波高度计的辐射定标

微波高度计通过对海平面高度、有效波高、后向散射的测量，可同时获取流、浪、潮、海洋表面风速等重要动力参数。微波高度计从提出发展至今已有 50 余年，从传统星下点的剖面测量向宽刈幅干涉测量发展，利用卫星观测二维高分辨率、高精度海洋表面高度正在成为可能，其精度目前已经达到厘米级，能够很好地满足人们对海浪、海流等方面研究的需要。微波高度计作为一个精密的主动式微波雷达，在对海洋表面高度进行观测的过程中会受到诸如仪器误差、轨道误差、大气延迟误差、电离层延迟误差、海况误差，以及外部地球物理误差等方面的影响，不确定性较大，如果没有严格的误差修正项与辐射定标，将会严重影响微波高度计的测高精度。因此，只有修正这些影响因素才能更好地进行微波高度计的辐射定标，获得更准确的辐射定标参数，并通过辐射定标来发现系统中可能存在的误差与模型缺陷，提升数据的产品质量，拓展数据的应用范围。

微波高度计的辐射定标分为绝对定标与相对定标两类，绝对定标是通过对比微波高度计测量的 SSH_{alt} 与现场测量的对比点 $SSH_{ComparisonPoint}$ 获得真实校正值的方法，相对定标是通过微波高度计之间的交叉或自交叉对比进行校正的方法。微波高度计的绝对定标根据现场定标观测高度获取方式的不同可分为直接绝对定标与间接绝对定标。目前通用现场定标的基本方法大致有以下 4 种：①通过在星下点布放的 GPS 浮标与微波高度计进行同步观测并进行对比与统计；②通过星下点离岸锚系压力验潮仪进行同步观测；③利用沿岸的验潮仪观测数据，通过大地水准面与潮汐模型将沿岸观测数据外推到星下点；④通过陆上布放的有源定标器进行定标。其中，依据 GPS 浮标与微波高度计进行同步观测与有源定标器进行定标为典型的直接绝对定标，而典型的间接绝对定标为利用沿岸验潮仪进行观测的定标。使用有源定标器进行定标可解释为微波高度计发射的微波信号通过有源定标器被反射或转发，微波高度计在接收回声信号后，即可得到微波高度计的测量距离。通过微波高度计精密定轨与地面定位设备，即可得到微波高度计与有源定标器的实际距离。将测量距离与实际距离进行对比，即可得到微波高度计的测距误差。使用有源定标器进行定标相比使用海洋表面定标应用较晚，有源定标器定标基于陆地而不依赖海洋表面观测。

万山雷达高度计海上定标场作为“十二五”海洋观测卫星地面系统中的重要组成部分，是继美国哈维斯特石油平台定标场、法国科西嘉岛定标场、希腊加夫多斯岛定标场和澳大利亚巴士海峡定标场之后，全球第五个、我国首个业务化运行的卫星雷达高度计定标场。通过观测，卫星地面系统可获取定标场区瞬时水位及微波信号大气路径延迟等信息。结合定标场区的精确潮汐模型和大地水准面，业务人员就能测算出定标场区同步观测的绝对海洋表面高度，再与卫星雷达高度计的观测结果比较，从而得到卫星观测海洋表面高度的在轨绝对定标。该观测系统的业务化运行，将大力推动海洋表面高度数据的定量化应用。

7.2.3.4　合成孔径雷达的辐射定标

合成孔径雷达的辐射定标对于理解合成孔径雷达系统性能，描述合成孔径雷达系统的局限性，以及改进合成孔径雷达系统的性能都有重要意义。合成孔径雷达的辐射定标要求能从所收集的数据中获得整个系统参数准确定量的描述。合成孔径雷达收集的数据的有用性直接与合成孔径雷达系统的辐射定标好坏有关。合成孔径雷达辐射定标的目的是在合成孔径雷达系统获取的地表随机场景的平均输出信号与该场景的平均散射系数之间建立一一对应关系。从辐射定标的技术角度来分，合成孔径雷达的辐射定标分为内定标和外定标。

内定标首先利用合成孔径雷达系统内置的传感器或定标回路来测量系统各部分参数在飞行中的起伏，然后在成像过程中进行补偿，从而确定被测地物的相对散射系数，其精度取决于采用的内定标技术和平均独立样本数，也取决于天线增益方向图和其他系统参数所能达到的精度。内定标技术主要测量 3 个部分的参数：①几何参数，包括测量飞行高度、飞行速度、俯仰角、横滚角等，用以计算斜距和入射角；②发射脉冲性能参数，包括监测、记录发射脉冲的功率、重复频率和脉冲宽度；③接收机的性能参数，包括监测、记录接收机的增益变化，噪声电平和动态范围。内定标主要有两种方法：系统各部分独立定标法和比率定标法。其中比率定标法较好，比率定标法产生误差的机会少，容许在频繁的变动间隔内进行处理；系统各部分独立定标法则要求经常中断测量序列，而且系统各部分独立定标将会导致测量误差项的增加，这些误差相互叠加，会降低总定标精度。

外定标是使用地面有源目标本身产生的，或无源目标反射产生的定标信号来描述合成孔径雷达系统性能的过程。地面有源目标可以是已知的人造点目标，也可以是散射特性已知的分布目标。外定标用来确定被测地物目标的绝对散射系数，通过对雷达散射截面积（或散射系数）已知目标的测量，建立合成孔径雷达图像中像素的灰度值与绝对的雷达散射截面积（或散射系数）之间的一一对应关系。此外，还要完成天线方向图和系统线性动态范围的测量。外定标中采用的定标目标分为点目标和分布目标两类。相对于摆放背景区域，点目标要求具有相当大的并且事先知道的雷达散射截面，常见的有角反射器、雷达收发机等；分布目标一般应具有后向散射系数稳定、时不变、各向同性的性质，如热带雨林、大片的均匀草地等。使用点目标的外定标基数，对系统线性输入动态范围内的雷达散射截面积已知的点目标成像并建立定标关系式，要求地面点目标反射器的种类至少为 3 种，分布在整个系统线性动态范围内，并且每种目标反射器至少有 3 个，分布在整个测绘带内，这样才能保证定标精度。外定标技术对雷达设备的要求简单，但受到定标场的限制，只能根据雷达获取的定标场数据进行系统的辐射校正；内定标技术虽然可以随时对系统进行定标处理，但是只能进行相对定标。因此，应该将两种技术结合起来使用，每经过一段时间对系统进行一次外定标，其他时间采用内定标技术进行辐射校正。

§7.3 海洋遥感产品的真实性检验

海洋遥感的最终目的是利用获取的信息，在确定遥感器获得的数据的可靠性及精确度之后，还必须从遥感信息中提取所需要的物理参数，并评价这些物理参数的精确度和有效性，即对海洋遥感数据产品进行真实性检验。真实性检验是用独立的方法评价由系统输出导出的数据产品的质量的过程。在系统导出数据产品的早期研究中曾经使用“地面真值”（Ground Truth）或“表面真值”（Surface Truth）的概念，这项先驱工作不但提出了系统导出数据产品的重要性，而且强调了对给定的地球物理参数如何定义地面真值或表面真值。

只有经过定标和真实性检验，才可以确定产品的变化是由于仪器本身变化还是由于环境变化所导致的。使用两个遥感器测量同一个地球物理参数，在理想的情况下它们应得出相同的结果。如果这两个遥感器测量的地球物理参数是一样的，理所当然可以应用相同的地球物理参数算法，在得出的地球物理参数结果中的任何差异都是由定标造成的。当出现这种情况时，对每个遥感器必须在发射前定标的基础上产生出一组订正系数。如果遥感器有星上定标，那么可以在整个任务期间进行定标；如果遥感器没有星上定标，那么遥感器的短期和长期稳定性就成问题，而这只能通过严格的真实性检验来辨别是由于仪器本身还是由于环境变化产生的差异。

海洋遥感应用对定标准确度有严格的要求，决定了海洋遥感辐射定标及真实性检验的重要性，而海洋本身的特点（动态、信息易变等）又决定了开展此项工作的难度，无论在理论方面还是在实践方面，都有很多问题需要解决。

7.3.1 遥感产品的真实性检验

真实性检验是指通过将遥感产品与能够代表实地目标相对真值的参考数据，如实测数据、机载数据、高分辨率遥感数据等进行对比分析，从而评估遥感产品的精度和准确性。不同于简单的比较，真实性检验涉及像元尺度真值的概念，而往往绝对真值是获取不到的，需要利用相对真值来代替绝对真值作为参考数据进行检验。像元尺度相对真值的获取与下垫面的空间异质性密切相关，下垫面的空间异质性会使像元尺度相对真值受尺度的影响。因此真实性检验必须涉及空间异质性的评价和尺度上推。同时，真实性检验中也存在不确定性问题。下面分别对上述概念进行描述。

（1）像元尺度真值：定量遥感参数在像元尺度上的真实内涵和面貌，它是客观存在的，不依赖于待检验产品的数据、算法。

（2）像元尺度相对真值：像元尺度真值的最佳逼近值。

（3）空间异质性：系统或者系统属性在空间上的复杂性和变异性。下垫面泛指地球表面特征，像元所对应的下垫面空间异质性很小时，我们认为该下垫面是均质的。

（4）尺度上推：通过一定手段将实地观测尺度升至待检验产品的像元尺度。

（5）真实性检验中的不确定性：像元尺度相对真值获取过程中的不确定性。这个不确定性结果往往会直接影响最终真实性检验的结果，因此需要在真实性检验工作开始之前确定。

根据下垫面情况和待验证数据的特征，真实性检验方法可归纳为如下五大类。表 7.3.1 所示为真实性检验方法的分类。

表 7.3.1　真实性检验方法的分类

<table>
<tr><th>检验方法</th><th colspan="2">适用条件</th><th>优点</th><th>缺点</th></tr>
<tr><td rowspan="3">单点检验</td><td colspan="2">弱尺度效应</td><td rowspan="3">稳定性和时间连续性；
便于进行时间序列分析；
能反映年际变化</td><td rowspan="3">像元尺度范围内只包含 1 个观测站点；
观测位置固定，不够灵活</td></tr>
<tr><td rowspan="2">强尺度效应</td><td>下垫面均一</td></tr>
<tr><td>下垫面不均一，但现场观测尺度和待检验产品尺度相当</td></tr>
<tr><td rowspan="2">多点检验</td><td colspan="2">均质下垫面</td><td rowspan="2">可靠性和灵活性</td><td rowspan="2">需要大量人力；
实地多点升尺度是难点；
实地样点的空间异质性</td></tr>
<tr><td colspan="2">非均质下垫面的不规则采样</td></tr>
<tr><td rowspan="2">引入高分辨率数据的检验</td><td colspan="2">异质性下垫面</td><td rowspan="2">解决了尺度差异过大的不匹配问题；
面-面升尺度</td><td rowspan="2">传感器不一致等因素带来了不确定性；
转换函数存在很大不确定性；
升尺度是难点</td></tr>
<tr><td colspan="2">像元尺度大并且多点采样困难</td></tr>
<tr><td rowspan="2">交叉检验</td><td colspan="2">没有实地测量数据</td><td rowspan="2">参数适用性广；
成本低</td><td rowspan="2">只能得到相对精度；
结果依赖参照产品的质量</td></tr>
<tr><td colspan="2">具有相同类别且精度已得到检验的遥感产品</td></tr>
<tr><td rowspan="2">间接检验</td><td colspan="2">没有实地测量数据的支持</td><td rowspan="2">真实性检验成本很低</td><td rowspan="2">只能得到相对精度；
结果依赖模型的质量；
检验过程比较复杂</td></tr>
<tr><td colspan="2">具有验证过的过程模型</td></tr>
</table>

① 单点检验。该检验方法一般适用于尺度效应较弱的定量遥感产品，观测点数据在这种情况下可以代表其空间区域，这时可以直接使用单点观测数据对中低分辨率的遥感产品进行检验。适用于基于单点检验的参数，一般具备以下两个条件之一：a 属于弱尺度效应的参数；b 虽然存在强尺度效应参数，但是下垫面是均质的，或者待检验产品与实地观测尺度不存在尺度差异。

② 多点检验。该检验方法适用于待检验的遥感产品与实测数据的像元尺度之间存在像元尺度差异时，通过数学方法进行实测数据整合从而实现空间上的升尺度，并认为升尺度后的值为相对真值。但是多点检验方法有其明显的缺陷，需要大量的实地采样点。同时，如何在样本区域中布点，以及将采样点观测的数据聚合到像元尺度都是目前需要解决的难点。

③ 引入高分辨率数据的检验。该检验方法适用于待检验产品的尺度与地面测量数据差异

比较大的情况，此时多点采样也无法实现像元尺度匹配，通过引入高分辨率数据，从而对定量遥感产品进行多尺度逐级检验，能够一定程度上减小像元尺度效应的影响。这种引入高分辨率数据验证的真实性检验可以总结为以下两类：a 将高分辨率数据作为像元尺度的转换桥梁，利用实测数据和高分辨率数据对待检验像元进行多尺度逐级验证——传统的多尺度检验；b 利用高分辨率数据的分类结果，通过空间聚合直接获得目标像元尺度的相对真值，从而验证待检验产品——基于趋势面的尺度转换检验。

④ 交叉检验。该检验方法适用于在没有实际测量数据支持的情况下评估待检验遥感产品对于参考遥感产品的相对精度。因为交叉检验的验证数据要求比较严格，需要来源于同类并且已有检验精度的其他遥感产品，所以交叉检验的真实性检验结果取决于参考遥感产品的准确性，并且只能得到相对精度。

⑤ 间接检验。该检验方法也适用于没有实际测量数据的情形下，评估待检验遥感产品对于参考遥感产品的相对精度。间接检验是在交叉检验和其他检验都不能进行的情况下使用的一种检验方法。它使用现有模型作为检验过程的中间桥梁，模型的准确性和稳定性直接决定了遥感产品的检验精度。检验过程相对复杂，因此很少用于实际的真实性检验工作。

7.3.2 海洋可见光和红外遥感产品的真实性检验

对于海洋光学遥感的可见光——近红外波段，海洋遥感的目标——水体反射率大约是陆地反射率的 10%，卫星遥感器所接收的水体辐射能量甚微，大部分辐射能量来自大气散射。影响海洋水色的主要物质（叶绿素、悬浮泥沙、黄色物质）含量的变化叠加在水体本身的辐射及大气层辐射上，每一像元的辐射都是这些物质含量共同作用的结果。对于热红外波段，主要是探测海洋表面温度，它受到大气衰减和海洋表面非黑体效应的影响。

海洋可见光和红外遥感产品真实性检验的研究内容主要集中在水色遥感产品和海洋表面温度遥感产品的检验，包括对检验数据和待检验产品的匹配方法和步骤，以及通过计算获得的一个或多个统计量数值大小来评价水色遥感产品和海洋表面温度遥感产品反演算法的精度。水色遥感产品（叶绿素浓度、悬浮物浓度等）和海洋表面温度遥感产品适用于相同的真实性检验流程和方法。一方面，在进行水色遥感产品和海洋表面温度遥感产品真实性检验前，均需对遥感要素的均值及其标准偏差等分布规律进行分析，以确定是否采用平均相对误差作为真实性检验的统计量。利用实测检验数据或者高质量的遥感产品根据不同算法得到的遥感产品进行真实性检验时，也需要对遥感要素的均值和标准偏差等进行分析，以确定检验统计量作为评估不同算法的适用性与综合评估检验结果的可靠性。另一方面，水色要素和海洋表面温度在不同海域和不同时间，可能具有不同的时空分布规律，因此时空匹配过程中的时空匹配窗口的大小需根据遥感产品的时空分布特点确定。本节内容从真实性检验的误差评价指标、遥感产品的真实性检验流程、卫星-实测数据匹配方法 3 个方面进行介绍，目的是让大家了解开展上述工作所需的理论知识和实践方法。

7.3.2.1 真实性检验的误差评价指标

对反演得到的遥感产品进行真实性检验，需要使用独立的现场实测值或者高质量的遥感产品作为真值，经过一定的时空匹配策略，进行误差统计分析。遥感产品的精度评价指标包括均方根误差、平均绝对误差和平均相对误差在内的多种统计量。对于相同的水体环境，采用的精度评价指标不相同，对比数据采集方法不一致等原因，可能导致反演精度评价结果有所差异。一般情况下，真实性检验的误差统计分析量包括平均绝对误差 MD、平均相对误差 RMD 和均方根误差 RMSE。采用不同的误差统计分析量可以全面评估反演的准确度和精度。表达式如下：

$$\mathrm{MD}=\frac{1}{n}\sum_{i=1}^{n}\left|X_i-Y_i\right| \tag{7.3.1}$$

$$\mathrm{RMD}=\frac{1}{n}\sum_{i=1}^{n}\frac{\left|X_i-Y_i\right|}{Y_i}\times 100\% \tag{7.3.2}$$

$$\mathrm{RMSE}=\sqrt{\frac{1}{n}\sum_{i=1}^{n}(X_i-Y_i)^2} \tag{7.3.3}$$

式中，X 为遥感产品的值；Y 为现场实测或高质量遥感产品的值；n 为数据样本的大小。

绝对误差可以直接量度反演结果和作为真值的检验数据之间的差异，量纲与数据相同，绝对误差不能完全说明反演结果的准确度。

平均相对误差反映了反演误差作为真值的检验数据值所占的比例，用于比较反演结果在各种检验数据情况下的准确度。利用平均相对误差进行误差统计分析时，如果真值较小，相应的平均相对误差可能较大，平均绝对误差可能较小。平均绝对误差是对整个数据集的反演结果与实测数据的差异进行算术平均的，平均相对误差是对整个数据集中每组数据反演结果的相对误差进行算术平均的。一般情况下，采用平均相对误差比平均绝对误差更能全面地反映反演结果的准确度，因为它与实测数据的量值联系在一起。但是，如果实测数据的量值本身比较小，就会出现整个数据集平均相对误差“虚高”的情况，不能真实地评价反演结果的误差水平。

均方根误差反映了反演结果偏离测量数据的程度。在误差分析中，绝对误差、相对误差常用于表示准确度，而均方根误差用于表示精度，也即离散程度。精度高，准确度不一定高，但准确度高，精度一定高。精度是保证准确度的先决条件，精度高，分析结果才有可能获得高准确度，准确度是反映系统误差和随机误差两者的综合指标。因此在误差评价时，采用多种误差统计分析方法才能够较全面地评价误差水平。

7.3.2.2　遥感产品的真实性检验流程

为了避免在检验数据值比较小的情况下，平均相对误差虚高影响真实性检验结果的评价，在计算真实性检验统计量之前，应该确定作为真值的检验数据和待检验的遥感产品样本的数值大小及其分布情况。同时，在检验样本量较小的情况下，样本数量的大小也有可能影响平均相对误差的大小，因此，对真实性检验误差的分析还需考虑检验数据量的大小对误差统计分析量大小的影响。

根据上述分析，遥感产品的真实性检验误差分析流程图如图 7.3.1 所示。

（1）利用遥感产品真实性检验数据的星-地匹配策略对遥感产品和现场实测数据进行时空匹配，或者利用星-星匹配策略对遥感产品和高质量遥感产品进行时空匹配。

（2）对作为真值的检验数据和待检验的遥感产品数据进行分析。计算其均值大小、标准偏差等分布规律的统计量。

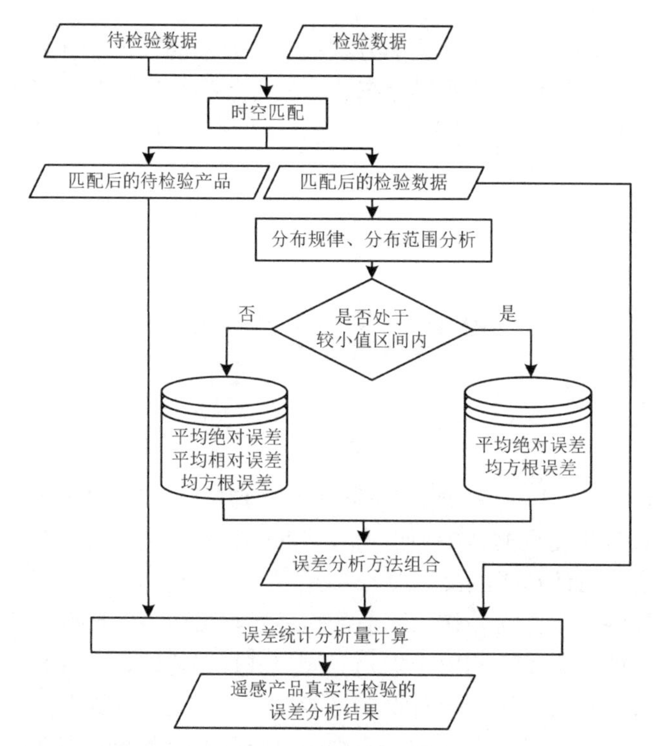

图 7.3.1　水色遥感产品的真实性检验误差分析流程图

（3）根据待检验产品要素的合理分布范围，检查、检验产品数据样本是否处于该范围的较小范围内，以此检查结果确定真实性检验的统计量组合。如果待检验产品的数据样本处于合理分布范围的较小范围，应以平均绝对误差和均方根误差组合综合评价待检验产品的检验精度，否则还应增加平均相对误差作为检验结果的误差统计分析量。

（4）计算误差统计分析量，综合评价遥感产品的真实性检验结果。

7.3.2.3　卫星-实测数据匹配方法

遥感产品和现场实测数据具有不同的时空采样特性，需要根据遥感产品的空间分辨率，以及水体的时空变化与均匀性来确定合理的时空窗口，并将时空窗口内有效水色像元的均值和时间窗口内有效现场实测数据的均值作为一个匹配数据对，纳入验证数据集。卫星-现场观测数据的匹配包括时空匹配窗口的确定、卫星数据的质量控制和空间均质性判识。

1. 时空匹配窗口的确定

由于遥感产品与实测数据的时空采样特性不同，现场数据与遥感产品之间不可避免地存在时空尺度差异，在检验时既要考虑时空尺度效应的影响，又要考虑检验时空窗口内水体要素信息的变异。参考 Bailey 等的研究结果，即美国国家航空航天局海洋生物处理小组（OBPG）利用现场实测数据作为地面真值对遥感产品进行星地绝对验证的方法，可选择以卫星过境时间为中心的±3 h 为时间窗口，以实际观测站位为中心的 3×3 像元窗口为空间窗口进行星地时空匹配。

2. 卫星数据的质量控制

为了便于后期对卫星数据二级产品数据的筛选，卫星数据一级产品数据的每个像元都用

1 个十进制的 Flag 文件来控制数据的质量。将 Flag 数据转为二进制，得到 32 个逻辑数据 0 和 1，不足 32 位的在前面补逻辑数据 0，从后往前的排序为所在标识位。32 个标识位包含对不同数据质量的控制，如对于 MODIS 的 32 个标识位，每个标识位分别代表对 1 种数据质量的控制；对于 GOCI 的 32 个标识位，前 28 个标识位存储控制数据质量的标识信息，后 4 个标识位存储该像元所在的扫描块信息。根据标识位逻辑值为 1 所代表的含义，可去除无效像元，包括陆地、云、云阴影、散光、耀斑、高大气顶层辐射、大气校正失败、任一波段遥感反射率值为负、叶绿素浓度超出阈值、555 nm 波段的低离水辐射、传感器观测视角>55°、太阳高度角>70°的像元。

3. 空间均质性判识

卫星数据的空间均质性判识是时空匹配中的重要一步。卫星数据的空间均质性判识准则为①统计空间窗口内（3×3 像元窗口）的有效像元个数（Number of Valid Pixed，NVP）和非陆地像元总数（Number of Total Pixels，NTP），要求 NVP>NTP/2+1 且 NVP⩾2，以保证空间均值的代表性；②计算有效像元的均值 X 和标准差 σ，剔除 $X\pm$（1.5σ）之外的像元，以减少较异常数据对均值计算的影响；③重新计算均值和标准差，并计算空间变异系数（CV），即标准差/均值，若满足 CV⩽0.15，则通过空间均质性判识。

最后取空间窗口内剩余有效像元的均值作为卫星数据与实测数据形成的匹配数据对，用于真实性检验。由于实测数据有限，且卫星的数据匹配准则较为严格，为了获取更多的匹配数据对，如果实测数据与多个时间点的产品数据相匹配，则均可采用。

7.3.3　海洋微波遥感产品的真实性检验

海洋表面风场信息对于海洋动力学和海气相互作用的研究是非常重要的，实时测量的海洋表面风场信息同样可以同化到数值天气预报模式中，以提高预测未来天气的能力。常规海洋表面风场的测量方式往往在空间上都是零星分布的，且分布点非常少。卫星遥感观测作为目前获取大量海洋表面风场信息的主要手段，对海洋表面风场的定量遥感产品进行真实性检验就显得尤为重要。本节内容以星载微波散射计反演风矢量产品为例介绍海洋微波遥感产品真实性检验的内容及数据处理流程。

7.3.3.1　检验内容

对于星载微波散射计反演风矢量产品的真实性检验，除需要评估风速、风向产品的整体精度外，还需要结合星载微波散射计采用的波束体制特点，获得与波束体制及测量机理相关的测量精度特性。针对星载微波散射计，风矢量产品真实性检验的内容包括不同交轨方向刈幅位置反演风矢量的精度评价、不同风速条件下反演风矢量的精度评价、模糊解去除能力的精度评价及整体风速范围的精度评价，详细描述如下。

1. 不同交轨方向刈幅位置反演风矢量的精度评价

在星载微波散射计波束刈幅范围内，同一观测单元可以获得内外波束前视和后视的观测各一次，共得到四次不同方位向的观测。在内波束边缘到外波束边缘之间的区域，同一分辨单元只能获得外波束的前视和后视观测各一次，所以只能得到两次不同方位向的观测。在交轨方向，不同刈幅位置之间多次方位向观测的差异度也不一样，这种差异度也造成了笔形波束圆锥扫描体制微波散射计在不同交轨方向刈幅位置反演风矢量精度的差异。一般来说，在星下点和刈幅边缘位置反演风矢量的精度较差，而在刈幅中间位置反演风矢量的精度较高。如果测量精度不符合这一特性，则说明笔形波束圆锥扫描体制微波散射计反演风矢量的精度存在异常，而该异常很可能由笔形波束天线扫描关节造成不同方位向的测量精度存在差异引起。

2. 不同风速条件下反演风矢量的精度评价

星载微波散射计直接测量的是海洋表面的后向散射系数，且海洋表面的后向散射系数是随着风速的增大而增大的。在低风速条件下，由于海洋表面近似呈镜面状态，其后向散射的能量非常小，造成星载微波散射计的测量信噪比很低，测量精度显著下降，进而造成星载微波散射计在低风速条件下反演风矢量的精度降低。目前，国内外星载微波散射计反演风速范围的研制指标要求都大于 2 m/s。随着风速的增大，海洋表面的后向散射系数的变化率越来越小，并逐渐趋于饱和，这也正是目前国内外星载微波散射计只能有效反演小于 30 m/s 风速的原因。因此，需要结合星载微波散射计的测量机理，实现星载微波散射计在不同风速条件下反演风矢量的精度特性评价。

3. 模糊解去除能力的精度评价

在星载微波散射计反演风矢量过程中，由于测量数据的噪声污染、模式函数的误差等因素，往往存在多个风速、风向组合，使反演目标函数取得最优值，这些可能的风速、风向组合统称为风矢量模糊解，从多个风矢量模糊解中寻找最优解的过程称为模糊解去除。目前，星载微波散射计反演风矢量中使用比较多的模糊解去除算法有 SeaWinds 散射计风场反演用到的中值滤波方法，以及圆中数滤波算法。模糊解去除精度对星载微波散射计最终反演的风矢量产品精度至关重要，因此，需要评价星载微波散射计反演风矢量的模糊解去除精度。

4. 整体风速范围的精度评价

目前，星载微波散射计无法实现海洋表面全风速范围的有效风矢量测量。因此，只能针对星载微波散射计的有效测量范围，对其有效反演风矢量进行整体精度检验，得出星载微波散射计反演风矢量的精度。

遥感产品和现场实测数据具有不同的时空采样特性，因此，卫星资料与浮标数据的对比分析通常是基于一定的时间窗口和空间窗口开展的。根据遥感产品的空间分辨率和海洋表面风场的时空变化规律，通常采用的空间匹配窗口为 25 km，当星载微波散射计经过观测站附近时，与观测站记录的时间前后相差 15 min 之内可进行时空匹配。

7.3.3.2 数据处理流程

在星载微波散射计降雨条件观测数据的剔除过程中，依据星载微波散射计的观测时间和地理位置，匹配空间阈值为 50 km 和时间阈值为 30 min 以内的所有扫描微波辐射计，观测云中液态水含量参数的数据，如果存在云中液态水含量参数大于等于 0.1 kg/m^2，即认为星载微波散射计在该面元的观测条件为降雨。

首先，通过空间和时间的三维线性插值，将美国国家环境预报中心（National Centers for Environmental Prediction，NCEP）的最终全球分析资料数据线性插值到星载微波散射计测量的时间及其地理位置，实现最终资料数据与星载微波散射计观测数据之间的地理时空匹配，获得星载微波散射计测量位置时刻的海洋表面风矢量和气象辅助数据。其次，采用 Liu 和 Tang 的方法，校正 NCEP 模型风速。最后，统计计算匹配风速、风向数据对的偏差、均方根误差、相关系数等，实现对星载微波散射计在不同交轨方向刈幅位置、不同风速条件、模糊解去除和整体风速范围的精度特性进行分析，完成星载微波散射计反演风矢量的真实性检验。星载微波散射计反演风矢量真实性检验数据的处理流程图如图 7.3.2 所示。

风向的圆周性，即在进行星载微波散射计和 NCEP 测量风向之间的均方根误差、偏差（Deviation Bias）、相关系数（Correlation Cofficient）等统计分析计算时，风向为 0°和 360°之间的断点会引起风向的统计结果偏离实际真实情况。例如，对于风向为 350°和 10°的观测值，直接相减的数值差异为 340°，而实际只相差 20°。因此，在进行风向的统计分析计算时，必须对风向进行转换，转换公式如下：

$$\begin{cases} wd_{NCEP} = wd_{NCEP} - 360^\circ, & wd_{scat} - wd_{NCEP} < -180^\circ \\ wd_{scat} = wd_{scat} - 360^\circ, & wd_{scat} - wd_{NCEP} < -180^\circ \end{cases} \tag{7.3.4}$$

式中， wd_{NCEP} 为 NCEP 分析资料的测量风向； wd_{scat} 为 HY-2 微波散射计的反演风向。

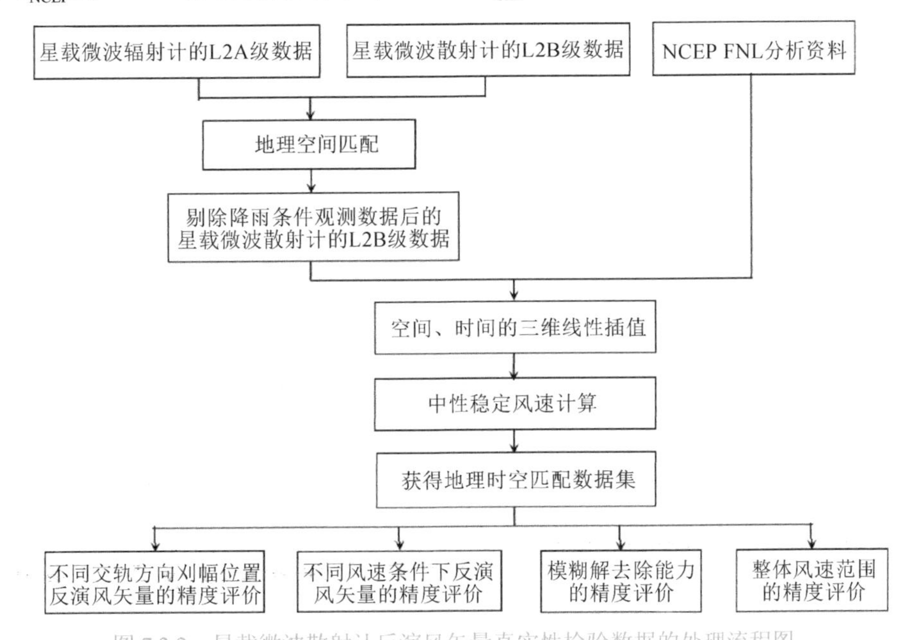

图 7.3.2　星载微波散射计反演风矢量真实性检验数据的处理流程图

但是，在风向散点分布图绘制中，为了显示原始的风向分布特点，并没有对风向进行式（7.3.4）所示的转换。

习题

1. 简述各种现场测量平台的优缺点，哪种平台可以以更高的性价比获得更多的海洋光学卫星同步观测数据？请给出具体理由。

2. 试比较剖面法和水面以上测量法测量遥感反射率参数的优缺点。

3. 简述海洋遥感辐射定标的基本概念。

4．简述海洋可见光遥感的几种定标方式及各自的原理方法。
5．简述微波遥感中各类微波传感器的辐射定标方法。
6．简述海洋遥感产品真实性检验方法的分类，以及各自的适用条件和优缺点。
7．简述海洋可见光遥感产品真实性检验的流程及采用的误差评价指标。
8．在卫星与实测数据进行数据匹配时，怎样判断卫星数据的空间均质性？

参考文献

[1] 陈立贞．海洋光学固有光学参数及其现场测量方法 [J]．科技传播，2013，5（21）：133-134.
[2] 陈清莲，唐军武，王项南．海洋光学遥感器的辐射定标与数据真实性检验综述 [J]．海洋技术，1998，17（3）：15-28.
[3] 黄必桂，唱学静，石新刚．我国海上固定平台水文气象观测网发展现状及存在的问题 [J]．海洋开发与管理，2016，33（5）：104-108.
[4] 姜玲玲，段家辉，王林，等．渤海近岸水体悬浮颗粒物对后向散射特性的影响研究 [J]．光谱学与光谱分析，2021，41（1）：156-163.
[5] 李彬．一种新型全极化微波辐射计定标源研制及定标方法研究 [D]．北京：中国科学院大学（中国科学院国家空间科学中心），2017.
[6] 李铜基，陈清莲．Ⅱ类水体光学特性的剖面测量方法 [J]．海洋技术，2003，（3）：1-5.
[7] 刘曙光，熊学军，张宏伟，等．水下滑翔机内波观测方法 [J]．海洋科学进展，2018，36（2）：171-179.
[8] 穆博，林明森，彭海龙，等．HY-2 卫星微波散射计反演风矢量产品真实性检验方法研究 [J]．中国工程科学，2014，16（6）：39-45.
[9] 穆博，宋清涛．海洋目标的 HY-2A 卫星微波散射计在轨辐射定标研究 [J]．遥感学报，2014，18（5）：1072-1086.
[10] 邱刚刚．卫星辐射校正场自动化观测系统的研制与定标应用 [D]．合肥：中国科学技术大学，2017.
[11] 石亮亮．基于遥感与实测资料的水体固有光学量及 CDOM 反演研究 [D]．杭州：浙江大学，2019.
[12] 孙立微．空间高光谱遥感仪器辐射定标技术研究 [D]．长春：中国科学院大学（中国科学院长春光学精密机械与物理研究所），2018.
[13] 孙凌，王晓梅，郭茂华，等．MODIS 水色产品在黄东海域的真实性检验 [J]．湖泊科学，2009，21（2）：298-306.
[14] 汪小勇，李铜基，唐军武，等．二类水体表观光学特性的测量与分析——水面之上法方法研究 [J]．海洋技术，2004，23（2）：1-6.
[15] 王繁．河口水体悬浮物固有光学性质及浓度遥感反演模式研究 [D]．杭州：浙江大学，2008.
[16] 席育孝．多极化合成孔径雷达定标技术研究 [D]．北京：中国科学院研究生院（电子学研究所），2002.

[17] 邢小罡，邱国强，王海黎．Bio-Argo 浮标观测北大西洋色素与颗粒物的季节分布 [J]．高技术通讯，2014，24（1）：55-64．
[18] 邢小罡，赵冬至，CLAUSTRE H，等．一种新的海洋生物地球化学自主观测平台:Bio-Argo 浮标 [J]．海洋环境科学，2012，31（5）：733-739．
[19] 徐中民．海水近表层弱光辐射的光谱测量研究 [D]．长春：中国科学院研究生院（长春光学精密机械与物理研究所），2005．
[20] 杨安安，李铜基，陈清莲，等．二类水体表观光学特性的测量与分析——剖面法方法研究 [J]．海洋技术，2005，24（3）：111-115．
[21] 杨照金．空间光学仪器及其校准检测技术 第四讲 光学遥感仪器的辐射定标 [J]．应用光学，2009，30（1）：177-180．
[22] 叶小敏，丁静，丘仲锋，等．水色水温遥感产品真实性检验误差分析 [J]．遥感技术与应用，2015，30（4）：719-724．
[23] 张东翔．多源卫星海洋表面风场产品检验及融合研究 [D]．长沙：国防科技大学，2018．
[24] 张洪欣，于灏，马龙，等．海洋调查船业务化运行保障关键技术进展 [J]．海洋技术学报，2015，34（3）：116-121．
[25] 张琳．静止轨道海洋水色卫星遥感产品的真实性检验研究 [D]．杭州：杭州师范大学，2017.
[26] 张淑芝，何辰．海洋光学浮标 [J]．海洋技术，1995，（1）：70-74．
[27] 张维．辐射计定标技术与亮温反演研究 [D]．南京：南京理工大学，2009．
[28] 张勇．遥感传感器热红外数据辐射定标研究 [D]．北京：中国科学院研究生院（遥感应用研究所），2006．
[29] 张宇飞．基于现场观测的 HY-2B 高度计定标方法研究 [D]．北京：国家海洋环境预报中心，2020．
[30] 张钊．大口径、宽视场光学遥感器像元级辐射定标与校正方法研究 [D]．长春：中国科学院长春光学精密机械与物理研究所，2017．
[31] 朱建华，杨安安，高飞，等．基于海上固定平台观测的 MODIS 遥感反射比与气溶胶光学厚度产品检验 [J]．光学学报，2013，（B12）：1-6．
[32] 朱素云，孙波，董晓龙．多波段数字式陆基雷达散射计系统 [J]．遥感技术与应用，2000，（2）：100-103．
[33] Pegau S. Inherent optical properties : Instruments, characterization, field measurements and data analysis protocols [J]. Ocean optics protocols for satellite ocean color sensor validation, 2002, 76.

第 8 章

海洋遥感的应用

§8.1 海洋遥感资料应用技术

海洋遥感资料应用技术包括海洋遥感资料重构、数据融合和数据同化等技术。海洋遥感资料重构是充分考虑海洋物理参数的空间分布特征，使用数据的时间相关或空间相关将空间分布不均匀的资料插值到相应的格点上得到最优估计，解决海洋遥感资料在空间上分布的稀疏性问题。海洋遥感资料数据融合是联合不同卫星遥感数据的算法和工具，以获得更高质量的时空格点化的海洋物理参数；海洋遥感资料数据同化是将观测数据和数值模拟数据通过某种方法有效地结合起来，最后得到更加客观、接近自然的分析结果。

8.1.1 海洋遥感资料重构

海洋水色遥感技术具有独特的优势，能够实现对全球海域生态环境的大规模、动态、连续监测。然而，受海洋复杂的气候状况，以及传感器自身限制，海洋遥感数据在时间与空间维度上均存在大量缺失。大气状况严重影响传感器对电磁辐射的探测。传感器主要接收可见光、红外线与微波波段范围内的电磁辐射。而云、雾霾等的遮盖强烈地削弱了可见光与红外线波段的电磁波强度。传感器自身也可能存在技术参数设置或故障问题，导致数据出现空白。同时，大气层与传感器的影响还可能带来目标信号以外的噪声信息，给有效遥感信息的提取带来困难。这些缺失数据严重降低了遥感数据的时空连续性，降低了遥感数据的可利用效率。且缺失数据中还可能包含研究区的重要信息，利用合理的技术方法对海洋遥感的数据集进行重构，填补缺失信息，获取完整的遥感影像对海洋生态环境监测和研究具有重要意义。

在海洋遥感数据恢复方面，国内外科学家研究与发展了一系列的数据填补方法。传统的海洋遥感数据差值方法主要包括最优插值（Optimum Interpolation，OI）法、地统计学分析（Geostatistical Analysis）法、奇异谱分析（Singular Spectrum Analysis，SSA）法、最大期望算法（Expectation maximization Algorithm）等，这些方法广泛应用于遥感图像处理。近年来，基于数据插值经验正交函数（Data Interpolating Empirical Orthogonal Function）方法发展迅速。经验正交函数（Empirical Orthogonal Function，EOF）算法是分析变量场特征的主要方法，以经验正交函数为特征分析手段能够揭示变量场空间结构和时间的相关特征。把由 M 个空间点通过 N 次观测构成的变量场随时间进行分解，将其分解为相互正交的时间函数与空间函数两部分的乘积之和。这一过程将变量场的主要信息集中至几个典型的特征向量上，即空间特征模态（空间函数矩阵）与时间特征模态（时间系数矩阵）。经验正交函数的数据重构方法以经验正交函数算法为核心，将空间典型场按不同权重进行线性叠加，得到不同的变量场。基本原理如下：

假定 $\boldsymbol{X}$ 为 MN 维的二维数据矩阵，为多幅时间序列数据影像数据（$M>N$），其中 M 为空间像元点数，即研究区的像元总数；N 为时间维数，即时间序列影像的数量。$\boldsymbol{X}$ 中包含无数据的缺测点，如云覆盖区、数据不可靠点等，使用 NaN 表示。

（1）将原矩阵 $\boldsymbol{X}$ 进行距平处理，即求解 $\boldsymbol{X}$ 中有效数据点（非缺失）的时空均值，获得均值矩阵 $\boldsymbol{X}_{\text{mean}}$，再在原矩阵 $\boldsymbol{X}$ 上减去该均值矩阵，获得距平矩阵 $\boldsymbol{X}^0$。随机挑选部分有效数据点集作为判断最佳重构模态数的交叉校正集，对处于交叉校正集的位置同样赋值为 NaN。

（2）对距平矩阵 $\boldsymbol{X}^0$ 赋值为 NaN 的点用 0 替换，使缺失点的初始值为数据集的无偏估计值，令经验正交函数模态保留数 P=1，重构迭代次数 k=1。

（3）对距平矩阵 $\boldsymbol{X}^0$ 进行经验正交函数分解，此时选用奇异值分解（Singular Value Decomposition，SVD）方法，得到最主要的 P 个经验正交函数特征模态，

$$\boldsymbol{X}=\boldsymbol{USV}^{\text{T}} \tag{8.1.1}$$

式中，$\boldsymbol{U}$ 为 SVD 后的空间特征模态，维度为 Mr；$\boldsymbol{V}$ 为时间特征模态，维度为 Nr；$\boldsymbol{S}$ 为分解的对角矩阵，维度为 rr，$r<\min$（M、N）；T 表示矩阵转置。

获得 $\boldsymbol{U}$、$\boldsymbol{S}$、$\boldsymbol{V}$ 的值后，缺失像元可以通过式（8.1.2）进行恢复：

$$\boldsymbol{X}_{i,j}=\sum_{t=1}^{P}\rho_t(\boldsymbol{U}_t)_i(\boldsymbol{V}_t^{\text{T}})_j \tag{8.1.2}$$

式中，i、j 为矩阵 $\boldsymbol{X}$ 的空间维度和时间维度的索引；ρ_t 为对应的奇异值；$\boldsymbol{U}_t$ 为 $\boldsymbol{U}$ 矩阵的第 t 列；$\boldsymbol{V}_t$ 为 $\boldsymbol{V}^{\text{T}}$ 矩阵的第 t 行。

（4）计算交叉校正集的重构值与原始值的均方根误差：

$$\text{RMSE}=\sqrt{\frac{1}{N}\sum_{t=1}^{N}(\boldsymbol{X}_t^{\text{re}}-\boldsymbol{X}_t^{0})^2} \tag{8.1.3}$$

式中，N 为数据集中有效点的总数；$\boldsymbol{X}^{\text{re}}$ 和 $\boldsymbol{X}^0$ 分别为重构数据集和原始数据集。

（5）令 P=2，…，$P_{\max}$，利用公式（8.1.2）计算出对应的 RMSE，比较得出最小 RMSE 对应的经验正交函数模态保留数 P_{b}，其中 $P_{\max}$ 根据观测数据的时间维数确定。

（6）确定 $P=P_{\text{b}}$ 后，令 k=2，…，NITEMAX，重复进行以上步骤，其中 NITEMAX 为程序预先设定的最大迭代次数（为防止迭代进入死循环，设定的最大迭代次数不超过 100 次），计算交叉校正集的重构值与原始值的均方根误差，并比较得出最小均方根误差的重构迭代次数 k_{b}。

（7）令 $P=P_{\text{b}}$，$k=k_{\text{b}}$，对距平矩阵重复进行步骤（2）、（3），获得重构数据集 $\boldsymbol{X}_{\text{w}}$，令 $\boldsymbol{X}_{\text{re}}=\boldsymbol{X}_{\text{w}}+\boldsymbol{X}_{\text{mean}}$，原始数据的有效点数据保持不变，缺测点数据用重构值 $\boldsymbol{X}_{\text{re}}$ 替换，即得到重构数据集，并转化为时间序列影像。

8.1.2　海洋遥感资料融合

遥感数据是许多应用与研究的重要数据来源，不同传感器得到的遥感数据具有不同的时间、空间、辐射与光谱分辨率。然而，传感器在设计时，需要将时间分辨率与空间分辨率直

接进行取舍，获取高时间与高空间分辨率数据影像具有一定的难度。如 30m 空间分辨率的 Landsat 影像被广泛应用于土地覆盖类型、土地覆盖变化监测与生态环境动态监测工作中。但其自身的 16d 重访周期（甚至在气象条件影响下，有效重访周期可能更长）限制了其在连续海洋变化监测方面的应用。而 MODIS 数据是水色遥感监测重要的数据源，时间分辨率较高，一天可以接收两次多光谱数据，适用于水体生态环境连续监测。但其空间分辨率较低，难以满足如内陆水体与近岸水体等复杂水环境条件的监测精度要求。海洋遥感资料融合技术为解决这一问题，获取高时空分辨率遥感影像提供了新的思路。

海洋遥感资料融合技术是遥感信息处理与应用的发展，它建立了数据融合引擎，以一定准则，将多个传感器和信息源所提供的关于某一环境特征的不完整信息加以综合，形成相对完整、一致的感知，实现更加准确地识别和判断功能。通过数据融合，可以提高信息数据的质量，为最终的决策提供更强有力的依据。

依据输入信息的抽象层次，数据融合大致分为数据级融合（又称像素级融合）、特征级融合和决策级融合这三大级别。其中，数据级融合可以提供其他层次所不能提供的信息，可以尽可能多地保持现场数据，但它受到传感器数量多、数据通信量大、处理成本高、处理时间长、实时性和抗干扰能力差的困扰；决策级融合具有信息传输宽带要求低、通信容量小、抗干扰能力强、融合中心处理代价低的优势，而缺点是预处理成本高、信息损失比较大；特征级融合是处于数据级融合和决策级融合中间的一种融合。

数据融合发展至今，常用的算法有逐步订正法、时空加权分析法和最优插值法。

8.1.2.1 逐步订正法

逐步订正法是克雷斯曼（Cressman）于 1959 年提出的。该方法是从每个观测增量中减去背景场得到的观测增量，首先通过分析观测增量得到分析增量，然后将分析增量加到背景场得到最终分析增量。每个分析网格点的分析增量，即实际观测数据值与初始背景场之间的差值，通过一个影响半径内观测增量的线性组合加权，得出观测权重与观测位置和分析网格点之间的距离成反比。通过逐步订正并每次减小影响半径，直到分析场逼近实际观测资料为止，即均方差达到最小。计算公式如下：

$$G_{ij} = F_{ij} + C_{ij} \tag{8.1.4}$$

式中，G_{ij} 为分析增量；F_{ij} 为初始背景场；i、j 为网格中心点；C_{ij} 为订正因子。

表达式为

$$C_{ij} = \sum_{s=1}^{n} Q_s W_s \Big/ \sum_{s=1}^{n} W_s \tag{8.1.5}$$

式中，n 为以网格点（i，j）为圆心、影响半径为 R 的圆内的网格点数；Q_s 为 s 点的均值与初值之差；W_s 为权函数。

其表达式如下：

$$W_s = \exp(-4r^2/R^2)\text{，}\quad r \leqslant R \tag{8.1.6}$$

式中，初始背景场根据曲面拟合方法得到，R 随着迭代次数的增加逐渐减少，迭代次数为 3～4 次。

逐步订正法是一种经验方法，计算量小，方法易实现，但只针对单个网格点进行融合订正，融合后的结果容易因为待融合数据的不确定性而造成不连续等非物理特性，因此，并不适用于观测资料稀疏地区的融合。

8.1.2.2　时空加权分析法

时空加权分析法是结合了克里金（Kriging）空间插值法和 Cressman 插值法的一种插值法，其中，Kriging 空间插值法是一种最优无偏的插值方法，传统的 Kriging 空间插值法只考虑了单个数据的空间相关性，而并没有考虑数据之间的空间相关性。时空加权分析法结合了两种方法的优点，综合考虑了数据之间空间维和时间维的变异性，其插值公式如下：

$$u_{\text{est}} = \sum_{k=1}^{N} u_k \omega_k \Big/ \sum_{k=1}^{N} \omega_k \tag{8.1.7}$$

式中，u_{est} 为插值后的计算值，通过时间和空间影响半径范围内 N 个观测值的加权平均得出；k 为影响半径范围内的某个观测数据点；u_k 为在 k 点的观测值；ω_k 为其对应的权重。

其表达式如下：

$$\omega_k = \frac{2 - \left[\dfrac{(x_k - x_0)^2 + (x_k - x_0)^2}{R^2} + \dfrac{(t_k - t_0)^2}{T^2} \right]}{2 + \left[\dfrac{(x_k - x_0)^2 + (x_k - x_0)^2}{R^2} + \dfrac{(t_k - t_0)^2}{T^2} \right]} \tag{8.1.8}$$

式中，（x_k, y_k, t_k）表示观测点 k 的时空坐标；（x_0, y_0, t_0）表示目标格点 0 的时空坐标；R 和 T 分别为空间和时间的影响半径，即时空窗口的大小。

可以看出，ω_k 是由观测点到目标点在时间和空间上的归一化距离确定的。

8.1.2.3　最优插值法

最优插值法是一种基于统计估计理论的融合算法，类似于逐步订正法。在最优插值法中，每个空间网格点的分析值同样是由网格点的背景初始值和校正值计算得到的。而网格点的订正值是由海洋数值模式的初始值与已知的观测值的差构成的，公式如下：

$$x^{\text{a}} = x^{\text{b}} + w\left[y_0 - H(x^{\text{b}}) \right] \tag{8.1.9}$$

式中，x^{a} 和 x^{b} 分别为网格点的分析值和背景初始值；y_0 为一定范围内观测点构成的矢量；H 为观测函数。

假设背景场和观测值都无偏，并且背景场和观测值互不相关，观测误差与背景误差也无关，最优权重矩阵 $\boldsymbol{W}$ 可以通过以下公式得到

$$\boldsymbol{W} = \boldsymbol{B}H^{\text{T}}(\boldsymbol{R} + H\boldsymbol{B}H^{\text{T}})^{-1} \tag{8.1.10}$$

式中，$\boldsymbol{B}$ 和 $\boldsymbol{R}$ 分别为背景场和观测值的两个协方差矩阵。与逐步订正法相比，最优插值法的权重函数是通过最小化分析方差来决定的，而不是经验决定的。所以，最优插值法的权重函数考虑了不同观测点之间误差的相互作用，不再仅仅是距离的单变量关系，避免了权重选取的任意性。

8.1.3　海洋遥感资料同化

海洋遥感资料同化是指在考虑数据时空分布，以及观测场和背景场误差的基础上，在动

力学模型的动态运行过程中不断融入新的观测数据的方法。通过在动力学模型中不断融入新的观测数据，可以逐渐校正模型模拟预测的轨迹，使之更加接近真实轨迹，提高模型的模拟预测精度，获取更加精确一致的状态量。按照同化的数学方法和数据处理方式，主流数据同化算法可以分为连续同化算法和顺序同化算法两大类。

8.1.3.1 连续同化算法

连续同化算法是在一个定义的同化时间周期内，利用所有的观测数据和背景场模型计算状态的最优估计，不断迭代调整背景场模型，最终使背景场模型轨迹在周期内拟合在观测数据上。变分算法是连续同化算法的主要代表。变分算法是在满足动态约束的条件下，用代价函数来表示状态量与背景场模型和观测值之间的差异，通过求解函数极值的方法，使状态量与观测值之间的“距离”最小化，从而计算出状态量的最优估值。

根据将目标函数定义在不同维数，变分算法分为二维变分（2D VAR）算法、三维变分（3D VAR）算法和四维变分（4D VAR）算法。三维变分算法主要是通过最小化分析变量与背景场及观测场之间的距离来获得最优解，即分析场。其距离的代价函数可以表示为

$$J(x) = J_{\mathrm{b}} + J_0 = \frac{1}{2}(x - x^{\mathrm{b}})^{\mathrm{T}} \boldsymbol{B}^{-1}(x - x^{\mathrm{b}}) + \frac{1}{2}[y_0 - H(x)]^{\mathrm{T}} \boldsymbol{O}^{-1}[y_0 - H(x)] \qquad (8.1.11)$$

式中，x 为分析变量；x^{b} 和 y_0 分别为背景场矢量的观测矢量；H 为观测函数，$\boldsymbol{B}$ 和 $\boldsymbol{O}$ 分别为背景误差协方差矩阵和观测误差协方差矩阵。

三维变分算法即求解 $J(x)$取最小值时的解。三维变分算法摆脱了观测场与背景场之间的线性关系，融合了不同的观测资料，避免了融合中的边界问题，如不同的观测资料在研究区的边界上出现跳跃等问题。但是，其在一开始就规定了时间和空间均匀及他们各向同性的假设，导致三维变分算法的解在时间上是不连续的。

四维变分算法是在三维变分算法基础上发展起来的，“四维”指的是状态量空间的三维分布和一维时间分布。与三维变分算法相比，四维变分算法考虑了背景场信息随时间的变化，因此四维变分算法更能体现复杂的非线性约束关系。变分算法计算复杂，在同化时间窗口内需要构造由于切线线性方程及模型、观测算子的伴随模式，基于变分算法的高维非线性模型，数据同化计算量往往非常大。

8.1.3.2 顺序同化算法

顺序同化算法首先把同化过程分为预测和更新两个步骤来实现模型模拟和动态校正，预测步骤基于模型的初始条件，利用边界条件和参数驱动模型，计算得到下一时刻模型状态变量和参数值的先验分布；然后利用观测值更新得到该时刻模型状态变量和参数值的后验分布，实现对模型状态变量和参数值的校正，重复上述步骤，直到实现所有时刻模型状态变量和参数值的预测和校正。顺序同化算法的主要代表是滤波算法，如卡尔曼滤波算法、扩展卡尔曼滤波算法、集合卡尔曼滤波算法、粒子滤波算法等。

卡尔曼滤波（Kalman Filter，KF）算法在对变量进行分析和预报的同时对误差进行了分析和预报，这是变分算法所不具备的，然而它只有对线性和高斯分布问题才能获得最优解，但在数据同化模型中通常都是非线性的，高斯分布的条件也很难满足，因此卡尔曼滤波算法的使用受到了极大的限制。在卡尔曼滤波算法的基础上逐渐发展了集合卡尔曼滤波算法，集合卡尔曼滤波算法采用集合的思想来近似状态变量的概率密度分布，可用于非线性系统的数

据同化，因此，集合卡尔曼滤波算法逐渐成为当前最流行的顺序同化算法之一。

粒子滤波又称为顺序蒙特卡罗滤波，粒子滤波算法是基于贝叶斯采样估计的序贯重要性采样（Sequential Importance Sampling，SIS）滤波思想发展起来的一种算法。基本思想是利用状态空间的一组加权随机样本粒子逼近状态的概率密度分布，随着粒子数目的增加，粒子的概率密度函数逐渐逼近状态的真实概率密度函数。相比卡尔曼滤波系列算法，粒子滤波算法不受模型状态量和误差高斯分布假设的约束，适用于任意非线性非高斯分布的动态系统。同时它采用蒙特卡罗采样方法来近似状态量完整的后验概率密度分布，能更好地表现非线性系统的变化信息。

§8.2　海洋遥感技术在海洋环境监测中的应用

近年来，随着海洋资源的开发和利用，海洋环境污染越来越严重，如近岸沿海海域的渔业养殖、港口的兴建、海洋油气资源开发及船舶航行中造成的原油泄漏等都对海洋环境造成了严重的危害。传统的海洋环境监测手段不能全面、及时地了解海洋环境的变化，特别是在数据采集和信息处理方面有很大的局限性。因此，需要一个新的海洋环境监测技术去监测海洋环境的变化，管理、指导海洋资源的综合开发。

海洋遥感技术不仅可以提供全天时的实时海况信息，而且还可以用来改善数值预报模式的海况和加强长期的海况预报准确率。它还可以提供实时同步监测的海洋环境要素，如海上目标的信息元素、沿海的调查和海洋污染。

与常规的海洋环境监测手段相比，海洋遥感技术具有许多优点。

（1）它不受地理位置、天气和人为条件的限制，可以覆盖地理位置偏远、环境条件恶劣的海区及由于政治原因不能直接进行常规调查的海区。

（2）海洋遥感能提供大面积的海洋表面图像，每个像幅的覆盖面积达上千平方千米，对海洋资源普查、大面积测绘制图及污染监测都极为有利。

（3）海洋遥感能周期性地监视海洋环流、海洋表面温度场的变化、鱼群的迁移、污染物的运移等。

（4）海洋遥感能获取非常大的海洋信息量。

（5）海洋遥感能同步观测风、流、污染、海气的相互作用和能量收支情况。

8.2.1　水色三要素遥感监测

水色传感器接收的光信号主要包括以下几部分：①下行太阳光被大气分子和气溶胶散射后进入传感器的辐射贡献；②下行太阳光被海洋表面镜面反射进入传感器的辐射贡献；③进入水中的光与水体内部各种组分（如水分子、浮游植物色素、溶解有机物、悬浮物等）相互作用后，穿过水-气界面重新回到大气中并传输至水色传感器的辐射贡献，即离水辐射。

太阳辐射在透射入水体后，一部分能量被水体中的悬浮物、叶绿素和黄色物质等光学成分吸收并转化为热能而滞留在水体中，另一部分由水体光学成分散射而逃逸出水面，即离水反射率信号。水色遥感主要利用星载或机载传感器接收的离水反射率信号，借助水体生物-光学模型，反演获得影响离水反射率的水体光学成分的浓度。水色遥感的基本机理可以简述如下：水体中的各个重要光学成分的浓度发生变化时，必将引起水体光学性质的变化，主要表现为水体的吸收和散射特性的变化，进而导致水体离水反射率的变化。通过传感器接收信号的变化，针对一种或多种光学成分，从中剥离出反应水体光学成分含量的有用信息，利用生物-光学模型，可以反演获得水体中的一种或者多种重要光学成分的含量，即水体中的悬浮物、叶绿素和黄色物质的含量。

以 2019 年 3 月在青岛沿岸近海海域所获取的机载高光谱影像为研究分析对象，机载高光谱影像经过辐射定标、大气校正和图像拼接后，得到研究区的高光谱影像，如图 8.2.2 所示。

图 8.2.1 研究区的高光谱影像

目前，水色遥感所用到的叶绿素 *a* 浓度的反演算法主要为经验算法，根据现场测量的数据集，用回归的方法建立不同波段的遥感反射比比值或遥感反射率值本身和某个特定水体组分浓度（如叶绿素 a 浓度）之间的关系，得到适合某一特定环境的单次或多次回归关系式。总结已有的算法形式，综合测试多种算法的拟合系数，考虑多波段比值对数和的形式，如下所示：

$$\lg[\text{Chla}] = a_0 + a_1 \lg x + a_2 \lg x^2 + a_3 \lg x^3 + a_4 \lg x^4 \tag{8.2.1}$$

式中，$x = \max[R_{\text{rs}}(443), R_{\text{rs}}(490), R_{\text{rs}}(510)] / R_{\text{rs}}(555)$。

根据模型参数得到研究区的叶绿素 *a* 浓度分布图，如图 8.2.2 所示。

悬浮物浓度遥感反演依赖于悬浮物浓度和遥感反射率之间的关系，结合实测水体的悬浮物浓度建立经验反演模型。总结已有的算法形式，考虑多波段多次项式的形式，如下所示：

$$\lg(C_{\text{TSM}}) = s_0 + s_1 x_1 + s_2 x_2 \tag{8.2.2}$$

式中，$x_1 = R_{\text{rs}}(555) + R_{\text{rs}}(670)$，$x_2 = \dfrac{R_{\text{rs}}(490)}{R_{\text{rs}}(555)}$。根据高光谱图像上的海水光谱数据和对应点海水样品的实测悬浮物浓度，采用最小二乘法拟合式（8.2.2），得到模型系数和拟合系数等指标，其中，$s_0 = 0.54$，$s_1 = -0.000097$，$s_2 = 0.92$，根据模型系数得到研究区的悬浮物浓度分布图，如图 8.2.3 所示。

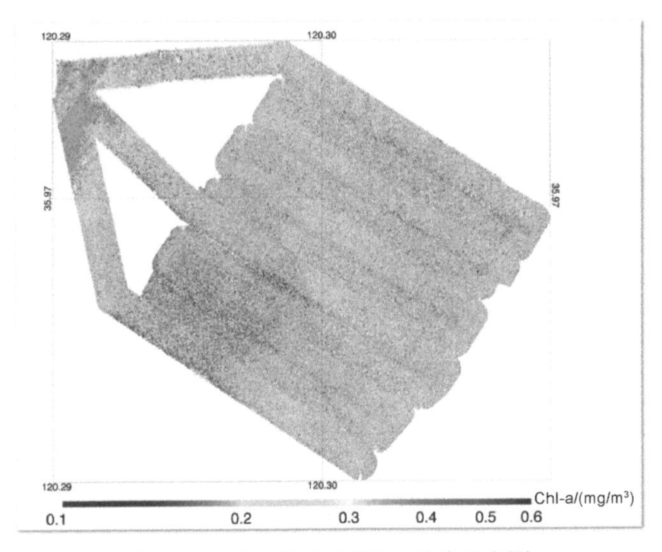

图 8.2.2　研究区的叶绿素 a 浓度分布图

图 8.2.3　研究区的悬浮物浓度分布图

在水色遥感中，通常将 CDOM 在 440 nm 波段的吸收系数作为 CDOM 浓度的标志，其单位是 m^{-1}。在对现场实测数据分析的基础上，直接利用水体光学参数（如遥感反射率）和水体成分浓度（如 CDOM 吸收系数）建立统计模型。总结已有算法形式，考虑波段比值的对数多次项式的形式，如下所示：

$$\lg[a_{\mathrm{CDOM}}(400)] = a_0 + a_1 x + a_2 x^2 + a_3 x^3 + a_4 x^4 \tag{8.2.3}$$

式中，$x = \lg x_1 + d\lg x_2$，$x_1 = \dfrac{R_{\mathrm{rs}}(412)}{R_{\mathrm{rs}}(510)}$，$x_2 = \dfrac{R_{\mathrm{rs}}(443)}{R_{\mathrm{rs}}(555) + R_{\mathrm{rs}}(670)}$。

根据高光谱图像上，海水光谱数据和对应点海水样品的实测 CDOM 浓度，采用最小二乘法拟合式（8.2.3），得到模型系数和拟合系数等指标，其中，$a_0 = 50$，$a_1 = 66.33$，$a_2 = 31.84$，$a_3 = 6.66$，$a_4 = 0.51$，$d = 8.42$。根据模型系数得到研究区的 CDOM 浓度分布图，如图 8.2.5 所示。

图 8.2.4　研究区的 CDOM 浓度分布图

8.2.2　透明度遥感监测

透明度常用海水透明度盘深度（Secchi Disk Depth，SDD）描述，是表征海水透明程度的物理量，表征光在海水中的衰减程度，计量单位为 m。自 1865 年，意大利天文学家 Pietro Angelo Secchi 发明海水透明度盘（Secchi Disk）以来，使用海水透明度盘测量水体透明度迄今已有超过 100 年的历史。水体透明度是指放入水中的海水透明度盘能够看得见的最大深度，它是描述水体光学性质的基本参数之一，也是水质调查中的一个重要指标，反映了水体的透光能力，在军事上是确定潜艇潜没深度和布设水雷的重要参数。在海洋水质监测中，水体透明度是一种直观的指示参数，可以评估水体的富营养化程度。水体透明度的变化会严重影响沉水植被的生长，以及依靠可见光捕食的鱼类和水鸟等水生动物的生存。此外，水体透明度可以估算水体的固有光学参数、叶绿素 *a* 浓度，甚至是初级生产力。因此，水体透明度的研究对水环境变化、水体光学参数、水生态系统，以及初级生产力的深入研究具有重要意义。然而，虽然传统水体透明度的测量方法操作简单，但是要实现监测大面积水体透明度的时空变化，显然是不现实的。遥感技术具有快速、大面积、动态覆盖等优势，能弥补传统水体透明度测量方法耗时长且费用高的缺陷，尤其是能监测人员较难到达的区域，因而逐渐成为监测水体透明度的重要且有效的手段之一。

水体的光谱主要由纯水本身，以及水中的有机物、无机物、颗粒和溶解物对太阳辐射的吸收和散射决定，也受水体各种状态的影响。太阳辐射在水下的传输和分布主要受四种物质影响，即非生物悬浮颗粒物、浮游植物、溶解性有机物和纯水。纯水的吸收特性是不变的，水体组分不同，物质对光的吸收和散射也不同，传感器接收的离水辐射也有差异。因此，水体组分含量的差别造成了一定波谱范围反射率的显著不同，成为遥感定量监测水质参数的基础。

水体透明度的遥感估算方法主要有经验方法、半分析方法和分析方法。

8.2.2.1　经验方法

经验方法是通过建立遥感数据与实时或准实时的地面实测水体透明度之间的统计回归模型，以估算水体透明度。常用的方法有单波段方法、波段比值方法、多波段方法及光谱微分法等，该方法的优点是简单易用，估算精度高。但二类水体的光学特性复杂多变，具有很强的区域性和季节性特点。因此，经验方法易受区域和时间的限制，没有普遍适用性。

8.2.2.2 半分析方法

半分析方法以光在水下的辐射传输理论为基础，通过遥感反射率推算水体组分的吸收系数和散射系数，构建实测透明度数据和水体固有光学参数的关系，以估算水体透明度。该方法具有较好的物理解释和适用性。然而，受观测仪器的限制，该方法中的很多参数以现有的设备无法获取，因此很难广泛应用。此外，模型中某些参数通过经验方法或半分析方法估算，影响了整个模型的精度。

8.2.2.3 分析方法

分析方法是采用辐射传输方程来描述水体光谱与其组分含量之间的关系，通过求解辐射传输方程来获取各组分含量的一种估算方法。该方法中所用的参数均有明确的物理意义，不受时间和地域限制，且具有广泛的适用性。然而，分析方法主要受人们对大气辐射传输、水体，以及透明度影响因子等认识的限制，目前还无法实现。

近年来随着各国众多遥感卫星的发射成功并进入业务化观测阶段，用于水体透明度遥感反演的卫星数据也越来越多，如 MERIS、MODIS、SeaWiFS、GOCI、Landsat 等遥感卫星或传感器数据均可应用于水体透明度的遥感监测。不同的卫星数据有着不同的特点和应用场景，Sentinel-2 卫星是分辨率高达 10m 的高分辨多光谱成像卫星，其双星 Sentinel-2A 卫星和 Sentinel-2B 卫星分别于 2015 年 6 月 23 日和 2017 年 3 月 7 日发射升空。Sentinel-2 卫星的遥感数据有着很多其他卫星的遥感数据无法达到的高分辨率，高分辨率对于水体透明度的遥感反演，尤其是近岸水体的透明度遥感监测有着很大的优势。本节对 Sentinel-2B 卫星于格林尼治时间 2020 年 12 月 17 日 2:51:20 在相对轨道 R132 期间获得的胶州湾海域的遥感影像进行水体透明度的遥感反演监测，所使用的水体透明度的遥感估算方法为经验方法。将建立的水体透明度反演模型应用于 2020 年 12 月 7 日的 Sentinel-2 卫星影像上，得到胶州湾海域水体透明度的反演值，2020 年 12 月 17 日胶州湾海域的水体透明度分布如图 8.2.5 所示。

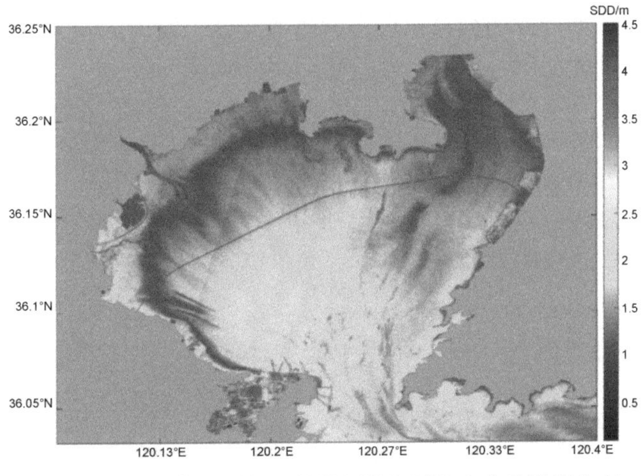

图 8.2.5 2020 年 12 月 17 日胶州湾海域的水体透明度分布

Sentinel-2 卫星影像的成像时间为 2020 年 12 月 17 日上午 2:51:20，当日潮汐情况为 00:48 和 13:03 潮汐高度达到较高值，分别为 401 cm 和 402 cm，5:52 和 18:32 潮汐高度达到较低值，分别为 98 cm 和 56 cm。潮汐信息显示成像时退潮已经开始了 2h3min，距离潮位到达 98 cm，时间仅剩 3h1min，可以判定成像时整个胶州湾海域的潮位偏低，研究区北部和西北部区域海水较浅的地方没有海水覆盖，因此，反演监测获得的该区域的水体透明度数据是无效的。从反演结果图中也可以看出，北部和西北部靠近岸边区域出现了小范围水体透明度升高的情况。忽略靠近岸边的小范围无效数据的影响，可以看出反演的胶州湾海域水体透明度的整体变化趋势呈离岸越近水体透明度越低，离岸越远水体透明度越高的趋势，图 8.2.6 所示为潮汐引起的胶州湾海域水体透明度的变化。

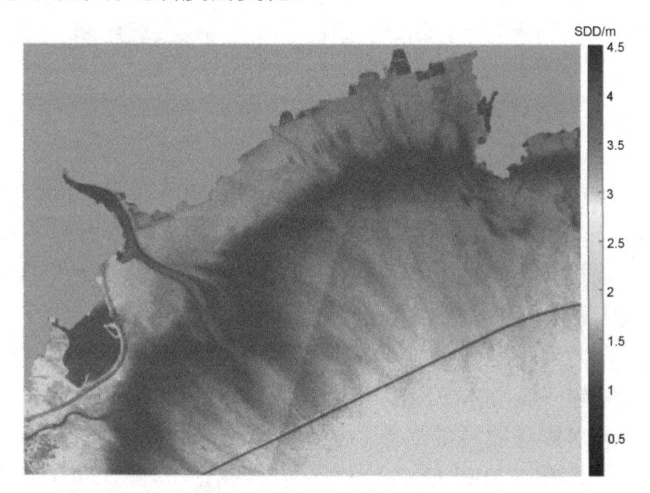

图 8.2.6　潮汐引起的胶州湾海域水体透明度的变化

反演结果图中水体透明度变化的纹理方向呈与岸边相垂直的走向，尤其是在西北部海域极为明显，这也与该海域海水深度较浅，退潮所引起的海水中悬浮泥沙含量的变化相吻合。

从反演结果可以看出胶州湾海域水体透明度分布图中有很多细短线，条状的水体透明度明显变小，尤其是在靠近胶州湾湾口处，图 8.2.7 所示为大型船只通航引起的胶州湾海域水体透明度的变化。结合 2020 年 12 月 17 日现场采样时观察到的情况，分析其主要原因是由于大型船舶通航引起的。胶州湾海域内港口众多，且有很大的青岛港位于胶州湾海域内，很多大型货轮、远洋货轮都会通过胶州湾湾口进出胶州湾海域，这些大型货轮在航行过程中，会造成航线上水体透明度降低的短时变化，尤其是在水深较浅的海域。

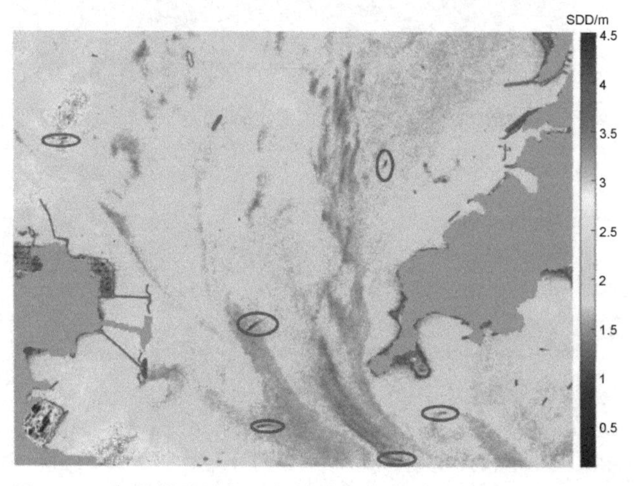

图 8.2.7　大型船只通航引起的胶州湾海域水体透明度的变化

8.2.3 浒苔绿潮遥感监测

绿潮（Green Tides）是在一定的环境条件下，海水中的机会型大型藻类暴发性生长和聚集而形成的一种生态灾害，主要发生在河口、内湾，以及城市密集的海岸带等水体富营养化严重的水域。形成绿潮的藻类主要包括石莼属、浒苔属、硬毛藻属、刚毛藻属等。20 世纪 70 年代以来，绿潮已在许多国家的近海海域内大规模暴发，如法国、美国、芬兰、意大利、荷兰等，绿潮已成为世界性的海洋生态灾害问题。

自 2007 年以来，我国南黄海海域已连续 13 年周期性大规模暴发绿潮，图 8.2.8 所示为青岛近岸海域的绿潮。绿潮的主要品种有绿藻纲、石莼科、石莼属、浒苔属绿藻，浒苔属绿藻即浒苔。浒苔藻体呈暗绿色或淡绿色，管状中空，多以单条或者分支的形态存在。浒苔在光合作用下，产生氧气形成气囊，使浒苔藻体可漂浮在海水表面上。过度增殖的浒苔在海洋表面上大量聚集，呈斑块或条带状分布，遮蔽了海洋表面，形成了绿潮灾害。

图 8.2.8　青岛近岸海域的绿潮

南黄海海域的绿潮因其持续时间长、影响海域广、清理难度大的特点，被认为是世界上最大规模的绿潮灾害。据我国海洋灾害公报统计，2008 年，南黄海海域的绿潮对山东、江苏沿岸地区造成了重大灾害影响，造成的直接经济损失达 13.22 亿元。绿潮暴发时，正是 2008 年北京奥运会帆船比赛期间，青岛市政府组织人力、物力对浒苔进行打捞清理，打捞浒苔约 40 万吨。2012 年，第三届亚洲沙滩运动会在烟台市海阳市举行，为了能够顺利举行，必须消除绿潮的影响，烟台市政府及烟台市海洋发展和渔业局布设围网拦截，组织船只打捞，累计打捞量约为 5 万吨，海阳市投入资金约为 1.4 亿元。绿潮灾害已经成为南黄海海域最严重的生态灾害，不仅影响了海洋生态系统，而且造成了严重的社会影响和经济损失，对绿潮灾害的防控治理迫在眉睫。

绿潮在海上的分布范围很广，传统的调查方式（如航次调查）难以对其进行大范围的监测，而遥感技术因其较高的时效性、多空间分辨率、多光谱、大尺度的优点，能够及时获取浒苔的暴发区域、聚集程度等信息，为绿潮的动态监测及时空特征分析提供了可能，已成为绿潮灾害动态监测的重要手段。

遥感技术是建立在物体电磁波辐射理论基础上的。不同物体具有不同的电磁波反射或辐射特性。海水因为悬浮泥沙、叶绿素和黄色物质等在蓝光波段的高吸收特性，以及水在近红外波段的高吸收特性，所以在蓝光、近红外波段的反射率普遍较低。而浒苔的反射光谱特征为可见光波段，反射率低，近红外波段反射率高，具有明显的“红边现象”，因为叶绿素对蓝光和近红外光的高吸收特性，在蓝光、近红外波段范围内存在吸收谷；又因为植物细胞结构的影响，所以在近红外波段范围内存在反射高峰，被浒苔覆盖的海水也呈现出类似特征。基于海水和浒苔覆盖海水之间的光谱差异，国内外科学家提出了诸多绿潮信息检测算法。其中差值指数算法，如浮游藻类指数（Floating Algae Index，FAI）、差值植被指数（Difference Vegetation Index，DVI）、虚拟基线高度的漂浮藻类指数算法等，对太阳光、气溶胶变化等的影响敏感性较低，更适用于遥感影像的绿潮信息提取。由于 MODIS 250m 影像只有红光（Red）、近红外（NIR）两个波段，本节采用 DVI 算法，利用动态阈值与假彩色图像的目视判读相结合的方法进行绿潮信息提取：

$$\mathrm{DVI} = R_{\mathrm{NIR}} - R_{\mathrm{Red}} \tag{8.2.4}$$

式中，DVI 代表影像上各个像元的差值植被指数值；R_{NIR} 和 R_{Red} 分别代表影像上各个像元在红光和近红外波段的反射率。

面积分析是常用的绿潮定量分析方法，常用的面积分析方法是将像元对应的地面面积大小（空间分辨率）与被检测的绿潮像元个数相乘得到的。

$$\mathrm{Area\_GT} = \mathrm{PS} \cdot \mathrm{N\_GT} \tag{8.2.5}$$

式中，Area_GT 代表绿潮面积（km^2）；PS 代表卫星影像中 1 个像元对应的地面面积的大小，（km^2）；N_GT 代表检测到绿潮像元的个数。

绿潮面积估测容易受很多因素的影响，其中，云和空间分辨率是两个主要的限制因素。绿潮消亡期正处于黄海多雨季节，无云影像较少。本研究中，选择无云、少云的 MODIS 影像共 71 期，仅占每年绿潮消亡期间 MODIS 影像总期数的 9%～16%，其少云影像的判断标准是根据研究区绿潮覆盖范围内是否有成片连续的云覆盖，若否，则为少云影像；反之，则为多云影像。对于 HJ-1A/1B、GF-1、Sentinel-2 卫星等高空间分辨率的少云影像，云覆盖区域的绿潮信息通过小窗口线性拉伸后，利用 ENVI 软件能够检测到。但是对于 MODIS 影像，由于空间分辨率较低，少云影像上，云覆盖区域的绿潮信息容易漏检。因此，需要建立云覆盖区域下绿潮面积的估测方法，以减少云覆盖对绿潮面积估测的影响。

空间分辨率的影响主要是因为多源遥感数据之间的空间分辨率差异会显著影响绿潮面积的估测结果。本研究所用影像的空间分辨率分别是 10 m、16 m、30 m 和 250 m，浒苔在海洋表面的分布大小不一，很少能够完全覆盖空间分辨率为十几米或者百米影像的一个像元。分辨率越低，混合像元越多，对面积估测的影响越严重。因此，为减少空间分辨率差异对绿潮面积估测的影响，需建立多源数据之间的面积关系模型或者绿潮亚像元覆盖面积估测模型，保证多源数据之间面积估测结果的一致性，为利用多源数据进行绿潮面积定量分析提供了技术支持。

由于 Sentinel-2 MSI、GF-1 WFV、HJ-1A/1B CCD 和 MODIS 影像的重访周期不同，找到 4 个传感器的同期影像的可能性较小。本研究分别分析 Sentinel-2 MSI、GF-1 WFV、HJ-1A/1B CCD 同期高空间分辨率影像之间及其与 MODIS 影像之间的面积差异并分别建立关系模型，时间间隔均在 3h 以内。

同期多源遥感影像的绿潮监测结果显示：在分布范围方面，Sentinel-2 MSI、GF-1 WFV 和

HJ-1A/1B CCD 同期高空间分辨率影像的检测结果相差不大，但 MODIS 影像的绿潮分布范围明显比 Sentinel-2 MSI、GF-1 WFV、HJ-1A/1B CCD 同期高空间分辨率影像小；在总面积方面，Sentinel-2 MSI、GF-1 WFV、HJ-1A/1B CCD 同期高分辨率影像检测的绿潮面积较为接近，而 MODIS 影像检测的绿潮面积均高于 Sentinel-2 MSI、GF-1 WFV、HJ-1A/1B CCD 同期高空间分辨率影像检测的绿潮面积。总斑块数方面，同期影像中，空间分辨率越低，斑块数量越少，同期的 MODIS 影像和 Sentinel-2 MSI 影像的斑块数量相差约为 140 倍。

为进一步分析多源影像检测结果的差异，统计检测绿潮的各斑块面积，按照所选影像的空间分辨率划分为 6 个面积区间，分别是 0.0001 km^2≤Area<0.000 256 km^2（Ⅰ斑块）、0.000 256 km^2≤Area<0.009 km^2（Ⅱ斑块）、0.009 km^2≤Area<0.035 km^2（Ⅲ斑块）、0.035 km^2≤Area<0.0625 km^2（Ⅳ斑块）、0.0625 km^2≤Area<0.1 km^2（Ⅴ斑块）和 Area≥0.1 km^2（Ⅵ斑块），统计各区间的斑块个数占总斑块数的百分比（斑块占比）及各区间的面积和占总面积的百分比（面积占比），同期多源影像提取的绿藻斑块占比和面积占比如图 8.2.9 所示。MODIS 影像与 Sentinel-2 MSI、GF-1 WFV、HJ-1A/1B CCD 同期高空间分辨率影像的对比显示，MODIS 影像检测到的均是Ⅴ斑块和Ⅵ斑块，对于Ⅰ斑块、Ⅱ斑块、Ⅲ斑块、Ⅳ斑块的检测能力不足，容易漏检，这也是本研究在绿潮消亡后期采用高空间分辨影像作为补充的原因。

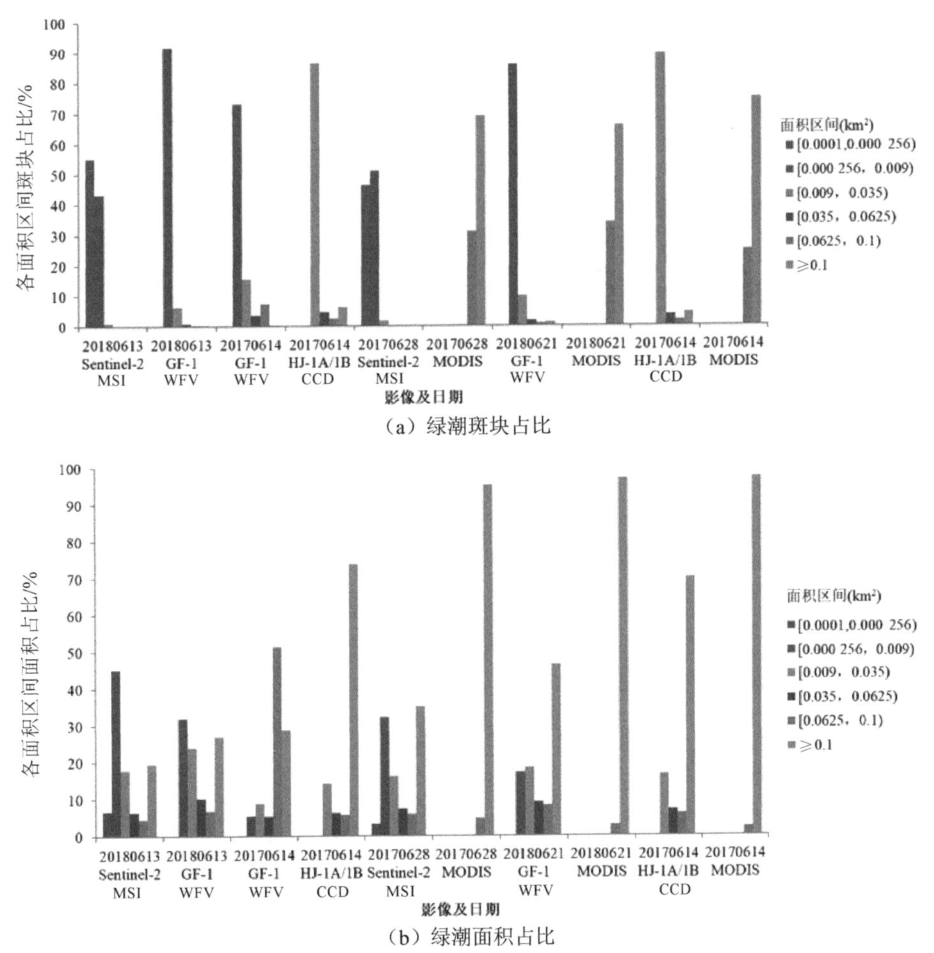

（a）绿潮斑块占比

（b）绿潮面积占比

图 8.2.9　同期多源影像提取的绿潮斑块占比和面积占比

Sentinel-2 MSI、GF-1 WFV、HJ-1A/1B CCD 高空间分辨率同期影像的对比显示，2018 年 6 月 13 日 Sentinel-2 MSI 10 m 空间分辨率影像的藻类斑块多为零散的、面积小的 Ⅰ 斑块和 Ⅱ 斑块，两类斑块的斑块占比在 90%以上，其他斑块的斑块占比较小，面积占比较大。Ⅰ 斑块的面积占比为 6.67%；Ⅱ 斑块的面积占比为 45.23%；Ⅲ斑块的面积占比为 17.90%；Ⅳ斑块的面积占比为 6.38%；Ⅴ 斑块的面积占比仅为 4.38%；Ⅵ斑块面积占比为 19.44%。与 Sentinel-2MSI 10 m 空间分辨率影像相比，GF-1WFV 16 m 空间分辨率影像检测到的斑块数量显著降低，且无 Ⅰ 斑块，Ⅱ 斑块的斑块占比为 91.84%，面积占比为 32%，其他斑块的面积占比增加，其中Ⅲ斑块的面积占比为 23.98%；Ⅳ斑块的面积占比为 10.25%；Ⅴ 斑块的面积占比为 6.84%；Ⅵ斑块的面积占比为 26.93%，与 Sentinel-2MSI 10m 空间分辨率影像相比，Ⅲ斑块、Ⅳ斑块、Ⅴ 斑块、Ⅵ斑块的面积占比分别增加了 6.08%、3.87%、2.46%、7.49%。

2017 年 6 月 14 日 GF-1WFV 16 m 空间分辨率影像的藻类斑块多为Ⅱ斑块，斑块占比为 73.15%，面积占比较小，Ⅱ 斑块的面积占比为 5.45%；其他斑块的斑块占比较小，面积占比较大。Ⅲ斑块的面积占比为 8.88%；Ⅳ斑块的面积占比为 5.39%；Ⅴ 斑块的面积占比为 51.40%；Ⅵ斑块的面积占比为 28.88%。与 GF-1WFV 16 m 空间分辨率影像相比，HJ-1A/1B CCD 30m 空间分辨率影像的Ⅱ斑块检测不到，Ⅲ斑块的斑块占比为 86.61%，面积占比为 14.13%；Ⅳ斑块的面积占比为 6.21%；Ⅴ 斑块的面积占比为 5.80%；Ⅵ斑块的面积占比为 73.86%，VI 斑块的面积占比比 GF-1MFV 16m 空间分辨率影像的面积占比高 44.98%。

上述结果说明空间分辨率低时，检测到的绿潮斑块多为海水与浒苔的混合像元；空间分辨率越低，混合像元越多。即使是高空间分辨率影像，也有混合像元的存在。混合像元是导致多源遥感数据绿潮面积估测结果不一致的主要原因。

8.2.4 马尾藻金潮遥感监测

马尾藻广泛分布于暖水和温水海域，因其在海水中呈黄褐色，故在成灾后被称为“金潮”（Golden Tides）。马尾藻在我国沿海各地均有分布，国际上记录的马尾藻种、变种及变型有 878 种，我国海域分布有 141 种，其中南海海域有 124 种，黄海、东海海域有 17 种。定生马尾藻主要生长在低潮带石沼中或潮下 2～3 m 水深处的岩石上。

近年来，漂浮马尾藻在我国海域的分布面积和生物量正逐步增加，分布范围涉及黄海、东海和南海海域，图 8.2.10 所示为东海漂浮马尾藻的观测图。2016—2017 年，黄海南部海域发生由漂浮马尾藻引起的金潮灾害，致使江苏省 9184.59hm^2 紫菜养殖区受灾，紫菜大量减产甚至绝收，直接经济损失为 44 790.86 万元。金潮为继赤潮、绿潮之后，威胁我国沿海的又一灾害类型。目前，金潮危害已引起各方关注，而其形成机理、防范措施及资源化利用方面的研究，仍处于起步阶段。

早在 2007 年，国家海洋环境监测中心在跟踪赤潮过程中，就通过卫星遥感在长江口邻近海域监测到漂浮马尾藻。2008 年，黄海海域暴发大规模浒苔绿潮以来，浒苔中一直夹杂着漂浮马尾藻，且比例高达 20%。2014 年以来，现场实地监测发现，山东荣成海域、大连星海湾浴场和大李家-金石滩海域每年均出现大量的漂浮马尾藻。2015 年以来，漂浮马尾藻发现的频率和分布面积呈显著上升态势，浙江、福建、江苏、辽宁、广东等沿海海域均为漂浮马尾藻的高频分布海域，单次监测到的分布面积呈倍增趋势。2016 年 10 月在南黄海北部海域发现了金潮；2016 年 12 月，漂浮马尾藻主要分布在江苏近岸海域，最大分布面积为 7700km^2，影响到江苏近岸的辐射沙洲海域。

图 8.2.10　东海漂浮马尾藻的观测图

金潮灾害是漂浮马尾藻暴发性增殖造成的，马尾藻中的铜藻是我国黄海、东海金潮灾害的主要藻种。铜藻的繁殖方式包括有性繁殖和营养繁殖。营养繁殖是造成铜藻暴发性增殖的重要原因，折断的藻体在漂浮过程中可以重新形成新的个体。同时，铜藻中空气囊的存在提高了藻体的浮力，导致铜藻能够随海水漂浮。

2017 年，江苏省海域暴发了大规模的马尾藻金潮灾害。江苏省是紫菜养殖大省，紫菜的生长期是从前一年的 10 月到来年的 4 月，而马尾藻金潮的暴发期也在冬季。因风浪、海流、潮汐的作用把马尾藻推到了紫菜养殖网箱内，使马尾藻缠绕、堆积在紫菜养殖筏架上，造成紫菜养殖筏架倒塌，缆绳断裂，或者马尾藻覆盖在紫菜上，使紫菜接触不到阳光，造成腐烂，使紫菜减产乃至绝收。

马尾藻的过量繁殖也会对海洋环境造成影响，马尾藻会在水面织成一张“网”，导致鱼虾缺氧，使水体环境恶化。大量马尾藻在近岸聚集腐烂，还对海上交通、滨海旅游等产生不利影响，甚至威胁沿海工业设施的正常运行。

专家分析认为，大规模马尾藻的暴发，主要由两方面原因造成，一方面和全球气候变化有关；另一方面则是海水富营养化的恶果。何种因素起到的作用更大目前尚不明确。

马尾藻金潮的危害已经引起各方关注。通过卫星遥感对马尾藻进行实时监测，并结合现场观测、无人机监测等多种手段，跟踪漂浮马尾藻的漂移扩散，实时掌握其空间分布及影响。

为有效治理金潮，减少马尾藻金潮对紫菜养殖造成的影响，相关部门也行动了起来，加强预报，组织拦截，积极开展金潮预警、预报工作，一旦发现马尾藻向近岸养殖区漂移，会及时把预报信息发布给江苏省紫菜协会。江苏省紫菜协会会迅速组织当地养殖户出动巡逻船，在近海养殖区附近巡逻，进行拉网拦截，防止马尾藻靠近。

由于马尾藻灾情近几年才大规模出现，目前的研究工作也刚刚起步。要从根本上治理马尾藻，就要掌握马尾藻的形成机制，从源头上阻止马尾藻的暴发性繁殖。要掌握温度、营养盐、盐度等环境要素对马尾藻生长繁殖的影响机理，阐释风、海流等在马尾藻迁移和扩散中的作用，为金潮灾害的监测，预报、预警提供技术支撑。

事实上，只有漂浮的马尾藻才会形成灾害，而生长在海底的马尾藻对生态环境有着积极的作用。马尾藻是海藻床的重要构成物种，由于个体大、分布面积广，常常形成“海底森林”，是鱼类理想的栖息场所。适度生长的马尾藻能够快速吸收水体中富余的营养盐，具有净化海水的作用。马尾藻还具有一定的经济价值，藻体中含有丰富的氨基酸、维生素、微量元素、褐藻糖胶等，可以入药，制作保健品，也可以加工成马尾藻粉，是海参养殖的优质饵料。马尾藻还可以制成海藻肥，在工业上可提取钾、褐藻胶、碘和甘露醇等原料。有关专家表示，治理马尾藻金潮，拦截是最直接的手段。同时，还应加强政策引导，推动马尾藻的开发利用，研发马尾藻工程化打捞技术、集中处置技术和资源化利用技术，使马尾藻变废为宝，有效防控马尾藻金潮带来的灾害。

8.2.5 海冰遥感监测

海冰是由海洋表面的海水冻结形成的冰。海冰表面的降水再次冻结也会成为海冰的一部分。由于海水含有盐分，所以海水的冻结温度低于 0℃。海冰的盐度一般为 3‰～7‰。海水结冰时，是其中的水冻结，将其中的盐分排挤出来，部分来不及流走的盐分被包围在冰晶之间的空隙里形成“盐泡”。此外，海水结冰时，还将未逸出的气体包围在冰晶之间，形成“气泡”。因此，海冰实际上是淡水冰晶、盐分和气泡的混合物。纯水冰在 0℃时的最大密度为 917 kg/m³，海冰中因为含有气泡，密度一般低于此值，新冰的密度大约为 914～915 kg/m³。由于冰中盐分的渗出，冰龄越长，密度越小。

海冰按动态可以分为固定冰和漂浮冰两类。固定冰不随洋流和大气风场移动，而漂浮冰则受洋流和海洋表面风场的强迫影响。从形态上分，固定冰附着于岸边的是冰脚，附着于浅滩的是岸冰。浅海水域里一直冻结到底的是锚冰，按其形成和发展阶段，分为初生冰、尼罗冰、饼冰、初期冰、一年冰和多年冰。一年冰的厚度多为 30 cm～3 m，时间不超过一个冬季；多年冰指至少经过两个夏季而未融化的冰。海冰的范围、面积、厚度和密集度可以作为海冰监测的指标。海冰具有显著的季节和年际变化。北半球的海冰范围在 3—4 月最大，8—9 月最小。南半球的海冰范围在 9 月最大，3 月最小。

海冰变化不仅影响海洋的层结、稳定性及对流变化，甚至影响大尺度的温盐环流。此外，海冰的高反照率可阻隔海-气之间的热量和物质交换，其变化不仅影响局地海洋生态环境和局地大气环流，而且通过复杂的反馈过程，影响遥远区域的天气和气候。

由于海冰主要分布在高纬度地区，难以进行地面观测、高密度观测网格布设等。近年来，随着卫星遥感技术的发展，其能够实现大范围、连续性的同步监测资料，现在已经成为海冰监测的重要手段。目前常用的海冰遥感探测技术主要分为微波遥感探测和光学/红外遥感探测，其中，微波遥感探测又包括主动微波遥感海冰监测和被动微波遥感海冰监测。

8.2.5.1 被动微波遥感海冰监测

被动微波遥感主要获取的是地表物体的自身辐射。其传感器具有较广的幅宽和较高的观测频次，因此被广泛应用于大尺度海冰的每日长时序观测。对于被动微波遥感数据来说，物体的亮温值 T_b 主要与物体的自身温度 T_{kin} 和辐射层的发射率 ε 有关：

$$T_b = f(T_{kin}, \varepsilon) \tag{8.2.6}$$

发射率大小与物体表面组成和介质属性有关，其中包括物体的含水量、含盐度、原子结构和结晶状态等参数。这些参数会导致介电常数和温度的变化。海冰的信息提取主要是根据海冰、海水较大的发射率差异来实现的。海冰的发射率较高，而海水的发射率较低，二者的亮温值有明显的区分。处于不同生长状态的海冰，其发射率在不同波段、不同极化方式中的表现也不相同，亮温值也会存在差异。

图 8.2.11 所示为入射角为 50°下，一年冰、多年冰和海水的发射率。Spreen 等以入射角约为 50°时测量的在不同频率的垂直极化 V 和水平极化 H 辐射下，一年冰、多年冰和海水的发射率。

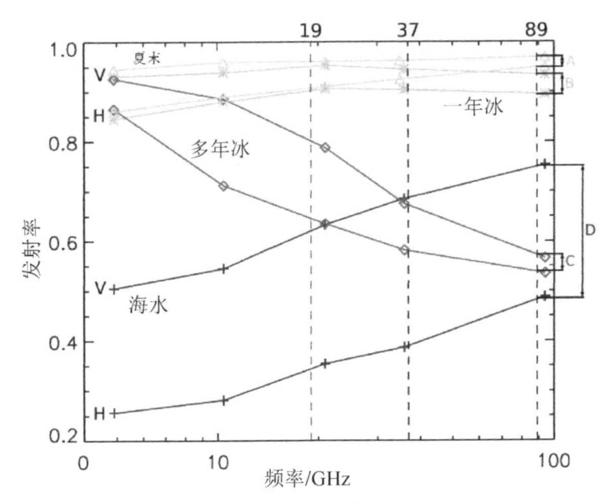

图 8.2.11　入射角为 50°下，一年冰、多年冰和海水的发射率

通过被动微波数据能够获取海冰密集度这一最重要的海冰参数，进而通过海冰密集度来定量地计算海冰的范围和面积等参数量，监测海冰的变化情况。利用被动微波数据反演海冰密集度的主流反演算法有 NT 算法、Bootstrap 算法、ASI 算法和 Bristol 算法。其中，低频段算法主要包括 Bootstrap 算法和 NT 算法，高频段算法主要包括 ASI 算法和 NT2 算法。相对来说，高频段算法能够得到较高分辨率的海冰密集度，但是大气水汽对其影响较大。

1. NT 算法

NT 算法是基于 SSM/I 数据来反演海冰密集度数据的。其通过 19.4 GHz 通道的水平和垂直极化、37 GHz 通道的垂直极化亮温。其中，微波辐射亮温由地表、大气和外部空间的三部分辐射组成。在极地区域后两项的辐射比较小，该算法仅考虑了地表辐射的影响。所以在极地区域，微波辐射亮温可通过无水海洋表面（Open Water，OW）、一年（First Year，FY）冰和多年（Multi-Year，MY）冰之间的线性关系来衡量，即

$$T_{\mathrm{b}} = T_{\mathrm{b,OW}}(1-C) + T_{\mathrm{b,FY}}C_{\mathrm{FY}} + T_{\mathrm{b,MY}}C_{\mathrm{MY}} \tag{8.2.7}$$

式中，T_{b} 为微波辐射计观测的总亮温；$T_{\mathrm{b,OW}}$、$T_{\mathrm{b,FY}}$、$T_{\mathrm{b,MY}}$ 分别为海水、一年冰和多年冰的微波辐射亮温；C_{FY} 和 C_{MY} 分别为一年冰和多年冰的海冰密集度，其中 $C=C_{\mathrm{FY}}+C_{\mathrm{MY}}$。

NT 算法在长期海冰监测中应用颇多，并且是美国国家航空航天局反演海冰密集度产品的指定算法。其缺点是在低海冰密集度与开阔水域之间的区域具有不确定性。

2. Bootstrap 算法

Bootstrap 算法主要是根据海冰发射率的特性获取海冰密集度数据的。一般来说，对于一个确定的海洋表面观测到的亮温，可以由下式得出

$$T_{\mathrm{B}}=\varepsilon T_{\mathrm{S}}\mathrm{e}^{-\tau}+T_{\mathrm{A}} \tag{8.2.8}$$

式中，ε 为表面发射率；T_{s} 代表物理温度；τ 为大气不透明度；T_{A} 代表大气中的贡献。

假设，I 和 W 分别代表冰面和水面，海水占比为 C_{W}，海冰占比 C_{I}，则亮温可表示为

$$T_{\mathrm{B}}=T_{\mathrm{B}}^{\mathrm{W}}C_{\mathrm{W}}+T_{\mathrm{B}}^{\mathrm{I}}C_{\mathrm{I}} \tag{8.2.9}$$

式中，$T_{\mathrm{B}}^{\mathrm{W}}$ 为水的亮温值；$T_{\mathrm{B}}^{\mathrm{I}}$ 为冰的亮温值。

根据 $C_{\mathrm{I}}+C_{\mathrm{W}}=1$，可得出

$$C_{\mathrm{I}}=\frac{T_{\mathrm{B}}-T_{\mathrm{B}}^{\mathrm{W}}}{T_{\mathrm{B}}^{\mathrm{I}}-T_{\mathrm{B}}^{\mathrm{W}}} \tag{8.2.10}$$

式中，$T_{\mathrm{B}}^{\mathrm{I}}=\varepsilon_{\mathrm{I}}T_{\mathrm{S}}^{\mathrm{I}}\mathrm{e}^{-\tau}+T_{\mathrm{A}}^{\mathrm{I}}$；$T_{\mathrm{B}}^{\mathrm{W}}=\varepsilon_{\mathrm{W}}T_{\mathrm{S}}^{\mathrm{W}}\mathrm{e}^{-\tau}+T_{\mathrm{A}}^{\mathrm{W}}$，二者可通过频段 1 和频段 2 计算获得。因此，对于某一点 B 的海冰密集度 C 可表示为

$$C=\sqrt{\frac{\left(T_{1\mathrm{B}}-T_{1\mathrm{B}}^{\mathrm{W}}\right)^{2}+\left(T_{2\mathrm{B}}-T_{2\mathrm{B}}^{\mathrm{W}}\right)^{2}}{\left(T_{2\mathrm{B}}^{\mathrm{I}}-T_{2\mathrm{B}}^{\mathrm{W}}\right)^{2}+\left(T_{1\mathrm{B}}^{\mathrm{I}}-T_{2\mathrm{B}}^{\mathrm{W}}\right)^{2}}} \tag{8.2.11}$$

式中，$T_{1\mathrm{B}}$ 和 $T_{2\mathrm{B}}$ 分别为两个频段的 B 点亮温；$T_{1\mathrm{B}}^{\mathrm{I}}$ 和 $T_{2\mathrm{B}}^{\mathrm{I}}$ 分别为两个频段的海冰亮温；$T_{1\mathrm{B}}^{\mathrm{W}}$ 和 $T_{2\mathrm{B}}^{\mathrm{W}}$ 分别为两个频段的海水亮温。

该算法使用了低频段数据，冬季的反演效果较好，但由于夏季冰雪的融化影响，反演精度较低。

3. ASI 算法

ASI 算法主要利用的是被动微波数据高频段获取的更高空间分辨率的海冰密集度。根据被动微波辐射亮温值 T_{B} 的垂直和水平极化方式，计算极化差异 P:

$$P=T_{\mathrm{B,V}}-T_{\mathrm{B,H}} \tag{8.2.12}$$

式中，V 为垂直极化方式；H 为水平极化方式。所有类型的海冰在 90 GHz 附近的发射率极化差异是相似的，比开阔水域的发射率极化差异要小很多。由于水平和垂直极化方式的物理温度相同，只有发射率极化差异会影响极化差异 P，因此，上述特征同样适用于亮温极化差异 P。对于大气 a_{c} 对极化差异 P 的影响，可以使用，

$$P=P_{\mathrm{S}}\mathrm{e}^{-T}(1.1\mathrm{e}^{-T}-0.11)=P_{\mathrm{S}}a_{\mathrm{c}} \tag{8.2.13}$$

式中，T 为大气不透明度；P_{S} 为表面极化差异。

这种近似适用于北极环境下的水平大气分层，在漫反射面的入射角大约为 50°时，用有效温度代替垂直分层温度。因此，与海冰密集度 C 相关的极化差异可以写为

$$P(C)=\underbrace{\left[CP_{\mathrm{s,i}}+(1-C)P_{\mathrm{s,w}}\right]}_{P_{\mathrm{S}}}a_{\mathrm{c}} \tag{8.2.14}$$

式中，$P_{\mathrm{s,i}}$ 为海冰的表面极化差异值；$P_{\mathrm{s,w}}$ 为开阔水域的表面极化差异值。

当海冰密集度 C=0（开阔水域）时，极化差异 P_0 和大气影响 a_0 可以写为

$$P_0 = a_0 P_{s,w} \tag{8.2.15}$$

当海冰密集度 C=1（100%海冰覆盖）时，

$$P_1 = a_1 P_{s,i} \tag{8.2.16}$$

对 C=0 和 C=1 进行泰勒展开，

$$P = a_0 C\left(P_{s,i} - P_{s,w}\right) + P_0 \qquad for\ C \to 0 \tag{8.2.17}$$

$$P = a_1 (C-1)\left(P_{s,i} - P_{s,w}\right) + P_1 \qquad for\ C \to 1 \tag{8.2.18}$$

如果忽略所有高阶项，对式（8.2.17）、式（8.2.18）求解得到海冰密集度 C：

$$C = \left(\frac{P}{P_0} - 1\right)\left(\frac{P_{s,w}}{P_{s,i} - P_{s,w}}\right) \qquad for\ C \to 0 \tag{8.2.19}$$

$$C = \frac{P}{P_1}\left(\frac{P}{P_1} - 1\right)\left(\frac{P_{s,w}}{P_{s,i} - P_{s,w}}\right) \qquad for\ C \to 1 \tag{8.2.20}$$

通过对式（8.2.19）、式（8.2.20）的解进行插值，使海冰密集度 C 与极化差异 P 呈现非线性关系（海冰密集度为 0～1），利用三阶多项式对二者进行拟合，

$$C = d_3 P^3 + d_2 P^2 + d_1 P + d_0 \tag{8.2.21}$$

利用式（8.2.19）和式（8.2.20）及其一阶导数，通过求解线性方程组确定方程（8.2.21）中的未知数 d_i：

$$\begin{bmatrix} P_0^3 & P_0^2 & P_0 & 1 \\ P_1^3 & P_1^2 & P_1 & 1 \\ 3P_0^3 & 2P_0^2 & P_0 & 0 \\ 3P_1^3 & 2P_1^2 & P_1 & 0 \end{bmatrix} \begin{bmatrix} d_3 \\ d_2 \\ d_1 \\ d_0 \end{bmatrix} = \begin{bmatrix} 0 \\ 1 \\ -1.14 \\ -0.14 \end{bmatrix} \tag{8.2.22}$$

根据上述求解过程即可得到海冰密集度。

ASI 算法使用了高频段数据，获取的海冰密集度数据空间分辨率相对较高，其缺点是易受大气水汽、云层含水量等影响。

8.2.5.2　光学遥感海冰监测

在光学遥感数据中，海冰和海水之间的地物光谱特性差异较为明显，是进行海冰反演的主要方式。通过 MODIS 机载模拟器（MODIS Airborne Simulator，MAS），利用各波段的反射率数据对白令海两个区域分别统计分析，水、冰和云的平均反射率曲线如图 8.2.12 所示，在可见光和近红外波段，新冰和积雪覆盖的冰的反射率呈减小趋势，在 1.6 μm 波长处达到最小值，随后又开始增加，在大约 1.9 μm 波长处出现一个峰值。在 0.4～1.8 μm 波长区间内，水和云的反射率变化均呈现平缓趋势，变化幅度小于 20%。在可见光波段的云和新冰的光谱表现比较相似。

在可见光和近红外波段，海冰和水的反射率和表面温度差异较大，可用于二者的区分。海冰在大多数情况下是被雪覆盖的，其反射率表现基本稳定，只有当传感器天顶角等于太阳天顶角时，即太阳束以镜面反射的方式反射时，会产生反射率峰值。当太阳天顶角离地平线越近时，太阳天顶角越大，其镜面反射越高，对于光滑表面（如蓝色冰或者融池）的反射越大，粗糙表面（如雪）的反射越小。在 0.45～0.95 μm 波谱区间内，被积雪覆盖的海冰的反射

率随着波长的增加而降低。

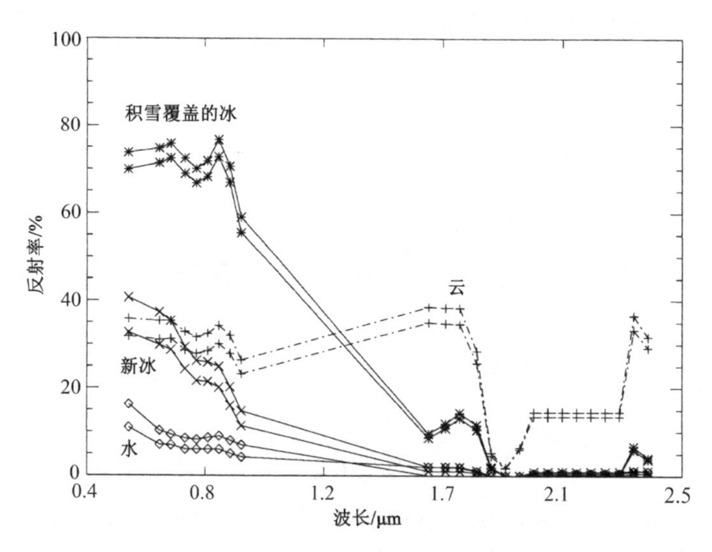

图 8.2.12 水、冰和云的平均反射率曲线

Barber 等对一年冰在 0.4～2.5 mm 的雪粒大小进行研究。不同的波长对雪粒大小的影响不同，可见光波段要比近红外波段对雪粒径的影响小。然而，冰并不是一直被积雪覆盖，其在形成过程中也遵循一定的规律。海冰在冻结过程中，新冰以尼罗冰和油脂冰的形式存在，上层没有积雪覆盖。新冰的反射率值比海水略高，冰冻期越长，其反射率值越高。首先，在海冰开始融化时，冰层上的积雪会融化，暴露出的海冰表现出较低的反射率。其次，在浮冰的表面形成融池，反射率值降低。在某一阶段，表面的融池将水排出，反射率值会略有回升。最后，随着海冰不断的融化，反射率逐渐下降，最终达到海水的反射率值。因此，雪的融化对可见光和近红外波段的反射率都有显著地影响，并将影响海冰的探测。

最初的 IceMap 算法对 MODIS 可见光和热红外波段数据利用特定的光谱阈值来检测海冰的存在。该算法使用 MOD35 云掩膜产品来去除云覆盖的区域。假设冰被雪覆盖，则用于探测雪的第一个标准是归一化差值积雪指数（Normalized Difference Snow Index，NDSI）是否大于 0.4。第二个标准是验证像素在近红外波段（0.86 μm）的大气层顶（Top Of Atmosphere，TOA）反射率是否大于 0.11，其中水的 TOA 反射率要比雪的 TOA 反射率低。第三个标准是验证红色波段的 TOA 反射率是否大于 0.1，以验证像素是否被雪覆盖。在检测被积雪覆盖的海冰时，这三个标准需要同时满足条件才可以。最后一个独立于其他标准的附加标准是利用 TIR 波段（12 μm 和 13 μm）反演的冰面温度（Ice Surface Temperature，IST）是否低于 271.4 K，判断像素是否低于海水冰点温度，如果低于海水冰点温度，则将其归为冰类别。这项附加阈值判别标准确保了检测没有被积雪覆盖的冰。最终，通过 IceMap 算法生成四种不同的输出：通过反射率获取的海冰、通过 IST 获取的海冰、组合的海冰和 IST，IceMap 算法获取的产品正是美国国家航空航天局网站提供的 MOD29（Terra 卫星）和 MYD29（Aqua 卫星）产品。需要注意的是，MODIS 第 5 代及其以后的产品，通过 IST 生成的海冰和组合的海冰产品没有自动合成，而是留给用户使用自己的 IST 阈值和组合条件生成这些产品，将其视为补充海冰产品。

习题

1．简要描述海洋遥感资料的同化方法有哪些？彼此差异在哪里？
2．海洋遥感在海洋环境监测中的应用有哪些？试选择一种典型应用，描述其反演原理。
3．海冰密集度反演的常用算法有哪些？阐明各自的优缺点？

参考文献

[1] 毕海芸，马建文．粒子滤波算法在数据同化中的应用研究进展 [J]．遥感技术与应用，2014，29（5）：701-710.
[2] 曹引．湖库水质遥感和水动力水质模型数据同化理论方法研究 [D]．上海：东华大学，2019.
[3] 陈奕君，张丰，杜震洪，等．基于 DINEOF 的静止海洋水色卫星数据重构方法研究 [J]．海洋学研究，2019，37（4）：14-23.
[4] 崔建勇，刘晓东，岳增友，等．多源海洋遥感叶绿素数据融合 [J]．遥感信息，2020，35（3）：31-36.
[5] 丁又专．卫星遥感海洋表面温度与悬浮泥沙浓度的资料重构及数据同化试验 [D]．南京：南京理工大学，2009.
[6] 富砚昭．水体叶绿素 α 卫星遥感数据重构及其应用研究 [D]．大连：大连理工大学，2019.
[7] 郭俊如．东中国海遥感叶绿素数据重构方法及其多尺度变化机制研究 [D]．青岛：中国海洋大学，2014.
[8] 郭衍游，焦明连．利用 MODIS 数据反演渤海海冰分布 [J]．淮海工学院学报(自然科学版)，2010，19（1）：84-87.
[9] 韩华．海洋综合观测系统信息集成与智能管理的研究 [D]．潍县：东华大学，2008.
[10] 胡旭冉．基于集合卡尔曼滤波融合的西北太平洋海洋表面温度时空分布特征研究 [D]．上海：上海海洋大学，2018.
[11] 江迪．融合卫星遥感数据的三维悬浮泥沙声学观测技术 [D]．杭州：浙江大学，2020.
[12] 廖志宏．FY-3C 卫星数据的海洋表面温度融合与重构研究 [D]．北京：中国科学院大学（中国科学院遥感与数字地球研究所），2017.
[13] 刘纯宇．基于多源遥感影像数据融合的巢湖水华时空动态反演 [D]．合肥：安徽农业大学，2019.
[14] 乔德京．多源雪深数据不确定性分析及其融合研究 [D]．西安：西安科技大学，2020.
[15] 王慧慧．基于多源数据融合的下行辐射估算 [D]．长春：吉林大学，2020.
[16] 魏士俨，杨燕明，许德伟．海洋表面风场数据时空融合方法研究 [J]．计算机仿真，2017，34（11）：25-28.
[17] 吴新荣，王喜冬，李威，等．海洋数据同化与数据融合技术应用综述 [J]．海洋技术学报，2015，34（3）：97-103.

[18] 武思文．基于遥感数据融合的合成孔径雷达船只识别方法研究 [D]．北京：北京化工大学，2019.

[19] 武新娜．西北太平洋多源遥感风场数据融合研究 [D]．厦门：厦门大学，2018.

[20] 薛长虎．基于改进粒子滤波的大型滑坡数据同化方法研究 [D]．武汉：武汉大学，2019.

[21] 张东翔．多源卫星海洋表面风场产品检验及融合研究 [D]．长沙：国防科技大学，2018.

[22] 张晓峰．基于多类型海洋数据的分类、融合及其可视化 [D]．包头：内蒙古科技大学，2019.

[23] Abreu R A D, Barber D G, Misurak K, et al. Spectral albedo of snow-covered first-year and multi-year sea ice during spring melt [J]. ANNALS OF GLACIOLOGY, 1995, 21: 337-342.

[24] Comiso J C. Characteristics of Arctic winter sea ice from satellite multispectral microwave observations [J]. Journal of Geophysical Research: Oceans, 1986, 91(C1): 975-994.

[25] Gignac C, Bernier M, Chokmani K, et al. IceMap250Automatic 250 m Sea Ice Extent Mapping Using MODIS Data [J]. Remote Sensing, 2017, 9(1): 70.

[26] Jiang L Y, Ma Y, Chen F, et al. Trends in the Stability of Antarctic Coastal Polynyas and the Role of Topographic Forcing Factors [J]. Remote Sensing, 2020, 12(6): 1043.

[27] Jiang L Y, Ma Y, Chen F, et al. Automatic High-Accuracy Sea Ice Mapping in the Arctic Using MODIS Data [J]. Remote Sensing, 2021, 13(4): 550.

[28] Spreen G, Kaleschke L, Heygster G. Sea ice remote sensing using AMSR-E 89-GHz channels [J]. JOURNAL OF GEOPHYSICAL RESEARCH-OCEANS, 2008, 113(113): C02S03.